In Kooperation mit dem **Verband Privater Bauherren e.V.**

W0271333

Unser Bauherren-Handbuch

Praxismappe Baubeschreibung

Leistungsumfang prüfen, Standards bewerten, Kosten vergleichen

Stiftung Warentest

Marc Ellinger

INHALT

Sie können die Formulare auch kostenlos online abrufen. Den Link und einen QR-Code finden Sie auf Seite 163.

DIE BAUBESCHREIBUNG: WAS HIER NICHT STEHT, WIRD NICHT GEBAUT!

Wer bauen möchte, hat die Qual der Wahl: Auf dem Hausbaumarkt tummeln sich zahlreiche Anbieter – und alle versprechen Ihnen, für Sie genau das Haus zu bauen, das Sie sich wünschen. Mit enormem werblichen Aufwand und opulenten Hochglanzbroschüren, perfekt inszenierten Musterhäusern und psychologisch geschickt choreografierten Verkaufsgesprächen appellieren Hausbaufirmen direkt an Ihre Emotionen. Umso wichtiger ist es, einen klaren Kopf zu behalten und alle Angebote nüchtern gegeneinander abzuwägen. Schließlich geht es nicht nur darum, wie Sie zukünftig wohnen und leben möchten, sondern auch um ganz beträchtliche Geldmittel!
Seit Januar 2018 ist die Baubeschreibung, die der Hausbauunternehmer seither vorvertraglich vorlegen muss, verbindlicher Bestandteil der Vertragsanbahnung und mit Vertragsschluss auch der maßgebliche Bestandteil des Vertrages. Die Qualität dieser Baubeschreibung ist entscheidend dafür, was Sie am Ende bekommen! Je klarer Ihr Haus, seine Bauweise und seine Ausstattung hier beschrieben werden, umso klarer ist definiert, was Sie erwarten können. Die Baubeschreibung hält in Ergänzung zu den Plänen fest, was und wie gebaut wird und welche Beschaffenheit Gebäudehülle, Innenausbau und technische Ausstattung haben werden. Sie fixiert die Qualitäten der verwendeten Baustoffe und Materialien, gibt an, welche Fabrikate, Ausstattungsserien und Modellvarianten an Fliesen, Bodenbelägen, Innentüren, Sanitärausstattung et cetera eingebaut werden und führt etwa die Stückzahlen der Elektroausstattung raumweise auf.
Zwar haben Sie auch ohne Baubeschreibung Anspruch auf ein funktionstaugliches Gebäude, das stand- und erdbebensicher ist, den Anforderungen der geltenden Energieeinsparverordnung genügt und die den Plänen entsprechende Form und Größe hat. Doch wie das im Einzelnen erreicht wird, das steht in der Baubeschreibung. Für alles, was dort nicht steht und was für das erwähnte funktionstaugliche Ganze nicht notwendig ist, sind Sie auf das Entgegenkommen Ihres Vertragspartners angewiesen – der sich seine „Kulanz" in der Regel teuer bezahlen lassen wird.
Aus Unternehmersicht war es bislang von Vorteil, wenn die Baubeschreibung möglichst offen formuliert war: Je unkonkreter die schriftliche Darstellung, umso größer der Handlungsspielraum des jeweiligen Unternehmens beim Einkauf von Baustoffen und der Vergabe von Bauleistungen. Solche Baubeschreibungen sind noch immer am Markt. Häufig wurden zwar die Verträge der neuen Rechtslage angepasst, die Baubeschreibungen jedoch nicht oder nur oberflächlich. Hier setzt dieses Buch an: Es soll Ihnen eine verlässliche Orientierungshilfe zur Beurteilung der Ihnen vorgelegten Baubeschreibungen an die Hand geben.

Baubeschreibungen vergleichen

So groß wie die Bandbreite der Hausbauunternehmen ist die inhaltliche und qualitative Bandbreite der Dokumente, die Ihnen als sogenannte Baubeschreibung vorgelegt werden könnten. Auf der Suche nach Ihrem Hausbaupartner werden Sie mit einer Vielzahl unterschiedlich aufgebauter und unterschiedlich umfangreicher Baubeschreibungen konfrontiert werden, die nicht ohne weiteres miteinander vergleichbar sind. Spätestens im en-

geren Auswahlverfahren sollten Sie sich jedoch darüber klar werden, mit welchem Partner Sie das bestmögliche Ergebnis bekommen. Dazu müssen Sie die infrage kommenden Baubeschreibungen einander gegenüberstellen und die bestehenden Unterschiede herausarbeiten. Dieses Buch bietet Ihnen die entsprechenden Hilfestellungen dazu.
Im vorderen Teil geht es nach einer Einführung in die rechtlichen und definitorischen Aspekte sowie die Tücken und Fallstricke, die Sie beachten müssen, Schritt für Schritt durch die Baubeschreibung. Wir erklären, worum es geht, erläutern Bauteile und Standards, sagen Ihnen, was in der Baubeschreibung enthalten sein muss und weisen Sie auf problematische Formulierungen hin. Falls Sie vorhaben, einige Leistungen selbst zu erbringen, finden Sie hier außerdem Rat dazu, wo das sinnvoll ist und was Sie besser den Bauprofis überlassen sollten. Zu jedem Gewerk verweisen wir auf die entsprechende Checkliste im Formularteil (ab Seite 162), die Sie nutzen können, um die Ihnen vorliegenden Baubeschreibungen zu analysieren. Wenn Sie die Dokumente anhand der aufgeführten Kriterien Punkt für Punkt überprüfen, werden Sie zwischen den Anbietern sehr deutliche Unterschiede feststellen. Scheuen Sie sich nicht, die Anbieter damit zu konfrontieren! Erst, wenn Sie die unterschiedlich formulierten Baubeschreibungen wirklich „aufgedröselt" haben, zeigt sich vielleicht, dass das auf den ersten Blick preisgünstigere Angebot doch nicht das vermeintliche Schnäppchen ist, da der Leistungsumfang deutlich geringer ist als bei dem zunächst teurer wirkenden. Machen Sie sich bewusst, dass jede Steckdose kostet und bessere Produktqualitäten auch bezahlt sein wollen. Hausbauanbieter haben nichts zu verschenken und preisgünstige Lockangebote sind mit Einsparungen erkauft – an welcher Stelle, können Sie durch den Angebotsvergleich herausfinden.
Können Sie in einer Rubrik unserer Checklisten bei keiner der aufgeführten Optionen ein Häkchen setzen, ist das ein Alarmzeichen – dann sollten Sie unbedingt beim Anbieter nachfragen und die entsprechende Angabe in die Baubeschreibung aufnehmen lassen. Dasselbe gilt für allgemeine Angaben wie „nach statischen Erfordernissen"!

Baubeschreibung ergänzen

Haben Sie sich für einen Hausbauanbieter entschieden, gilt es, die vorvertragliche Baubeschreibung zu vervollständigen. Unklare oder schwammig formulierte Punkte müssen geklärt, nicht enthaltene, aber erforderliche Angaben müssen ergänzt werden. Lassen Sie sich dabei nicht mit der Aussage abwimmeln, bestimmte Punkte, die nicht in der Baubeschreibung erwähnt sind, seien in der Leistung selbstverständlich enthalten! Lassen Sie die Baubeschreibung entsprechend ergänzen, denn nur auf die dort enthaltenen schriftlichen Angaben können Sie sich im Streitfall berufen. Je klarer und konkreter die Leistungen, Qualitäten und Ausführungen beschrieben sind, umso einfacher können Sie und ein von Ihnen mit baubegleitenden Qualitätskontrollen beauftragter Sachverständiger die Leistungserbringung überprüfen.
Auch, wenn Sie mit dem Ansinnen auf Änderung und Ergänzung der Baubeschreibung nicht zwangsläufig auf große Gegenliebe stoßen: Ihr zukünftiger Vertragspartner möchte einen Geldbetrag in sechsstelliger Höhe von Ihnen, da sollte der Vertragsabschluss nicht an der ohnehin erforderlichen Überarbeitung der unternehmenseigenen Baubeschreibung scheitern. Weigert man sich dennoch hartnäckig, können und sollten Sie Ihre Auswahlentscheidung doch noch einmal überdenken.
Übrigens: Sprechen wir von Bauherr, Architekt, Baubegleiter et cetera, bezieht sich das selbstverständlich auch auf weibliche Personen. Aus Gründen der besseren Lesbarkeit wird jedoch in diesem Buch die männliche Form verwendet.

BEGRIFFE UND DEFINITIONEN

Wie das Bauen – als Überbegriff für mehrere, teilweise uralte Handwerkskünste – selbst hat auch das Bauvertragswesen eine eigene Sprache mit speziellen Fachbegriffen und -termini, die in großer Zahl mit juristisch verbindlichen Definitionen hinterlegt sind. Dieses Kapitel befasst sich mit den im Vertragstext relevanten Begriffen. Mit diesen sollten Sie sich bereits vertraut machen, bevor es zum Vertragsabschluss mit einem Bauunternehmen kommt.

DIE UNTERSCHIEDLICHEN VERTRAGSKONSTELLATIONEN

Nach der juristischen Definition wird die Errichtung eines gesamten Gebäudes auf eigenem Grund für einen privaten Verbraucher immer durch einen Verbraucherbauvertrag geregelt. Zu dessen Kernelementen zählt die Baubeschreibung, wenn nicht der Verbraucher wesentliche Planungsvorgaben macht, will sagen: ohne eigenen Architekten plant. Vorsicht ist jedoch geboten, wenn Teile der Leistung nicht durch den Hausbauunternehmer, sondern durch andere Vertragspartner der Bauherren oder in Eigenleistung erbracht werden. Denn in einem solchen Fall handelt es sich nicht mehr um die Errichtung eines gesamten Gebäudes. Somit könnte der Hausbaupartner vom Verbraucherbauvertrag zum Bauvertrag wechseln. Für diese Vertragsform wiederum gibt es andere, weniger umfassende Pflichten und Anforderungen, eine Baubeschreibung ist in diesem Fall kein verpflichtender Bestandteil. Hier kommt es auf Ihr Verhandlungsgeschick an. Wenn Sie sich mit Ihrem Vertragspartner darüber einigen, dass es sich trotzdem um einen Verbraucherbauvertrag handeln soll, dann kann und muss das entsprechend über den Leistungsumfang vereinbart werden.

Noch einmal anders ist es, wenn Sie Haus und Grundstück käuflich von einem Bauträger erwerben. Dann wird Ihnen auch eine Baubeschreibung vorgelegt. Verbindlich ist dabei hier aber immer die später notariell beurkundete Baubeschreibung.

Im Folgenden werden die verschiedenen Vertragsformen ausführlich beschrieben.

Der Verbraucherbauvertrag

Mit der Novellierung des Bauvertragsrechts zum 1. Januar 2018 wurden die Rechtspositionen der privaten Verbraucher gegenüber den Bauunternehmern im Vergleich zu den bis dato eher unspezifischen Regelungen des Werkvertragsrechts merkbar gestärkt. Allerdings wären weitere Ergänzungen, zum Beispiel klare Regelungen zu Mängelrechten der Verbraucher während der Ausführung, durchaus wünschenswert. Aber nach der Reform ist schließlich vor der Reform …

Ein Verbraucherbauvertrag kommt dann zustande, wenn ein privater Verbraucher ein Unternehmen zur Erstellung eines neuen Gebäudes oder zu wesentlichen Umbauten eines bestehenden Gebäudes verpflichtet. Die rechtlichen Grundlagen finden sich in den §§ 650i ff. BGB sowie im Artikel 249 EGBGB (Einführungsgesetz zum Bürgerlichen Gesetzbuch). An den Verbraucherbauvertrag sind eine Reihe von Informationspflichten des Unternehmers geknüpft, diese finden sich im vorerwähnten Artikel 249 EGBGB. Dazu zählt auch die vorvertragliche Herausgabe einer Baubeschreibung.

Eine Ausnahme stellen lediglich Fälle dar, in denen der Verbraucher (also Sie) die maßgeblichen Angaben zur Bauausführung macht beziehungsweise gemacht hat.

Wie immer bei der Novellierung der Rechtsnormen müssen die Neuerungen und Begrifflichkeiten der Novellierung erst noch durch die Rechtsprechung ausgelegt werden. Es ist anzunehmen, dass ein Auftrag zur schlüsselfertigen Erstellung eines Hauses einen Verbraucherbauvertrag darstellt. Ob hingegen das Erstellen einer Gebäudehülle für ein als Ausbauhaus bezeichnetes Gebäude noch ein Verbraucherbauvertrag ist, mag an dieser Stelle infrage gestellt werden.

Der Bauvertrag

Der Bauvertrag richtet sich nach den Regelungen des § 650a bis h BGB. Er kommt zustande, wenn es sich bei der beauftragten Leistung um eine Teilleistung handelt, die an einem Bauwerk zu erbringen ist. Wenn Sie also für Leistungen, die Ihr Hausbaupartner nicht erbringt – zum Beispiel die Erdarbeiten –, einen Vertrag mit einem Erdbauunternehmer abschließen, ohne eine andere Vertragsbedingung zu vereinbaren, ist dies ein Bauvertrag nach § 650a bis h BGB. Der Bauvertrag ist ein Werkvertrag, das heißt, die Vertragsparteien schulden sich gegenseitig voneinander abhängige Hauptleistungen. Der Bauunternehmer schuldet den Erfolg, nämlich die vertragsgemäße und mangelfreie Herstellung der vereinbarten Bauleistung; Sie schulden die Abnahme des im Wesentlichen mangelfreien Werks und die Zahlung der sich aus der Abrechnung ergebenden Vergütung.

Anders als beim Verbraucherbauvertrag gibt es bei einem Bauvertrag kein ausdrückliches Recht auf eine vorvertragliche oder sonstige Baubeschreibung. Der Besteller (also Sie als Bauherr) und der Bauunternehmer einigen sich auf einen dem Grund nach zu definierenden Leistungsumfang. Das kann die Ausschreibung sein, die ein in Ihrem Auftrag tätiger Architekt erstellt hat, oder das Angebot des Unternehmers, das dieser nach Inaugenscheinnahme und Planeinsicht erstellt hat. Wichtig für Ihre Budgetplanung: „Dem Grund nach" vereinbart bedeutet, dass das Angebot mit geschätzten Mengenansätzen erstellt wurde, die Abrechnung des Bauunternehmers dann aber nach den tatsächlich angefallenen und nachgewiesenen Leistungsmengen erfolgt.

Info: Vorsicht beim Angebotsvergleich!

Die Mengenabschätzung durch die Unternehmer ist die Krux, wenn Sie verschiedene Angebote miteinander vergleichen. Der reine Vergleich über den Endpreis ist irreführend, weil die verschiedenen Anbieter in ihren selbst erstellten Angeboten (gerade bei Erdbauarbeiten) unterschiedliche Mengenansätze kalkulieren. Der eine Anbieter schätzt die voraussichtlichen Ausführungsmengen seriös, der andere Anbieter aus angebotstaktischen Gründen unseriös niedrig. Bei der Vergabeentscheidung über den Endpreis bekommt der unseriöse Anbieter den Zuschlag und Sie werden am Ende mit einer sehr viel höheren Abrechnungssumme konfrontiert. Der unseriöse Anbieter hat sein Ziel erreicht, er hat mit seinem bewusst niedrig angesetzten Angebot den Auftrag erhalten und bekommt Ihr Geld. Legen Sie Ihrem Angebotsvergleich daher immer identische Mengenansätze zugrunde! Das ist mit etwas Zeitaufwand verbunden, lässt sich mithilfe der gängigen Tabellenkalkulationsprogramme aber relativ leicht durchführen.

Mit einem kooperativen Bauunternehmer lässt sich darüber verhandeln, dass auch bei einer Einzelgewerkevergabe die Regelungen des Verbraucherbauvertrags mit den Schutzregelungen für den Verbraucher im weitesten Sinne zur Anwendung kommen. Dass Sie eine vorvertragliche Baubeschreibung erhalten, ist in diesem Fall allerdings eher unwahrscheinlich. Sie können sich jedoch mit dem Unternehmer darauf einigen, das Angebot als Baubeschreibung zu betrachten.

Der Bauvertrag nach VOB/B

Der Bauvertrag kann auch nach VOB/B abgeschlossen werden, wenn der Besteller keine Privatperson ist. Die VOB/B (Vergabe- und Vertragsordnung für Bauleistungen, Teil B) ist

Auf den Punkt gebracht

Ein Verbraucherbauvertrag kommt von Gesetzes wegen automatisch zustande, wenn es um den Bau eines Gebäudes geht. Erbringt jedoch der Hausbaupartner einige Leistungsbestandteile nicht, handelt es sich rechtlich gesehen nicht mehr um den Bau eines Gebäudes, sondern nur um eine teilweise Errichtung, was Ihren Vertrag zu einem Bauvertrag macht. Der Bauvertrag ist deutlich weniger verbraucherfreundlich als ein Verbraucherbauvertrag. Sie können aber versuchen, sich mit Ihrem Hausbaupartner auf die Regelungen des Verbraucherbauvertrags zu einigen. Diese Vereinbarung sollte in den Vertragsunterlagen eindeutig und vorrangig erkennbar werden.

ein im Bauwesen seit Jahrzehnten eingeführtes und durchaus bewährtes Vertragswerk, das als allgemeine Vertragsbedingung aber zwischen den Vertragsparteien in Gänze ausdrücklich und wirksam vereinbart werden muss. Ansonsten gilt das Werkvertragsrecht nach BGB. Wird die VOB/B durch den Hausbaupartner eingebracht, unterliegen die Bestimmungen der Kontrolle des Rechts der Allgemeinen Geschäftsbedingungen. Unwirksam sind dann die Bestimmungen der VOB/B, die den Verbraucher unangemessen benachteiligen.

Ein Bauvertrag auf Grundlage der VOB/B ist wie der vorerwähnte Bauvertrag nach § 650a ff. BGB ein Werkvertrag mit den daraus resultierenden gegenseitigen Verpflichtungen. Eine Pflicht zur Vorlage einer vorvertraglichen Baubeschreibung gibt es, wie schon beim Bauvertrag dargelegt, auch hier nicht.

Nähere Informationen dazu finden sich in der Bauherren-Praxismappe „Verträge" der Stiftung Warentest.

Der Bauträgervertrag

Das Bauträgervertragsrecht ist in den §§ 650u bis v geregelt. Hinsichtlich der Errichtung eines Bauwerks gelten die Vorschriften des Bauvertragsrechts und damit auch die Vorschriften des Verbraucherbauvertrags mit einigen Einschränkungen. Die vorvertragliche Baubeschreibung ist auch hier geschuldet. Ergänzend zum Bauvertragsrecht verpflichtet sich der Unternehmer zusätzlich, dem Besteller das Eigentum am Grundstück zu verschaffen. Die Baubeschreibung wird als Bestandteil des Grundstück- und Hauskaufvertrags notariell mit beurkundet.

Bauen mit dem Architekturbüro

Beauftragen Sie ein Architekturbüro mit der Erstellung der Planung, legen Sie im Architektenvertrag fest, welche Tiefe die Planung am Ende haben soll. Möglicherweise geht es nur um die Bauantragsplanung, die noch vor oder erst nach Erteilung der Baugenehmigung an einen oder mehrere Hausbauanbieter vergeben wird, damit dieser beziehungsweise diese ein Angebot erstellen. In diesem Fall geht es ab hier mit dem Verbraucherbauvertrag und – sofern nicht die grundlegende Ausführung von Ihnen schon vorgegeben wird – mit der Baubeschreibung im Verbraucherbauvertrag (s. Seite 8) weiter.

Auf den Punkt gebracht

Die klassische Konstellation am Bau, bei der Planung, Ausschreibung, Vergabemitwirkung und gegebenenfalls die Bauleitung durch ein Architekturbüro erfolgen und die Aufträge als Einzelgewerkevergabe vielen verschiedenen Unternehmer erteilt werden, läuft auf die Vertragsform des Bauvertrags nach BGB (oder nach VOB/B) hinaus.

Rechte und Ansprüche nach Vertragsformen

Je nachdem, welchen Vertrag Sie als Bauherr mit Ihrem Baupartner eingegangen sind, haben Sie unterschiedliche Rechte und Ansprüche, die in der nachfolgenden Übersicht dargestellt sind. Anhand der Übersicht können Sie auf einen Blick erkennen, was Ihnen laut Vertragsform zusteht und welche Ansprüche Sie Ihrem Vertragspartner gegenüber geltend machen können.

Von der Vertragsform hängt es ab, ob ...

	Verbraucherbau-vertrag	Bauvertrag BGB	Bauvertrag VOB/B	Bauträgervertrag = Notarvertrag
... Sie Anspruch auf eine vorvertragliche Baubeschreibung haben, die dann auch Vertragsbestandteil wird. **Achtung: Das gilt nur dann, wenn nicht der Verbraucher selbst oder ein von ihm beauftragter Dritter die wesentlichen Planungsvorgaben macht.**	✓			✓
... ein verbindlicher Termin zur Fertigstellung oder zumindest eine verbindliche Dauer der Bauausführung im Vertrag genannt sein muss.	✓			✓
... Sie Anspruch auf die Herausgabe von Unterlagen vor Beginn der Bauausführung haben, die Sie benötigen, um gegenüber Behörden den Nachweis zu führen, dass der Bau unter Einhaltung der öffentlich-rechtlichen Bestimmungen erfolgt. **Achtung: Das gilt nur dann, wenn nicht der Bauherr selbst oder ein von ihm beauftragter Dritter die Planung erbringt.**	✓			✓
... Sie Anspruch auf die Herausgabe von Unterlagen spätestens mit Fertigstellung des Werkes haben, die Sie benötigen, um gegenüber Behörden den Nachweis zu führen, das der Bau unter Einhaltung der öffentlich-rechtlichen Bestimmungen erfolgt ist.	✓			✓
... Sie das Hausrecht auf der Baustelle haben, das Sie vertraglich an den Unternehmer abtreten können.	✓	✓	✓	
... Sie die Erlaubnis des Unternehmers, der Grundstückseigentümer ist, benötigen, um die Baustelle nach Terminvereinbarung betreten zu dürfen.				✓
... Sie das Recht haben, den Vertrag binnen 14 Tagen nach §650 I BGB zu widerrufen. **Achtung: Das Widerrufsrecht gilt nur dann, wenn der Vertrag nicht notariell beurkundet wird.**	✓			
... Sie über dieses Widerrufsrecht belehrt werden müssen.	✓			
... Sie Anspruch darauf haben, den Vertragsentwurf mindestens 14 Tage vor dem beabsichtigten Beurkundungstermin zur Verfügung gestellt zu bekommen.				✓
... Sie Anspruch auf eine Sicherheitsleistung in Höhe von 5 Prozent der Vertragssumme samt Nachträgen für die rechtzeitige Fertigstellung des Werkes haben, die bei der ersten Abschlagszahlung zu leisten ist.	✓			✓
... Ihnen bei Zahlung von Abschlagszahlungen nur 90 Prozent der Vertragssumme samt Nachträgen in Rechnung gestellt werden darf, sodass ein Sicherheitseinbehalt von 10 Prozent verbleibt.	✓			
... Sie die Kaufpreisraten nach der Makler- und Bauträgerverordnung zahlen müssen.				✓
... Ihnen das Eigentum am Grundstück verschafft werden muss.				✓

Wenn Sie aber in der klassischen Konstellation mit dem Architekturbüro weitermachen, erstellt das Büro im Anschluss an die Baugenehmigung die Werkplanung mit allen für die Ausführung notwendigen Detailplänen. In der Vorbereitung auf die Werkplanungserstellung und im Zuge der Werk- und Detailplanung werden – hoffentlich in Rücksprache mit Ihnen, es soll ja Ihr Haus werden und nicht das Aushängeschild des Architekturbüros – die Festlegungen zu den von Ihnen gewünschten Bauausführungen der verschiedenen Gewerke getroffen. Danach werden die verschiedenen Bauleistungen durch das Büro ausgeschrieben. Der Angebotsrücklauf wird geprüft, die Angebote werden bewertet und dem Auftraggeber – Ihnen – mit einer Empfehlung zur Auftragsvergabe vorgelegt. Die Auftragsvergabe erfolgt dann zumeist als Einzelgewerkevergabe in Form von Bauverträgen oder als Bauvertrag nach VOB/B.

Vom Grundsatz her gibt es auch in dieser klassischen Konstellation eine Art vorvertragliche Beschreibung dessen, was gebaut werden soll. Diese wird aber nicht vom jeweiligen Bauunternehmer, sondern vom Architekturbüro in Absprache mit Ihnen erstellt.

Es obliegt dem Architekturbüro und im Rahmen der Mitwirkungspflicht auch Ihnen, die erwartete Bauleistung so eindeutig und umfassend wie möglich zu beschreiben. Sollten hierbei Missverständnisse, falsche oder unvollständige Leistungsbeschreibungen auftreten, muss sich das der Auftraggeber zurechnen lassen. Das sind in diesem Fall Sie. Im Außenverhältnis zu den Bauunternehmen, die Ihr Haus bauen, haften Sie für Fehlleistungen Ihres Erfüllungsgehilfen (des Architekturbüros). Sie können dies jedoch im Innenverhältnis dem in Ihrem Auftrag tätigen Architekturbüro anlasten.

Umfassende Informationen zu den verschiedenen Vertragsformen beim Bauen und wie Sie diese möglichst vorteilhaft ausgestalten, finden Sie in der Bauherren-Praxismappe „Verträge" der Stiftung Warentest.

GRUNDSÄTZLICHES ZUR BAUBESCHREIBUNG

Im Falle eines Verbraucherbauvertrags haben Sie seit dem 1. Januar 2018 einen Rechtsanspruch auf eine Baubeschreibung. „Der Unternehmer ist nach § 650j des Bürgerlichen Gesetzbuchs verpflichtet, dem Verbraucher rechtzeitig vor dessen Vertragserklärung eine Baubeschreibung in Textform zur Verfügung zu stellen." So steht es wortwörtlich in Artikel 249 § 1 des EGBGB.

Was heißt das konkret für Sie?

1. Der Unternehmer, möglicherweise Ihr zukünftiger Hausbaupartner, ist dazu verpflichtet, Ihnen eine vorvertragliche Baubeschreibung vorzulegen.
2. Dies muss rechtzeitig vor einer Erklärung zur Vertragsannahme oder -ablehnung erfolgen.

Wie die Rechtsprechung den Begriff „rechtzeitig" auslegen wird, bleibt abzuwarten, aber es ist anzunehmen, dass der Gesetzgeber Ihnen, dem privaten Verbraucher, ein ausreichend bemessenes Zeitfenster einräumen wollte, das es Ihnen ermöglicht, die vorgelegte Baubeschreibung zu prüfen beziehungsweise durch Dritte, zum Beispiel den

> **Auf den Punkt gebracht**
>
> Sie haben, noch bevor Sie einen Verbraucherbauvertrag unterschrieben haben, einen Rechtsanspruch auf eine lesbare Baubeschreibung. Diese muss in Textform, aber nicht zwingend in Papierform zur Verfügung gestellt werden.

Sachverständigen Ihres Vertrauens, prüfen zu lassen.

Die Baubeschreibung muss in Textform zur Verfügung gestellt werden. Textform bedeutet nach § 126b BGB, dass es sich um eine lesbare Erklärung handeln muss, in der der Erklärende (in diesem Fall derjenige, der die Baubeschreibung vorlegt) namentlich benannt ist. Darüber hinaus muss die Baubeschreibung auf einem dauerhaften Datenträger abgegeben werden. Was sich etwas umständlich anhört, bedeutet letztendlich nichts anderes, als dass Sie die Möglichkeit haben müssen, dieses Dokument respektive diese Erklärung für eine ausreichend lange Zeit aufzubewahren. Ein Brief, eine Kopie, ein Prospekt, eine E-Mail oder ein Mailanhang, ja sogar die Nachricht auf einem Messenger erfüllen diese Anforderung.

Wenn nichts anderes vereinbart wird, wird die vorvertragliche Baubeschreibung dann auch Vertragsbestandteil.

Inhalt der Baubeschreibung beim Verbraucherbauvertrag

Auch zu den Inhalten der Baubeschreibung gibt es im Gesetzestext klare Regelungen. Artikel 249 § 2 des EGBGB legt hierzu Folgendes fest:

In der Baubeschreibung sind die wesentlichen Eigenschaften des angebotenen Werks in klarer Weise darzustellen. Sie muss zu diesem Zweck mindestens folgende Informationen enthalten:

1. eine allgemeine Beschreibung des herzustellenden Gebäudes oder der vorzunehmenden Umbauten, gegebenenfalls Haustyp und Bauweise
2. Art und Umfang der angebotenen Leistungen, gegebenenfalls der Planung und der Bauleitung, der Arbeiten am Grundstück und der Baustelleneinrichtung sowie der Ausbaustufe
3. Gebäudedaten, Pläne mit Raum- und Flächenangaben sowie Ansichten, Grundrisse und Schnitte
4. gegebenenfalls Angaben zum Energie-, zum Brandschutz- und zum Schallschutzstandard sowie zur Bauphysik
5. Angaben zur Beschreibung der Baukonstruktionen aller wesentlichen Gewerke
6. gegebenenfalls Beschreibung des Innenausbaus
7. gegebenenfalls Beschreibung der gebäudetechnischen Anlagen
8. Angaben zu Qualitätsmerkmalen, denen das Gebäude oder der Umbau genügen muss
9. gegebenenfalls Beschreibung der Sanitärobjekte, der Armaturen, der Elektroanlage, der Installationen, der Informationstechnologie und der Außenanlagen

Die Baubeschreibung hat verbindliche Angaben zum Zeitpunkt der Fertigstellung des Werks zu enthalten. Steht der Beginn der Baumaßnahme noch nicht fest, ist ihre Dauer anzugeben.

So weit, so gut, aber machen wir uns nichts vor. Wenn der Unternehmer das alles liefern soll, ist zumindest bei einer neu zu erstellenden Individualplanung die Vertragsanbahnung schon relativ weit fortgeschritten. Eine Individualplanung erfordert zumindest einen Planungsauftrag, denn irgendwie muss der Unternehmer ja wissen, was er bauen darf und bauen soll. Er muss also das Grundstück und den Bebauungsplan kennen und zumindest eine erste konzeptionelle Planung darauf und auf Ihre Ideen und Vorstellungen abgestimmt haben. Wenn diese konzeptionelle, auf die Grundstücksbelange abgestimmte Planung nicht gegeben ist, könnte ja alles noch einmal ganz anders kommen. Das kann demzufolge nicht das erwartbare Ergebnis eines ersten Informationsgesprächs sein. Darüber hinaus muss sich das Unternehmen mit Ihnen darüber abstimmen, was denn gebaut werden soll – ein Blockhäuschen am See oder ein neues Schloss Neuschwanstein.

Anders sieht es aus, wenn der Hausanbieter auf standardisierte Typenhäuser mit ebenfalls standardisierten Modifikationen zurückgreifen kann. Dafür sind dann häufig entsprechende Baubeschreibungen preislich fix und fertig hinterlegt und könnten, sofern der Anbieter über eine geeignete Software verfügt, mit umfangreichen Anlagen relativ zeitnah ausgestellt werden.

Wenn Sie Ihr Baugrundstück schon gekauft haben, nehmen Sie bereits zu den Erstgesprächen den Lageplan und den zugehörigen Bebauungsplan mit. Das erleichtert die konzeptionellen Arbeiten auf Unternehmerseite ganz enorm.

Die Baubeschreibung bei anderen Vertragsformen

Wie schon erwähnt, gibt es bei Bauverträgen keine Baubeschreibung. Gleiches gilt für den Bauvertrag nach VOB/B. Stattdessen besteht bei einem Bauvertrag die Möglichkeit, eine Beschreibung der vorgesehenen Leistungen in Form eines Einheitspreisangebotes zu erhalten, aber darauf haben Sie keinen Rechtsanspruch. Der Vertragsinhalt kann auch auf andere Weise zwischen den Parteien vereinbart werden.

Anders sieht es beim Bauträgervertrag aus: Wie beim Verbraucherbauvertrag ist auch beim Bauträgervertrag eine Baubeschreibung vorgeschrieben. Diese wird als Vertragsbestandteil notariell mit beurkundet. Die Verkaufsunterlagen, mit denen für den Vertrieb der Wohnungen geworben wird, können nicht als vorvertragliche Baubeschreibung eingestuft werden. Die in den Notarverträgen beurkundete Baubeschreibung sieht häufig deutlich anders aus: Die plakativen Verkaufsversprechen aus den Prospekten klingen, übersetzt in nüchterne Darstellungen, vielleicht nicht mehr so verlockend … Sie müssen für sich klären, ob das, was im Notarvertrag steht, dem entspricht, was Ihnen gegenüber im Verkaufsgespräch angepriesen wurde. Es bleibt abzuwarten, wie sich die Gerichte zu den Unterschieden positionieren werden.

Die teils vollmundige Prosa in den Verkaufsprospekten kann aus rechtlicher Sicht durchaus als Verkaufsversprechen gewertet werden, das bestimmte umfassende Sachverhalte beschreibt. Deswegen ist es sinnvoll, die Verkaufsunterlagen langfristig aufzubewahren.

LEISTUNGSDEFINITIONEN

Ein wichtiger Bestandteil von Baubeschreibungen und Bauverträgen im Allgemeinen ist die Definition von Leistungen. Mit den Begrifflichkeiten in diesem Zusammenhang sollten Sie sich unbedingt vertraut machen. Sie sollten beispielsweise wissen, was sich hinter der Formulierung „bauseitige Leistungen" verbirgt und was „nicht enthaltene Leistungen" für Sie bedeuten. Denn um es schon einmal vorwegzunehmen: Beide Wendungen können für Sie Kostensteigerungen und Bauzeitverzögerungen bedeuten. Darüber später mehr, hier geht es zunächst um die Klärung der Begriffe.

Wenn Eigenleistungen die Vertragsgrundlage gefährden

Mit Eigenleistungen werden Leistungsbestandteile, die zur Errichtung eines kompletten Gebäudes gehören, aus dem vertraglichen Leistungsumfang des Hausbaupartners herausgenommen. Damit wird kein komplettes Gebäude mehr errichtet und somit fällt eine der Grundlagen weg, die den Verbraucherbauvertrag automatisch herbeiführen.

Klären Sie im eigenen Interesse bei der Herausnahme von Teilleistungen, welche Vertragskonstellation gilt. Vereinbaren Sie mit Ihrem Hausbaupartner im Zweifel die entsprechenden Schutzrechte ausdrücklich im Vertrag. Keinesfalls reicht es, „Verbraucherbauvertrag nach § 650i BGB" voranzustellen: der Vertragstyp bestimmt sich immer nach dem Inhalt.

Bauseitige Leistungen

Bauseitige Leistungen sind Leistungen oder Leistungsbestandteile, die, anders als es der Laie vielleicht erwartet, das Bauunternehmen nicht erbringt. Häufig ist das in der Prosa der Baubeschreibung auch knapp und unauffällig mit „bauseits" tituliert. Alles, was „bauseits" anfällt, fällt auf der Seite des Bauherrn an! Diese Leistungen sind nicht im Preis inbegriffen, Sie müssen sie mit eigener Hände Arbeit, zulasten eigener Kräfte und Finanzmittel oder durch weitere Bauverträge mit anderen Bauunternehmen erbringen oder erbringen lassen. Hierbei ist dann neben der eigentlichen Arbeitsbelastung auch der Zeitbedarf für Organisations- und Koordinationstätigkeiten zu berücksichtigen.

Nicht enthaltene Leistungen

Das sind (Dienst-)Leistungen, die Ihr zukünftiger Vertragspartner von vornherein für sich ausschließen möchte. Die Aussage dahinter ist eine eindeutige Absage gegenüber Ihnen als Vertragspartner. Im Klartext heißt das so viel wie: „Kann ich nicht!", „Will ich nicht!", „Mach ich nicht!" und „Will mich auch nicht darum kümmern müssen!". Diese Leistungsbestandteile beziehungsweise Leistungen werden in den Verträgen häufig als „bauseitige Leistungen", „Bauherrenleistungen" oder „Bauherrenaufgaben" bezeichnet.

Ausbaustufen

Ausbaustufen sind im Regelfall vom anbietenden Unternehmen vorgegebene Leistungspakete, die auf einen bestimmten Endstand der bauvertraglich geschuldeten Leistungserbringung abzielen.

Typischerweise sind Ausbaustufen in sich abgeschlossene Pakete, bei denen das Unternehmen eine zu benennende Abfolge von Bau- und Ausbaugewerken ausführt, bis der angestrebte Bautenstand erreicht ist.

Typische Ausbaustufen (je nach Region und Anbieter werden andere Begrifflichkeiten verwendet) sind zum Beispiel:

- Rohbau
- Rohbau mit Dachstuhl gerichtet
- erweiterter Rohbau
- Technik fertig
- estrichfertig
- zum Endausbau vorbereitet
- bezugsfertig
- …

Wichtig für Sie ist es, sich über den Leistungsumfang klar zu werden, der sich hinter der Bezeichnung der beauftragten Ausbaustufe verbirgt. Alle die Gewerke und Bauleistungen, die nicht von der gewählten Ausbaustufe umfasst werden und damit Restleistungen sind, müssen Sie als Bauherr durch eigener Hände Arbeit oder durch Vergabe an andere Handwerker erbringen und separat zahlen.

Vorsicht: Die Ausbaustufe kann die Vertragsform bestimmen! Wollen Sie sparen und wählen daher eine niedrigere Ausbaustufe als die des Komplethauses, häufig auch als „bezugsfertig" oder „schlüsselfertig" bezeichnet, handelt es sich dem Grunde nach nicht mehr um den Bau eines Gebäudes. Somit kommt nicht automatisch ein Verbraucherbauvertrag nach § 650i BGB zustande, sondern es läuft auf einen (deutlich weniger verbraucherfreundlichen) Bauvertrag nach § 650a BGB hinaus.

Eigenleistungen und Eigenleistungspakete

Eigenleistungen sind häufig auf Gewerkeebene zusammengefasste Teilleistungen, die aufgrund einer Extra-Vereinbarung aus dem Umfang der vertraglich geschuldeten Leistungen herausgenommen und durch den Bauherrn gegen Rückvergütung oder Abzug von der Vertragssumme selbst erbracht werden. In vielen Verträgen gibt es dazu schon vorkonfigurierte Eigenleistungspakete, die mit einer Preisangabe versehen sind. Diese Eigenleistungspakete können durchaus Leistungsbestandteile aus mehreren Gewerken enthalten. Immer wieder gern genommen wird beispielsweise das Eigenleistungspaket „Malerarbeiten". Dieses beinhaltet neben den eigentlichen Malerarbeiten innen und außen möglicherweise auch noch die Deckenfugenspachtelung der Betonfertigteildecken und möglicherweise auch die Spachtelung der in Trockenbauweise erstellten Oberflächen an Wänden, Dachschrägen und Balkendecken.

Egal, ob Eigenleistung oder Eigenleistungspaket, es kommt darauf an, zu welchem Zeitpunkt die Vereinbarung über die Herausnahme der Leistungsbestandteile getroffen wird. Erfolgt die Festlegung darüber vor Vertragsabschluss, muss der Unternehmer auch den darin enthaltenen Gewinnanteil aus der Angebotssumme herausrechnen. Mangels Vertragsschluss wirken dann aber alle anderen preisbildenden Faktoren weiter. Werden Bauleistungen in dieser Zeit teurer, schlägt sich das im Gesamtpreis nieder, umgekehrt ebenso. Erfolgt die Festlegung erst nach Vertragsabschluss oder im Zuge der Bauausführung, muss er nur das vergüten, was er sich an Aufwendungen erspart hat. Die auf das Gewerk kalkulierte Gewinnmarge verbleibt ihm. Sofern dies im Wege einer komplexen und sehr streitanfälligen einseitigen Anordnung nach § 650b BGB erfolgen würde, wird eine angemessene Gewinnmarge aufgeschlagen, egal, wie die Kalkulation aussah.

Um zu vermeiden, dass Sie vollkommen unvorbereitet und überrascht vor handwerklichen Herausforderungen stehen, die Sie nie hatten erbringen wollen, überprüfen Sie sehr genau, was in den Eigenleistungen beziehungsweise Eigenleistungspaketen alles enthalten ist.

Zusatzleistungen und Zusatzleistungspakete

Zusatzleistungen werden auch als „Sonderwünsche" oder als „Sonderwunschpakete" bezeichnet. Ähnlich wie Autohäuser beim Neuwagenkauf bieten auch Hausbauunternehmer eine Standardausführung an, die sich über vordefinierte Sonderwunschpakete und Sonderausstattungspakete erweitern lässt. Hierbei handelt es sich um Teilleistungen, die nicht in der vertraglich vereinbarten Ausbaustufe enthalten sind, sondern hinzugekauft und damit Bestandteil des Verbraucherbauvertrags werden. Das können zum Beispiel Erkeranbauten, Dachgauben, zusätzliche Dachflächenfenster, Nebengebäude wie Garagen oder ein Carport sein. Ebenso könnten es die Solaranlage mit oder ohne Batterie, eine andere Heizungsvariante oder aber Bodenbeläge, Wandbeläge oder Sanitärobjekte in unterschiedlichen Preisklassen sein.

Solche vorkonfektionierten Pakete können unter Umständen auch noch andere Leistungsbestandteile beinhalten – Leistungsbestandteile, die Sie möglicherweise gar nicht haben wollen. Auch hier ist es daher sehr wichtig, ganz genau hinzuschauen!

→ S. 184 Prüfen Sie mit der Checkliste auf Seite 164 vor Vertragsunterzeichnung, was wirklich im vereinbarten Preis – enthalten ist. Was ist als Sonderwunsch oder über eine separaten Vertrag extra zu bezahlen, was können Sie sich als Eigenleistung vorstellen?

Risikopotenziale bei Leistungen, die nicht im Vertragsumfang enthalten sind

Sind Leistungen nicht im Vertragsumfang enthalten, gehen von ihnen eine Reihe von Risiken für den Auftraggeber – also für Sie – aus. Als Beispiel seien hier die Risiken beim Um- und Einzug, einer klassischen nicht zum Vertragsumfang gehörenden Leistung, genannt:

1. **Organisationsrisiko:** Sie als Bauherr müssen den Um- und Einzug vorbereiten und organisieren, das heißt, Sie müssen Angebote einholen, Sie müssen mit den anbietenden Firmen verhandeln, Sie müssen Termine und Ablauf festlegen, und Sie entscheiden, wie groß der Leistungsumfang des Unternehmens sein soll. Sie müssen den Ablauf und die Parkplatzsituation am Abholort und am Lieferort koordinieren oder Sie übertragen diese Aufgaben an das Umzugsunternehmen.
2. **Zeitrisiko:** Ohne Um- und Einzug kein Wohnen im neuen Haus! Wenn Sie es versäumen, sich dieses wichtigen Bauablaufbausteins anzunehmen, ist das neue Eigenheim längst fertig, aber Sie wohnen immer noch am alten Wohnort. Haben Sie den Spediteur zu früh bestellt, steht der beladene Möbelwagen mit einem Trupp motivierter Möbelpacker vor dem neuen Eigenheim und muss wieder abziehen, da der Bau noch nicht fertiggestellt und der Einzug daher nicht möglich ist.
3. **Kostenrisiko:** Sie zahlen für die Leistungen des Umzugsunternehmers. Das beinhaltet auch die Kosten für die Erschwernisse, die sich durch den Umzug ergeben, seien es Straßensperrungen, Parkverbotsregelungen, Übernachtungskosten (wenn der Umzug über längere Strecken geht) und den Koordinierungsaufwand (wenn das Umzugsunternehmen diesen übernimmt).
4. **Schadensrisiko**: Im Falle des Um- und Einzugs umfasst dieses Risiko die Schäden am alten und neuen Eigenheim durch den Transport der Möbel sowie die mögliche Beschädigung der Möbel. Ein Umzugsunternehmen ist dagegen versichert; machen Sie den Umzug jedoch selbst oder mit Freunden, tragen Sie dieses Risiko allein. Hinzu kommt das Risiko, dass sich jemand beim Umzug verletzt.

WEITERE WICHTIGE FACHBEGRIFFE

Wie bereits erwähnt, sind das Bauen und das Bauvertragswesen Fachgebiete, die jeweils durch eine eigene, nicht immer ohne weiteres verständliche Sprache geprägt sind – das Bauen durch technische Begrifflichkeiten, die teilweise auf uralte Traditionen zurückgehen, das Bauvertragswesen durch eine Vielzahl an juristischen Formulierungen, mit denen sich auch der Techniker schwertut. Einige Begriffe wurden bereits erläutert. Im Folgenden finden Sie weitere typische Formulierungen, die Ihnen im Bauvertrag und in der Baubeschreibung begegnen werden. Mit ihrer Bedeutung sollten Sie sich als Bauherr unbedingt vertraut machen: Es handelt sich dabei um sogenannte stehende Rechtsbegriffe, die unter Fachleuten keiner weiteren Erläuterung bedürfen.

Allgemein anerkannte Regeln der Technik

Allgemein anerkannte Regeln der Technik, oft abgekürzt als a.a.R.d.T., ist ein stehender Rechtsbegriff, der Erkenntnisse und Regelungen bezeichnet, die sich in der wissenschaftlichen Theorie als richtig erwiesen haben, dem überwiegenden Teil der Baufachleute bekannt sind (zugegeben: Ignoranten gibt es immer ...) und die sich über viele Jahre in der praktischen Anwendung insofern bewährt haben, als sie Dauerhaftigkeit sicherstellen und gering bis gar nicht schadenanfällig sind. In der allgemeinen Rechtsprechung ist eine Bauleistung nach allgemein anerkannten Regeln der Technik der geschuldete Mindeststandard. Dazu bedarf es keiner besonderen vertraglichen Regelung. Aber: Im Hinblick auf viele Regelungen diskutieren die Fachleute kontrovers, ob diese nun schon allgemein anerkannte Regeln der Technik sind oder aber noch nicht beziehungsweise nicht mehr.

Mit Einführung des Verbraucherbauvertrags haben die allgemein anerkannten Regeln der Technik als Auffangtatbestand bei unklaren Formulierungen an Bedeutung verloren. Sie stellen zwar noch immer den geschuldeten Mindeststandard dar, aber wenn aus der Baubeschreibung zum Verbraucherbauvertrag eine höhere Qualitätsstufe herleitbar ist, gilt diese Qualitätsstufe auch für die unklar formulierten Bereiche in der Verbraucherbaubeschreibung. Dies schützt Sie als Verbraucher vor der missbräuchlichen Verwendung bewusst lückenhaft formulierter Baubeschreibungen.

Stand der Technik

Das ist ebenfalls ein stehender Rechtsbegriff, der in vielen Publikationen mit den allgemein anerkannten Regeln der Technik verwechselt wird. Der Stand der Technik beschreibt Regelungen und Erkenntnisse, die sich in der wissenschaftlichen Theorie als richtig erwiesen haben, aber bisher nur einem kleinen Teil der Baufachleute bekannt sind. Für sie liegt auch noch keine ausreichende Langzeitbewährung in der praktischen Anwendung vor. Eine Bauausführung, die nach Stand der Technik erfolgen soll, bedarf einer gesonderten vertraglichen Vereinbarung, die auch Hinweise auf mögliche Risiken und Unwägbarkeiten enthalten sollte.

Vertraglich vereinbarte Beschaffenheit

Hier geht es um die Beschreibung der Bauleistungen im Einzelnen und gesamthaft – und damit um das, was eine Baubeschreibung leisten soll. Die erstellte Bauleistung muss dieser Beschreibung entsprechen. Eine Ausführung, die den allgemein anerkannten Regeln der Technik entspricht, ist – auch, wenn sie nicht gesondert erwähnt ist –, immer als vertraglich vereinbarte Beschaffenheit anzusehen, sofern keine hiervon abweichende Ausführung vereinbart wurde.

Die Baubeschreibung ist das Inhaltselement eines Bauvertrags, das die angestrebte Beschaffenheit der zum Vertragsabschluss noch zu erbringenden Bauleistungen beschreibt. Im Grunde genommen ist sie eine Aneinanderreihung von Beschaffenheitsvereinbarungen. Je detaillierter die Merkmale, Qualitäten und Beschaffenheiten der einzelnen erwünschten Bauleistungen beschrieben werden, umso klarer wird, welche Beschaffenheit das Werk als Ganzes nachher haben soll beziehungsweise muss.

Hier bietet sich wieder der Vergleich mit dem Autokauf an: Stellen Sie sich vor, Sie wollen ein Auto kaufen und schließen mit dem Autohändler Ihres Vertrauens einen Vertrag über die Lieferung eines Autos ab, ohne weitere Merkmale zu vereinbaren. Dann gibt es den Vertragsgegenstand 1 – das Auto. Solange Ihnen Ihr Vertragspartner etwas übergibt, das der Spezifikation „Auto" (das wäre die vertraglich vereinbarte Beschaffenheit) entspricht, hat er seinen Vertrag erfüllt. Ob dieses Auto dann Ihren Wunschvorstellungen entspricht, bleibt abzuwarten. Wenn Sie hingegen die Merkmale, die der Vertragsgegenstand „Auto" haben muss, detailliert beschreiben, also beispielsweise Marke, Modell, Motorisierung, Farbe und Anforderungen an Aus- und Sonderausstattung festlegen, können Sie sicher sein, dass Sie ein Auto erhalten, das weitestgehend Ihren Vorstellungen entspricht. Auf Basis einer detaillierten Baubeschreibung kann auch ein Bausachverständiger, der die Baumaßnahme möglicherweise in Ihrem Auftrag begleitet, eine Aussage zur Qualität der Ausstattung machen. Ist etwas verbindlich festgelegt – das erfolgt durch die Darstellung in der Baubeschreibung – muss man im Nachhinein nicht mehr darum streiten.

Baustellenverordnung

Die Baustellenverordnung ist eine von der Bundesregierung erlassene Verordnung zur Verbesserung der Sicherheit und des Gesundheitsschutzes der auf ortveränderlichen Baustellen Beschäftigten. Baustellen sind der Arbeitsplatz der Bauarbeiter. Ist man an einer Baustelle so weit fertig, zieht man zur nächsten um, dort ist dann eine andere Baustelle mit anderen sicherheitstechnischen Randbedingungen. Mehr zur Baustellenverordnung erfahren Sie auf Seite 43.

FALLSTRICKE ERKENNEN UND VERMEIDEN

Der erfolgreiche Hausverkauf funktioniert in erster Linie über Emotionen. Im Beratungsgespräch und in den Prospekten werden gezielt (Traum-)Bilder geschaffen und Wünsche geweckt, um Sie zur Vertragsunterschrift zu bewegen. Nicht immer entsprechen die in der Vertragsanbahnungsphase bei Ihnen gezielt geschürten Erwartungen jedoch der späteren Realität. Um solche Enttäuschungen zu vermeiden und die Diskrepanzen zwischen Haustraum und gebauter Wirklichkeit so gering wie möglich zu halten, ist es hilfreich, sich frühzeitig Klarheit über mögliche Fallstricke zu verschaffen, um diese von vornherein meiden zu können.

SO BEHAUPTEN SIE SICH IM VERKAUFSGESPRÄCH

Sie wollen sich Ihren Traum vom eigenen Haus erfüllen und sind bereit, dafür eine Menge Geld auszugeben. Die ureigenste Aufgabe eines Hausverkäufers hingegen ist es, die Produkte – in diesem Fall sind es Häuser – seines Auftraggebers an potenziell Bauinteressierte zu verkaufen. Seine Tätigkeit verfolgt vor allem das Ziel, Verträge zu schließen und über die vereinbarten Provisionen Einnahmen zu generieren, um das eigene Auskommen zu sichern. Dazu muss er Menschen finden, die bereit sind, einen Bauvertrag abzuschließen. Das hat durchaus etwas vom Verhältnis zwischen Jäger und Beute. Und nein, Sie als Bauinteressierter sind in dieser Konstellation nicht der Jäger.

An diesem Verhältnis kommen Sie nicht vorbei, es ist aber zu Ihrem Vorteil, wenn Sie sich diesen Umstand bewusst machen. Eine wachsame Beute hat gute Chancen, dem Jäger zu entkommen. Zugegeben, an diesem Punkt hinkt der Vergleich natürlich: Sie wollen ja gar nicht dauerhaft entkommen (also gar keinen Vertrag abschließen), sondern durchaus zur Beute werden – allerdings zur Beute des richtigen Jägers! Diesen sollten Sie sich ganz bewusst aussuchen. Zum Vertragsabschluss braucht es immer zwei Parteien. Denken Sie deshalb immer daran: Die Auswahl des richtigen Vertragspartners liegt ausschließlich in Ihrem Verantwortungsbereich.

Kaufbedürfnis versus Abschlussorientierung

Bauinteressierten, die ein Haus bauen wollen, stehen im Regelfall verkaufspsychologisch geschulte Verkäufer mit Abschlussorientierung gegenüber. Personen dieser Berufsgruppe verfügen über ein ausgefeiltes Portfolio an kommunikationsbasierten Techniken der Einflussnahme. Da wird gern auch mal die rosarote Brille ausgepackt oder es werden attraktive bauliche Merkmale besprochen, die dann in der vertraglich vereinbarten Bauleistung gar nicht enthalten sind.

Sie, der Bauinteressierte, haben im Regelfall das Bedürfnis und den Wunsch, ein Haus zu bauen. Der Verkäufer, der Ihnen gegenübersitzt, will Ihnen jedoch kein Haus bauen – er will Ihre Unterschrift unter dem Vertrag. Seien Sie sich aus diesem Grund immer bewusst, dass Sie einer Verkaufsperformance beiwohnen, deren Ziel es ist, dass Sie einen Bauvertrag unterschreiben.

Info **Niemals „hungrig" einkaufen!**

Es gibt körperliche Zustände und Gemütszustände, die die Beeinflussbarkeit erhöhen. Dazu gehören Hungergefühle, Müdigkeit, Euphorie, Wohlgefühl, Entspannung und viele andere mehr. Erinnern Sie sich an den ersten Grundsatz beim Einkaufen für den täglichen Bedarf? Man sollte niemals hungrig in den Supermarkt gehen und nie ohne Einkaufszettel losziehen. Das gilt ebenso für den Besuch in Fertighauszentren und bei Hausverkäufern: Lassen Sie sich nicht einlullen. Farben, Gerüche, Hintergrundmusik, all das sind Bestandteile einer gelungenen Verkaufsinszenierung.

Notieren Sie während des Verkaufsgesprächs all die Dinge, die man Ihnen nebenbei zusichert. Am besten lassen Sie sich diese Zusagen schriftlich geben. Bewahren Sie die Verkaufsunterlagen auf, die Sie erhalten. Aussagen, die dort formuliert sind, können durchaus als Verkaufsversprechen gelten, das mit einem Rechtsanspruch verbunden sein kann.

Vage Vorstellung versus konkretes Wissen

Während Ihre Ideen vom eigenen Haus erst im Laufe der Beschäftigung mit den vielfältigen Fragestellungen konkret werden, haben die Vertreter der Baufirmen sehr klare Vorstellungen von dem Produkt, das sie anbieten. Mit diesem Informationsvorsprung in der Hinterhand ist es vergleichsweise einfach, scheinbar souverän zu beraten. Und wenn dann noch das Umfeld passt …

Versuchen Sie, Ihre Vorstellungen von Ihrem künftigen Eigenheim so weit als möglich zu konkretisieren. Machen Sie sich schon vor dem Beratungsgespräch klar, was Sie brauchen, was Sie wollen und welche Merkmale und inneren Werte Ihr zukünftiges Haus haben soll. Dabei ist es von Vorteil, wenn Sie ein konkretes Grundstück im Auge oder bereits erworben haben. Denn dann sind die Randbedingungen für die Bebauung dieses Grundstücks bereits bekannt.

Hier passt wieder der Vergleich mit dem Autokauf: Wer losgeht, um irgendein Auto zu kaufen, kommt auch mit irgendeinem Auto zurück. Wer hingegen loszieht, um ein bestimmtes Modell einer bestimmten Marke mit einer konkreten Ausstattungsvariante zu kaufen, wird, sofern das Wunschauto lieferbar ist, kaum mit einem anderen Auto zurückkommen.

Vorsicht beim „besonderen Bonbon“

„Ich habe da noch ein besonderes Bonbon …“ Häufig werden Bauinteressierten irgendwelche Sonderaktionen als Abschlussanreize angeboten. Man erhält demnach noch den Anbau eines Wintergartens oder was auch immer – und das praktisch für lau. Das kann durchaus ein maßgeblicher Anreiz für die Kaufentscheidung sein.

Machen Sie sich immer wieder aufs Neue bewusst, dass im Bauwesen (wie in allen anderen Branchen) gilt: Der beste Nachlass aus Sicht des Unternehmens ist der, den das Unternehmen bereits einkalkuliert hat! So ist das auch mit derartigen Sonderaktionen. Kein Hausbauunternehmer lebt vom Drauflegen.

Gerade bei „Bonbons“ können Sie außerdem sehr gut verhandeln, indem Sie sich beispielsweise zeitliche Entscheidungsspielräume einräumen. Fragen Sie, ob Sie bei einer Entscheidung bis zu einem bestimmten Datum diese Option immer noch in Anspruch nehmen können. Wenn der Ansprechpartner nicht mitspielen will … auch andere Hausanbieter haben schöne Produkte.

Das eigene Harmoniebedürfnis

Im Umgang mit dem Ansprechpartner des Bauunternehmens kann Ihr eigenes Harmoniebedürfnis – oder die Unfähigkeit, vielleicht ist es auch die fehlende Bereitschaft, unangenehme Situationen auszuhalten und zu ertragen – Sie schnell dazu verleiten, Dingen zuzustimmen, die Sie eigentlich gar nicht möchten.

Vielleicht ist bisher alles ganz harmonisch abgelaufen, alle waren nett und zuvorkommend, aber plötzlich kippt die Stimmung und mit ihr der Tonfall. Ihr Gegenüber beginnt mit tieferer Stimme und größerem Nachdruck, der sich auch körpersprachlich manifestiert, zu sprechen und beharrt auf den Vorgaben des Vertragsentwurfs. Nackte Finger zeigen auf angezogene Menschen – vorzugsweise auf Sie – und unausgesprochene Vorwürfe scheinen plötzlich im Raum zu stehen. Und all das nur, weil Sie eine marginale Vertragsänderung angesprochen oder sich Bedenkzeit vor der Vertragsunterzeichnung ausgebeten haben. Eventuell tauchen nun sogar weitere Personen auf und das aus zahllosen Krimiserien bekannte Spiel mit dem „guten Bullen" und dem „bösen Bullen" beginnt.

Was passiert dabei mit Ihnen? Aller Voraussicht nach empfinden Sie diese Situation als unangenehm und fühlen sich zunehmend unter Druck gesetzt.

Auch dieses Szenario ist Teil der Verkaufs- oder Verhandlungsinszenierung. Da man dank umfassender psychologischer Studien um das Harmoniebedürfnis von Menschen weiß, kann man diesen Mechanismus gezielt bei Verhandlungen und Auseinandersetzungen ausnutzen. Dieses Spiel ist nahezu beliebig eskalierbar, und derjenige, der deeskalieren soll, sind Sie. Das Deeskalieren ist einfach: Akzeptieren Sie widerspruchslos, was Ihnen vorgelegt wurde, stellen Sie bitte keine dummen Fragen mehr und unterschreiben Sie endlich rechts unten.

Empfehlenswert ist jedoch eine alternative Strategie: Stellen Sie sich darauf ein, dass genau diese Szene gespielt wird, und lassen Sie sich davon nicht beeindrucken. Es darf Ihnen unangenehm sein, das ist Konfrontation fast immer, aber halten Sie das aus. Nehmen Sie sich eine kurze Auszeit, klären Sie für sich Ihre Standpunkte und stehen Sie dafür ein. Wenn es heute keine abschließende Lösung gibt, dann vielleicht morgen oder übermorgen. Es geht um eine sehr große Geldsumme, die Sie bereit sind zu investieren. Machen Sie sich das klar: Sie sind derjenige mit dem vielen Geld! Vielleicht bauen Sie selbst etwas Druck auf und beenden das festgefahrene Gespräch.

Solange Sie den Vertrag nicht unterschrieben haben, haben Sie Spielräume und können verhandeln – über Leistungsbestandteile, über den Preis, über Vertragsbedingungen. Haben Sie hingegen bereits unterschrieben, gilt erst einmal der Vertrag. Auch dann, wenn er vom Gericht nachträglich für unwirksam erklärt wird.

Prüfen Sie selbst alle Unterlagen sehr genau und lassen Sie zudem den Vertrag und die Baubeschreibung durch einen fachkundigen neutralen Dritten prüfen. Solange Sie mit den Bedingungen nicht völlig zufrieden sind oder Zweifel haben, sollten Sie nicht unterschreiben. Haben Sie keine Angst davor, auf Ihrem Standpunkt zu bestehen. Die Treue zu Ihrem Standpunkt und das Einstehen für Ihre Ansprüche wird auch im weiteren Bauverlauf entscheidend bleiben.

OHNE PRÜFUNG GEHT ES NICHT!

Wie schon auf Seite 8 beschrieben wurde, hängt der Vertragsstatus „Verbraucherbauvertrag" an der Verpflichtung eines Unternehmens zur Errichtung eines neuen Gebäudes. Falls Sie Teile der Leistung an andere Unternehmen vergeben oder falls Sie diese Tätigkeiten in Eigenleistung ausführen, ist die wichtigste Bedingung – die Errichtung eines neuen Gebäudes – nicht mehr gegeben. In einem solchen Fall handelt es sich bei den vom beauftragten Bauunternehmer erbrachten Leistungen nur noch um Teilleistungen, die in die Errichtung eines neuen Gebäudes hineinwirken.

Das kann gravierende Folgen haben, denn dann könnte Ihr Hausbaupartner zum Bauvertrag wechseln. Das wiederum hätte Auswirkungen auf die Verbindlichkeit der Aussagen zur Bauzeit, zur Fertigstellung und zur Darstellung der Leistung. Hier kommt es dann ausschließlich auf die vertraglichen Vereinbarungen an.

Klären Sie die Vertragsform!

Damit es ein Verbraucherbauvertrag ist, muss „Verbraucherbauvertrag“ drüberstehen. Im Umkehrschluss heißt das: Wenn „Verbraucherbauvertrag“ drübersteht, sollte auch ein Verbraucherbauvertrag drin sein. Leider ist das nicht immer so, häufig werden Bauwilligen Vertragsentwürfe vorgelegt, über denen vielleicht noch „Verbraucherbauvertrag“ steht, deren einzelne Paragrafen aber so ganz und gar nichts mit einem Verbraucherbauvertrag zu tun haben.

Darüber, ob das zulässig ist, darf und kann dann zwar gestritten werden; bis zur gerichtlichen Klärung sind Sie jedoch im schlimmsten Fall an ein vermutlich unrechtmäßiges Vertragswerk mit fragwürdigen Regelungen gebunden, auf die sich Ihr Hausbaupartner erst einmal berufen wird.

Klären Sie deshalb Ihren Vertragsstatus und Ihre Vertragsposition, bevor Sie irgendeine schriftliche Vereinbarung unterzeichnen. Lesen Sie alles gründlich durch und lassen Sie sich Zeit. Am besten nehmen Sie die Unterlagen mit nach Hause und schlafen mindestens eine Nacht darüber. Mit Abstand liest sich manches anders.

Lassen Sie sich beraten!

Sollten Sie beim Durchlesen des Vertrags das Gefühl haben, dass da etwas nicht passt, nehmen Sie eine ergänzende Beratung bei Verbraucherschutzorganisationen oder durch Fachanwälte für Bau- und Bauvertragsrecht in Anspruch. Es gibt spezielle Organisationen für den Baubereich, zum Beispiel den Verband Privater Bauherren VPB e. V. oder den Bauherren-Schutzbund. Auch die Verbraucherzentralen bieten entsprechende Beratungen an.

Auf den Punkt gebracht

Die klare, eindeutige Differenzierung zwischen Vertrag und Baubeschreibung vereinfacht das Handling der Unterlagen sowohl in der vorvertraglichen Phase als auch in der Abwicklung – für alle Beteiligten. Wenn ein Hausanbieter kein Interesse an Transparenz hat, darf man misstrauisch werden: Vielleicht fehlt nur die Affinität zum Papier, vielleicht ist das aber auch so gewollt.

Achtung Gemengelage!

Hausbauanbieter sind, was Baubeschreibungen und Bauverträge angeht, ungeheuer kreativ. Sie scheuen nicht davor zurück, Teile der zu erbringenden Bauleistung im Vertragstext zu beschreiben und vertragliche Regelungen in die Baubeschreibung einzuflechten. Das macht das Lesen und Verstehen nochmals schwieriger, denn als Bauherr müssen Sie immer beide Dokumente lesen und das Leistungsbild für sich und für weitere Verhandlungen mit Ihrem Hausbaupartner irgendwie zusammenfrickeln.

Die Seriosität eines Hausanbieters lässt sich anhand der Transparenz der Unterlagen abschätzen. Gute Anbieter trennen konsequent in Vertrag und Baubeschreibung (die ohnehin eigenständiger Teil des Vertrages ist).

Sollten Sie bei der Durchsicht und Prüfung der Unterlagen das Gefühl haben, dass Vertrag und Baubeschreibungsinhalte miteinander vermengt sind, dann sollten Sie eine entsprechende Klarstellung einfordern. Bei Argumentationen wie „Das machen wir immer so!“ oder „Sie sind die Ersten, die das verlangen“ und bei Abwimmelversuchen ist es durchaus legitim, auch laut darüber nachzudenken, ob das der richtige Vertragspartner für Sie ist.

Separate Vertragsbestandteile

Bei Systemhaus- oder Fertighausanbietern kann es vorkommen, dass das Gründungsbauteil, die Bodenplatte oder der Keller durch einen externen Systemanbieter erstellt werden. Nicht selten kommt es dann zu Konstellationen mit separaten Verträgen. Grundsätzlich wäre dagegen ja nichts zu sagen, aber aus diesen separaten Vertragsbestandteilen leiten die Hausbaupartner gesonderte Abnahmetermine und Abnahmeverpflichtungen des Bauherrn ab. Damit einher gehen unterschiedlich beginnende und endende Gewährleistungsfristen. Das verstößt gegen die Grundsätze des Verbraucherbauvertrags, der sich auf die Errichtung eines gesamten Gebäudes bezieht. Dazu gehört auch das Gründungsbauteil.

Wenn Sie die Erstellung des Gründungsbauteils direkt beim vermittelten Systemanbieter beauftragen, sind Sie für die Schnittstellenkoordination zuständig (s. dazu Seite 30).

Ein Gründungsbauteil ist kein Gebäude, sondern nur ein Teil davon, somit ist der Vertrag über die Erstellung des Gründungsbauteils im Regelfall ein Bauvertrag und eben kein Verbraucherbauvertrag.

Vom Hochglanzprospekt zum Formular

Die Diskrepanz ist augenfällig: Während die Verkaufsunterlagen noch in hochwertiger Aufmachung dahergekommen sind, ist die Baubeschreibung, die als Vertragsbestandteil dem Verbraucherbauvertrag, manchmal auch Hauskaufvertrag genannt, beigefügt ist, auf Standardpapier gedruckt. Doch sie ist nicht nur optisch abgespeckt, sondern auch rhetorisch. Die Sprache ist deutlich nüchterner und beschränkt sich auf klare Fakten. Wohlklingende Formulierungen von „komfortablem Wohnen" in „hochwertigem Ambiente" werden eingedampft auf Aufzählungen und Stückzahlangaben. Nur der erfahrene Betrachter erkennt dann beispielsweise anhand der angegebenen Anzahl der Elektroausstattungsgegenstände, ob es sich hierbei tatsächlich noch um die angepriesene gehobene Ausstattung handelt oder ob der Umfang gerade mal noch den in den Regelwerken definierten Mindeststandard darstellt. Bei genauem Hinsehen kommt es leider gar nicht so selten vor, dass die Verkaufsbaubeschreibung und die zum Vertragsbestandteil werdende Baubeschreibung deutlich voneinander abweichen.

Wenn Sie die Baubeschreibung, die dem Vertragsentwurf beigefügt sein muss (!), in Händen halten, prüfen Sie sie sorgfältig. Machen Sie sich genau bewusst, was schwarz auf weiß dort steht – und auch, was dort nicht steht. Vergleichen Sie das mit den Aus- und Zusagen, die Ihnen gegenüber in der Phase der Vertragsanbahnung gemacht wurden. Denn vorangegangene Aussagen und Versprechungen sind nicht mehr maßgeblich, entscheidend für die Vertragserfüllung sind nur noch die Festlegungen, die in der Baubeschreibung stehen, die Teil des Vertrages wird.

Die Gesamtkosten(lüge)

Ihr Hausbaupartner schuldet Ihnen für die Klärung des Finanzierungsbedarfs eine Gesamtkostenaufstellung, die eigentlich eine reelle Abschätzung aller voraussichtlich anfallenden Kosten beinhalten sollte. Was einem als Bauherrenberater dabei an Zahlenwerken so alles unter die Augen kommt, ist erschreckend. Da werden kostenrelevante Punkte einfach vergessen oder mit Kosten beaufschlagt, die hinten und vorne nicht ausreichen. Haben Sie die Finanzierung auf dieser Grundlage abgeschlossen, müssen Sie den nicht gedeckten Finanzierungsbedarf zu einem späteren Zeitpunkt nachfinanzieren. Gerade wenn der Nachfinanzierungsbedarf erheblich wird, weil zum Beispiel die Außenanlage für das Hanggrundstück zu den angesetzten Kosten unmöglich erstellt werden kann, könnte das zu erheblichen Problemen führen.

Lassen Sie deshalb die Gesamtkostenaufstellung durch einen Bausachkundigen oder Bausachverständigen prüfen, und zwar möglichst, bevor Sie den Bauvertrag und die Finanzierungsverträge unterschreiben.

Ausführliche Informationen zur Finanzierung finden Sie zusammen mit nützlichen Formularen und Checklisten in der Bauherren-Praxismappe „Finanzierung" der Stiftung Warentest.

Kostenrisiko Bemusterung

Die Bemusterung ist nach der Vertragsunterzeichnung der nächste große und unter Umständen teure Verkaufsevent, dem sich ein Hauserwerber unterziehen muss. Bei der Bemusterung geht es vordergründig darum, die Ausstattung Ihres Hauses auszuwählen. Doch die Bemusterung bietet dem Hausanbieter eine durchaus willkommene Gelegenheit, durch das „Hübschmachen" zusätzliche Einnahmen zu generieren.

Viele Hausbauunternehmen koppeln die Bemusterung an einen Zweitagesaufenthalt im unternehmenseigenen Musterhauszentrum. Dabei zeigt man Ihnen natürlich die mit der Standardausstattung eher nüchtern aufgemachten kleinen Bäder. Anschließend führt man Sie in andere, aufwendig dekorierte und großzügige Sanitärräume. Durch die Raumgrößenunterschiede, das Spiel mit Licht und Farbe sowie Hintergrundmusik werden rasch Begehrlichkeiten geweckt. Die angebotenen Sonderausstattungen kosten natürlich mal mehr, mal weniger, aber am Ende dieser zwei Tage könnte ein nicht unerheblicher Zusatzkostenbetrag zum Hauspreis dazugekommen sein.

Hausrecht auf der Baustelle

Wenn Sie auf Ihrem Grundstück ein Gebäude errichten lassen, haben Sie das Hausrecht auf der Baustelle. Wer das Hausrecht hat, hat das Sagen und kann entscheiden, wer wann und mit welcher Funktion auf die Baustelle darf. Einige Hausbauunternehmer versuchen in ihren Vertragsentwürfen, das Hausrecht an sich zu reißen und begründen das mit einem zügigeren Baustellenablauf oder mit Sicherheitsbedenken. Eine derartige Formulierung liest sich dann beispielsweise so: „Der Bauherr bevollmächtigt den Auftragnehmer, während der Bauzeit das Hausrecht auf der Baustelle auszuüben." Oder: „Bis zum Zeitpunkt der Hausübergabe wird das Hausrecht von der Firma … ausgeübt, um eine einwandfreie und zügige Erstellung Ihres Hauses zu ermöglichen."

Auf diese Weise hat Ihr Hausbaupartner die Möglichkeit, Ihre Baustellenbesuche oder die Ihres begleitenden Bausachverständigen zu reglementieren oder gar weitgehend zu unterbinden. Damit werden bestimmte Ziele verfolgt, die vermutlich nicht alle in Ihrem Interesse liegen dürften. Ein Schelm ist, wer Böses dabei denkt …

Info Wer hat den Schlüssel?

Eine weniger vertragslastige, aber nicht minder wirkungsvolle Variante, den Bauherrn von der Baustelle fernzuhalten, ist es, ihm den Schlüssel zur Baustelle zu verweigern. Sie wollen die Baustelle betreten, wenn die Handwerker nicht da sind? Fehlanzeige, sobald die Fenster und die Haustüren eingebaut sind.

Lassen Sie nicht zu, dass Ihnen das Hausrecht auf Ihrem Grund und Boden entzogen wird! Ein derartiger Passus ist im Verbraucherbauvertrag und auch im Bauvertrag nicht vorgesehen.

Vereinbaren Sie schriftlich, dass Ihnen mindestens ein Schlüssel für den Schließzylinder über die Dauer der Bauzeit zur Verfügung gestellt wird und dass das Hausrecht nicht gegenüber Ihnen oder von Ihnen benannten Personen ausgeübt werden darf, sodass Sie oder die benannten Personen das Gebäude jederzeit betreten dürfen.

Mit Puffer planen

Bringen Sie sich nicht ohne Not in die Situation, unfertige oder mangelhafte Leistungen akzeptieren zu müssen. Schaffen Sie sich einen ausreichenden Zeitpuffer, um bei Problemen nicht aus einer Position der Schwäche heraus verhandeln zu müssen.

Die selbstgestellte Zeitfalle

Gut Ding will Weile haben, dies gilt auch für den Hausbau. Auch wenn Ihnen der Hausbaupartner vorvertraglich eine Bauzeitaussage oder eine Terminzusage schuldet: Schaffen Sie sich selbst eine Zeitreserve! Ihr Hausbaupartner kennt die Regeln des Spiels Hausbau viel besser als Sie und wird voraussichtlich versuchen, seine Bauzeiten zu verlängern, ohne die Vertragsstrafe oder Schadenersatz zahlen zu müssen. Da das Bauvertragsrecht umfassend novelliert wurde, besteht noch erheblicher Interpretationsbedarf seitens der Oberlandesgerichte oder des Bundesgerichtshofs.

Wenn Sie sich aufgrund einer zu früh angesetzten Kündigung der Mietwohnung oder des verfrühten Verkaufs des bisherigen Eigenheims in die Notsituation bringen, ein nicht vollständig fertiges oder mangelbehaftetes Haus beziehen zu müssen, haben Sie vergleichsweise schlechte Karten. Sie müssen dann wiederholte Handwerkerbesuche in Kauf nehmen oder – meist bei Bauträgerverträgen zum Kauf von Wohneigentum – deutlich verfrühte Schlusszahlungen leisten. Die Alternative besteht im provisorischen Wohnen im Wohnwagen, in Ferienwohnungen oder Hotels bei eingelagertem Besitz.

ÜBERSCHÄTZEN SIE SICH NICHT!

Wie schon erwähnt, haben das Bauwesen und auch das Bauvertragswesen ihre eigene Sprache. Der Baukundige kennt die meisten baufachlichen Termini; diejenigen, die im Lesen von Vertragstexten Erfahrung haben, lesen viele Passagen mit anderen Augen und aus einem anderen Kontext heraus als die in Vertragsfragen unbedarften Zeitgenossen. Gerade wenn es um den „Papierkram" und den genauen Wortlaut von Texten geht, ist es daher für auf den genannten Gebieten unerfahrene Bauherren empfehlenswert, sich fachkundigen Rat einzuholen.

Häufig sind es auch die eigenen zeitlichen Möglichkeiten, die viel zu optimistisch eingeschätzt werden. Bauvorhaben, die zum Beispiel als Ausbauhaus (s. Seite 15 f.) mit einem hohen Anteil an Eigenleistungen daherkommen, müssen von Ihnen auch bewältigt werden können. Das Kultivieren der Selbstausbeutung geht eine gewisse Zeit lang gut, aber irgendwann ist das Ende der eigenen Belastbarkeit erreicht und Sie müssen kürzertreten. Vergessen Sie außerdem nicht: Durch Eigenleistungen sparen Sie nur die Arbeitszeitkosten, die Materialkosten bleiben Ihnen.

Schätzen Sie Ihre eigenen Kompetenzen und Möglichkeiten realistisch ein, ziehen Sie eine ausreichende Sicherheitsmarge davon ab und lassen Sie sich Spiel- und Lebensräume offen. Von 100 Prozent auf 120 Prozent aufzustocken, mag für einen kurzen Zeitraum möglich sein, wenn Sie aber schon auf 150 Prozent laufen, geht das nicht mehr.

Eigenleistungen genau definieren

„Die Malerarbeiten und die Bodenbelagsarbeiten können Sie ja leicht selbst machen." So oder ähnlich lauten die Ansagen in der Vertragsanbahnung. Im Grunde ist das ja auch richtig – wenn da nicht Leistungen enthalten wären, die man beim Stichwort „Malerarbeiten" so gar nicht erwarten würde. Solange die Malerarbeiten nur das reine Aufbringen von Farbe, verbunden mit den erforderlichen Abklebearbeiten, umfassen, sollte ihre Durchführung kein Problem darstellen. Wenn dann aber – weil im Leistungsumfang des Gewerkes so festgelegt – die Spachtelung der Deckenfugen der Fertigteildecke oder das Spachteln der Plattenstöße von Gipskarton- oder Gipsfaserplatten dazukommt, stoßen auch ambitionierte „Eigenleistungs-Maler" an ihre handwerklichen Grenzen. Denn dann kommen Leistungsbestandteile hinzu, die umfassende Fachkenntnis und geübte Feinmotorik fordern.

Erledigen Sie die Fliesenarbeiten in Eigenleistung, sollten Sie sich bewusst machen, dass die Flächenabdichtungen in Bädern und Duschbädern und die Abdichtung der Übergänge vom Boden zu den Wänden ebenso mit dazugehören wie die Erstellung der dauerelastischen Fugen.

Generell gilt: Wenn Sie Eigenleistungen übernehmen, müssen Sie sicher wissen, welchen Leistungsumfang diese Eigenleistungen beinhalten. Vorvertragliche Verhandlungen darüber sind besser zu führen als solche nach Vertragsabschluss. Wenn Sie sich geeinigt haben, dann bestehen Sie darauf, dass die Ergebnisse präzise und eindeutig formuliert werden und in den Vertrag und die Baubeschreibung aufgenommen werden.

Vorsicht beim Ausbauhaus!

Ausbauhäuser sind Verkaufsmodelle, die in erster Linie durch einen (scheinbar) günstigen Einstandspreis locken. Angeboten werden sie sowohl in Massivbauweise als auch in Holzgroßtafelbauweise. Diejenigen Bauherren, die sich das zutrauen und es auch können (sollten), haben so Gelegenheit, mit sehr viel Arbeitseinsatz den Innenausbau einer vom Baupartner erstellten Gebäudehülle selbst zu übernehmen.

Von den Ausbauhausanbietern erhalten Sie im Regelfall als Zusatzleistung die unterschiedlichsten Ergänzungspakete, die allerdings oft eher Probleme schaffen, statt sie zu lösen. Das Spektrum derartiger Ergänzungspakete reicht von vorkonfektionierten Baumaterialpaketen für einzelne Gewerke bis hin zum kompletten Materialpaket für den schlüsselfertigen Ausbau. Die Materiallieferungen erfolgen frei Baustelle, zumeist abgeladen. Damit liegt das Material auf der Baustelle, ist aber noch lange nicht dort, wo es gebraucht wird – im Haus. Der Transport ins Haus ist in der Regel Aufgabe der Bauherren. Das bedeutet: Es sind Tonnen von Material zu bewegen, natürlich mitten unter der Woche und in der regulären Arbeitszeit. So ein Materialdepot im Neubaugebiet könnte zudem die Begehrlichkeiten Dritter wecken. Einfach liegen lassen geht daher nicht. Und dann ist da noch das Wetterrisiko: Nasse Dämmstoffe dämmen nicht, Mörtelmischungen in durchnässten Säcken fangen an, zu reagieren und zu erhärten und werden unbrauchbar.

Dann gibt es noch die Ausbaupakete, scheinbar Komplettleistungen aus Materiallieferung und Montage. Aber Vorsicht, dabei kommt es sehr auf den Beschreibungstext an. Auch hier können die Materialentgegennahme und der Transport ins Haus Aufgaben des Bauherrn sein. Die Koordination der Gewerke untereinander ist ebenfalls Bauherrenangelegenheit. Die irgendwo im Vertrag erwähnte Bauleitung, Ihr angeblich so kompetenter Ansprechpartner, ist – das zeigen Erfahrungen aus der Praxis – nicht selten leider alles andere als kompetent, nicht erreichbar, krank oder erklärt sich für nicht zuständig.

Info

Wenn der Schlüssel zur Bürde wird

Für den Zugang der die Ausbaupakete erbringenden Handwerker zur Baustelle sind Sie als Bauherr ebenfalls zuständig. Bauschlüssel gibt es drei, die mit dem Haustürzylinder geliefert werden. Sie haben dafür zu sorgen, dass die Ausbauhandwerker ins Haus kommen und dass das Haus abends abgeschlossen wird. Einen Terminplan gibt es nur selten und wenn, dann nur der Form halber, denn die terminliche Koordination liegt bei Ihnen. Spontane Anrufe, der Mitarbeiter wäre „in Kürze da" und „möchte eingelassen werden", sind keine Ausnahme, sondern die Regel. All die Schließdienste und Koordinationstermine sind extrem zeitaufwendig und fressen den Jahresurlaub auf, den Sie eigentlich für die Ihnen verbleibenden Ausbauarbeiten verwenden wollten. Hinzu kommt, dass Sie ständig hin- und herfahren müssen – je nach Wohn- oder Arbeitsort kommen da schnell mehrere Tausend Kilometer zusammen.

Beauftragen Sie ein Ausbauhaus mit Ausbaupaketen, ist das, auch wenn es sich verlockend anhört, noch ganz weit weg von einem „schlüsselfertigen" Bau. Wenn Sie die Ausbauleistungen doch vergeben müssen, weil Sie nicht in der Lage sind, diese selbst auszuführen – sei es wegen unvorhergesehener Umstände oder weil Sie die eigene Leistungsfähigkeit überschätzt haben –, wird es in der aktuell angespannten Marktsituation extrem teuer. Und noch etwas sollten Sie unbedingt im Auge behalten, wenn Sie über diese Variante nachdenken: Das ist definitiv kein Verbraucherbauvertrag mehr.

Wenn Sie sich dennoch zum Erwerb eines Ausbauhauses entscheiden, lesen Sie den Vertrag mehrfach gründlich durch, beachten Sie die Bauherrenpflichten und lassen Sie sich nicht vom Verkäufer einlullen.

Koordinierungsaufgaben selbst übernehmen?

Die Punkte, an denen zwei oder mehr Gewerke aufeinandertreffen, nennt man Schnittstellen. An diesen Punkten müssen die Gewerke so miteinander koordiniert werden, dass sie regelgerecht ausgeführt werden, aber ein aus mehreren Einzelelementen bestehendes funktionierendes Ganzes dabei herauskommt. Bei den Leistungen, die im Leistungsumfang enthalten sind, ist diese Schnittstellenkoordination im Normalfall vom Hausbaupartner beziehungsweise vom Bauleiter des Hausbaupartners durchzuführen. Bei Bauleistungen, die Sie selbst ausführen oder durch Dritte ausführen lassen, sind Sie für die Koordination zuständig.

Koordination umfasst auch die Weitergabe von Informationen. Der klassische Fehler diesbezüglich: Mit dem Elektriker wurde die Lage der Steckdosen und Schalter zwar eingehend besprochen und auch vor Ort an den Wänden angezeichnet. Ein Eintrag in die Pläne erfolgte jedoch nicht. Der Innenputz überdeckt die Abdeckungen der Steckdosen und Schalter. Dann folgt der Termin mit dem Heizungsbauer, um die Lage der Heizkörper festzulegen. So kommt es, dass sich häufig mindestens ein Heizkörper vor den Steckdosen befindet. Ähnlich verhält es sich mit der Aufschlagrichtung von Türen: Nicht selten liegt der Lichtschalter am Ende hinter der aufschlagenden Tür und ist nicht mehr zugänglich.

Auf den Punkt gebracht

Wenn Sie sich durch die Übernahme von Koordinationsaufgaben zum Mitwirkenden machen lassen, müssen Sie mit den sich daraus ergebenden Folgen in vertragsrechtlicher, bauzeitlicher und kostenmäßiger Hinsicht leben. Prüfen Sie Vertrag und Baubeschreibung ganz genau im Hinblick auf Formulierungen, die Ihnen irgendwelche Verpflichtungen zuordnen.

Grundsätzlich ist es eine der Hauptaufgaben des Bauleiters, die Baubeteiligten entsprechend zu informieren. Dazu muss er die Informationen jedoch zunächst einmal selbst bekommen. Achtung, für Eigenleistungen gilt diese Informationspflicht nicht! In diesem Fall sind Sie gegenüber allen Gewerken in der Pflicht. Unterlaufen Ihnen dabei Fehler oder Unterlassungen, die Abänderungen notwendig machen, wird es teuer.

Koordinieren kostet Zeit und – wenn die Koordinationsaufgaben vom Hausbaupartner übernommen werden – auch Geld. Gerade im Preiswertsegment neigen die Anbieter dazu, zahlreiche Koordinierungsaufgaben und -pflichten bei den Bauherren zu lassen. Einerseits reduziert das die Kosten, andererseits werden Sie dadurch in einem hohen Maße zum Mitwirkenden und Mitverantwortlichen für den Bauablauf. Natürlich sind Sie dann auch für eventuelle Verzögerungen verantwortlich, die dadurch entstehen, dass Sie nicht zeitgerecht koordiniert haben beziehungsweise koordinieren konnten.

Ein Bauablauf ist hochkomplex, und auch erfahrene Bauleiter haben alle Hände voll damit zu tun, die Gewerke geordnet und fristgerecht hintereinander zu bringen. Nicht umsonst verbringen Bauleiter viele Stunden am Telefon. Wenn es infolge der Koordinierung durch die Bauleitung zu Verzögerungen kommt, muss Ihr Hausbaupartner alles in seiner Macht Stehende tun, um die Verzögerungen wieder aufzuholen und das Bauvorhaben fristgerecht zum angegebenen Termin oder innerhalb der angegebenen Bauzeit fertigzustellen. Da kommen Koordinierungsfehler der zu Mitwirkenden gemachten Bauherren wie gerufen, um eingetretene oder absehbare Verzögerungen zu rechtfertigen und um den Fertigstellungszeitpunkt nahezu beliebig weit hinausschieben zu können.

Wenn Sie die gesamten Koordinierungen Ihrem Hausbaupartner übertragen, beschränken sich Ihre Mitwirkungspflichten auf die rechtzeitige Durchführung der Bemusterungsaufgaben, das Beauftragen vereinbarter Zusatzleistungen und die fristgerechte Bezahlung der vertraglich vorgesehenen Abschlagszahlungen. Werden Entscheidungen Ihrerseits erforderlich, sind diese Ihnen gegenüber im Vorhinein rechtzeitig anzukündigen.

Je mehr Koordinierungspflichten Sie sich aufs Auge drücken lassen, umso mehr hängen Sie neben Ihrem geschäftlichen oder familiären Tagesgeschäft am Telefon, müssen Informationen einholen und dafür sorgen, dass diese Informationen rechtzeitig zu den richtigen Leuten kommen. Sie müssen, weil sich irgendetwas verschiebt (was der Regelfall ist), immer wieder – oft zigmal – von vorne anfangen und neue Absprachen treffen. Und wehe, Sie vergessen dabei jemanden. Das kostet Sie jede Menge Zeit und Nerven, insbesondere dann, wenn sich der erwählte Hausbaupartner zunehmend weniger als Partner denn als bloßer Hausbauer erweist.

DAS GRUNDSTÜCK: INFORMATION IST ALLES

In vielen Baubeschreibungen finden sich dezidiert beschriebene Vorannahmen des Hausbaupartners zur Grundstücksbeschaffenheit. Da wird ein „ebenes Grundstück ohne Bewuchs" vorausgesetzt, Straßen und Wege im Anfahrtsbereich müssen ausreichend tragfähig sein, es muss genügend Platz für die erforderliche Baustelleneinrichtung vorhanden sein. Die Möglichkeit zum Einsatz eines Turmdrehkrans oder eines Autokrans zur Montage der Fertigteile wird als gegeben vorausgesetzt.

Entsprechende Formulierungen finden sich mal im Vertrag, mal in der Baubeschreibung – deswegen ist es wichtig, immer beides zu lesen! Beispielhaft einige typische Formulierungen, sinngemäß zitiert, die einem beim Lesen so über den Weg laufen:

- „Das Baugrundstück befindet sich auf der Erschließungsseite auf Straßenhöhe."
- „Das Baugrundstück ist waagerecht."
- „Das Grundstück ist frei von Gebäude- und Baumbestand."
- „Das Grundstück ist frei von Altlasten, Kampfmittel eingeschlossen."
- „Das Baugrundstück liegt in der Erdbebenzone 0/der Windlastzone 1/der Schneelastzone 1/dem Außenlärmpegelbereich II."
- „Das Grundstück liegt außerhalb von Hochwasser- und Überschwemmungsgebieten/ Bergsenkungsgebieten/Wasserschutzzonen."

Darüber hinaus werden dann noch Angaben zu Annahmen hinsichtlich der zulässigen Bodenpressungen gemacht.

Entspricht Ihr Grundstück in einzelnen oder mehreren Punkten nicht diesem Katalog an Beschaffenheitskriterien, wird es unter Umständen teuer. Denn dann werden Zusatzmaßnahmen erforderlich. Dass Zusatzmaßnahmen Geld kosten, ist unstreitig, es geht also um Mehrkosten, die bezahlt werden müssen – und zwar von Ihnen.

Der Baugrund und das Baugrundgutachten

Der Baugrund wirkt auf verschiedene Weise auf ein Bauwerk ein:

- Der Erddruck versucht, bildlich gesehen, die Außenwände des Kellers nach innen zu schieben. Er ist abhängig von der Einbindetiefe des Bauwerks ins Erdreich; je tiefer, desto höher ist der Erddruck.
- Der Hangdruck, der nur bei einbindender Hanglage auftritt, drückt das Bauwerk bildlich gesehen ins Tal. Je nach baulichen Gegebenheiten müssen Zusatzmaßnahmen getroffen werden, um das in den Hang einbindende Bauwerk vom Hangdruck freizustellen oder so im Baugrund zu verankern, dass der Hangdruck es nicht verschieben kann.

Das Grundstück beachten – schon vor der Unterschrift!

Wenn das Grundstück schon vorhanden ist, ist es durchaus legitim zu erwarten, dass sich Ihr Hausbaupartner noch vor Vertragsabschluss mit diesem Grundstück und seinen Eigenheiten befasst und die daraus resultierenden Aufwendungen bereits im Vertragspreis berücksichtigt.

Vor Vertragsabschluss verhandelt sich immer leichter als danach. Schließen Sie den Vertrag erst, wenn an den entsprechenden Passagen im Vertrag und/oder in der Baubeschreibung vermerkt ist, dass die Besonderheiten der Baustelle bekannt und im Vertragspreis enthalten sind.

- Der Hangabtrieb ist relevant, wenn Ihr Haus auf einen Hang gebaut wird. Die Schwerkraft bewirkt, dass das Gebäude zusammen mit dem aufgeschütteten Erdkörper, auf dem es errichtet wurde, ins Tal rutscht. Je nach Konstellation sind hier Maßnahmen erforderlich, die sich diesem Abrutschen entgegenstellen, zum Beispiel Stützmauern.
- Wasser im Baugrund wirkt auf die Sohlplatte/ Bodenplatte und die erdangeschütteten Wände. Je nach Feuchtigkeitssituation sind umfangreiche Abdichtungsmaßnahmen erforderlich, um sicherzustellen, dass die Nutzbarkeit des Kellers nicht durch Feuchtigkeit beeinträchtigt wird.
- Die Radonaktivität in der Bodenluft kann je nach Konzentration zusätzliche Maßnahmen erforderlich machen, um die Radonbelastung im Haus unter dem im Strahlenschutzgesetz angegebenen Referenzwert zu halten.

Verbindliche Aussagen zu Grundwasserständen, Bodenaufbau, Gründungssituation und Altlasten bekommen Sie nur durch ein Baugrundgutachten, das für Ihr Grundstück erstellt wird. Dieses Baugrundgutachten ist die Grundlage für die Dimensionierung der Gründungsbauteile, sei das nun eine Bodenplatte (bei einem Haus ohne Keller) oder für den Keller.

Im Baugrundgutachten finden Sie Informationen darüber, ob für Ihr Grundstück geogene Belastungen vorliegen. Diese Angabe ist entscheidend für die weitere Verwendung und die Abfuhr des Bodens zu einer geeigneten Deponie. Boden mit der Einstufung Z0 ist unbelastet und kann ohne Einschränkungen wiederverwendet werden. Als Z1 eingestufter Boden gilt als „wenig belastet" und kann für Verfüllmaßnahmen eingesetzt werden. Boden mit der Einstufung Z2 kann nur noch sehr eingeschränkt und unter technischen Sicherungsmaßnahmen verwendet werden, bei darüber hinausgehenden Belastungen (Z3 und höher) muss der Boden entsorgt werden - das kann teuer werden.

Aus dem Baugrundgutachten können Sie auch die Wassersituation im Baugrund ablesen und erfahren, wie die Versickerungsfähigkeit beziehungsweise Durchlässigkeit des Baugrunds eingeschätzt wird. Diese Information brauchen Sie, um zu beurteilen, ob Sie es mit lediglich mit Bodenfeuchtigkeit oder mit Wasser im Baugrund zu tun haben. Danach klassifiziert sich die erforderliche Abdichtung: gegen Bodenfeuchtigkeit, gegen aufstauendes Sickerwasser oder gegen drückendes Wasser. Auch dazu, ob der Einbau einer Dränage möglich ist, macht das Baugrundgutachten Angaben.

Info Wasserbelastung des Kellers

Die Frage der Wasserbelastung aus dem Erdreich auf einem Keller ist von entscheidender Bedeutung. Ein wasserdichter Stahlbetonkeller nach der Richtlinie des deutschen Ausschusses für Stahlbeton oder ein für den Lastfall drückendes Wasser bis 3,00 Meter (nach DIN 18533) abgedichteter Keller kosten erheblich mehr als ein Keller, der lediglich gegen Bodenfeuchtigkeit abzudichten ist. Ein wasserdichter Stahlbetonkeller sollte dabei nach Entwurfgrundsatz 1 – ohne zulässige Trennrisse – konstruiert werden. Es geht dabei um mehrere Tausend Euro an Mehrkosten!

Der Vertrag, sei es der Vertrag über einen separat zu erstellenden Keller (im Regelfall ein Bauvertrag) oder über das Haus mit Keller, sollte die Erfordernisse, die sich aus dem Baugrundgutachten ergeben, bereits berücksichtigen. Dies erfordert eine schriftliche Fixierung im Bauvertrag.

Mithilfe des Baugrundgutachtens können Sie klären, ob die in der Baugenehmigung oder der Abwassersatzung vorgegebene Regenentwässerung –heute zumeist die Versickerung des anfallenden Regenwassers – aufgrund der Wasserdurchlässigkeit des Baugrundes überhaupt möglich ist. Ist dies nicht der Fall, müssen Sie einen Befreiungsantrag stellen oder einen Schluckbrunnen erstellen lassen, der bis in wasserdurchlässige Bodenschichten reicht.

Falls laut Baugrundgutachten eine oder mehrere der folgenden Zusatzmaßnahmen erforderlich sind, sollten Sie Ihr Budget sorgfältig überdenken, denn diese können unter Umständen sehr teuer werden: Bodenaustausch, Tiefergründung, Baugrubenverbau, Pfahlgründung, Hangsicherung, Profilierung des Geländes, offene oder geschlossene Wasserhaltung.

Die Schneelastzone

Zu den Einwirkungen auf das Haus, die berücksichtigt werden müssen, zählt die Schneelast. Schnee – das ist für Kinder und wintersportbegeisterte Erwachsene ein freudiges Ereignis, für Autofahrer und Grundstücksbesitzer jedoch eher ein Ärgernis. Für Gebäude bedeutet Schneefall je nach Höhenlage des Gebäudes ganz erhebliche Zusatzlasten, die von den Stellen, an denen sie wirksam werden (das sind im Regelfall das Dach oder Flachdachbereiche und Balkone), bis in den Baugrund abgetragen werden müssen. Zusätzliche Lasten bedeuten größere Verformungen der Bauteile beziehungsweise die Notwendigkeit, die belasteten und die lastabtragenden Bauteile stärker zu dimensionieren. Holzbalken und Holzstützen werden beispielsweise höher oder breiter und dicker, bei Stahlbetonbauteilen wird das häufig durch eine Mehrmenge an eingebautem Stahl erreicht.

Wenn Ihr Grundstück in den Höhenlagen des Voralpenraums oder der höheren deutschen Mittelgebirge liegt, also in Schneelastzone 2 oder 3, kommen schnell ein paar Tausend Euro für Verstärkungsmaßnahmen zusammen, die Sie in Ihr Budget einkalkulieren müssen. Der Vertragspreis sollte die tatsächlich vorhandene Schneelastzone berücksichtigen und nicht auf einer kostengünstigeren, aber falschen Vorannahme beruhen. Die Berücksichtigung der Schneelastzone ist im Vertrag und in der Baubeschreibung zu vermerken.

In welcher Zone liegt mein Grundstück?

Die Schneelast-, Wind- und Erdbebenzone eines Grundstücks lässt sich über das Internet, zum Beispiel mithilfe der Website der Firma Dlubal (https://www.dlubal.com/de/loesungen/online-dienste/schnee-wind-erdbeben-lastzonen), sehr leicht ermitteln.

Die Windzone

Der Wind wirkt beständig auf Gebäude ein. Je nach Windrichtung ist er als Winddruck oder als abhebende Kraft als Windsog spürbar. Aus den Medien wissen wir, welche verheerenden Auswirkungen starker Wind auf Gebäude haben kann. Bei hohen Windbelastungen werden gerade bei Holzkonstruktionen zusätzliche Aussteifungen erforderlich, die zusätzliche Kosten verursachen.

Auf den Punkt gebracht

Die genannten Einwirkungen auf das Haus haben zum Teil maßgeblichen Einfluss auf die Konstruktion und die Dimensionierung einzelner Bauteile. Sie sind daher kostenrelevant und in den schnell verfügbaren Standardangeboten auf Basis eines Typenhausentwurfs nicht berücksichtigt. Dadurch kommen schnell vier- und fünfstellige Beträge zum Angebotspreis des Standardangebotes hinzu. Der Vertrag sollte deshalb erst unterschrieben werden, wenn Ihr Hausbaupartner bestätigt, dass alle relevanten Einwirkungen, die sich durch das Grundstück ergeben, im Hauspreis berücksichtigt sind.

Auch beim Thema Windbelastung wurden verschiedene Zonen definiert. Sie sollten ermitteln, in welcher Windzone Ihr Baugrundstück liegt. Wenn diese bekannt ist, können die entsprechenden Kosten auch vorvertraglich angegeben werden.

Die Erdbebenzone

Auch wenn das Erdbebenrisiko in Deutschland generell vergleichsweise gering ist, gibt es hier doch verschiedene Erdbebenzonen. Große Teile des Landes liegen in Erdbebenzone 0, einige Bereiche sind jedoch den Zonen 1, 2 oder 3 zugeteilt. Wenn die Lage des Grundstücks bekannt ist, sollte die anzusetzende Erdbebenzone im Vertrag und im Vertragspreis berücksichtigt sein.

Die Klimaregion

Das Gebiet der Bundesrepublik Deutschland ist in 15 Klimaregionen unterteilt. Diese Klimaregionen unterscheiden sich in den Jahresmitteltemperaturen der sogenannten Testreferenzjahre. Die nachfolgende Tabelle benennt die Klimaregionen und die für die jeweilige Heizlastberechnung anzusetzenden Jahreswerte der Außenlufttemperaturen.

Die Klimaregion „4 – Potsdam" ist die Klimaregion, mit der der öffentlich-rechtliche Wärmeschutznachweis geführt wird. Auf Basis dieses Nachweises werden auch die KfW-Effizienzhäuser konfiguriert.

Wird das Haus in einer anderen Klimaregion als „4 – Potsdam" gebaut, verändert sich der Jahreswert der Außenlufttemperaturen um bis zu 5,7 Grad Kelvin, was, da es um die Differenz geht, 5,7 Grad Celsius entspricht (Temperaturdifferenzen werden üblicherweise in Kelvin angegeben). Mit sinkenden Jahreswerten steigt der Heizenergiebedarf eines Hauses. Wenn sich die Heizlast verändert, muss unter Umständen sogar die Auslegung des Wärmeerzeugers nachjustiert werden oder der Wärmeerzeuger ist zu wechseln.

Eine Anpassung an die tatsächliche Klimaregion, in der das Haus errichtet wird, erfolgt üblicherweise nicht. Auch eine Anpassung des Wärmeerzeugers an die tatsächlichen Gegebenheiten wird in vielen Fällen versäumt. Aber die Betriebskosten, also Ihre Energieverbrauchskosten für Beheizung und Warmwasserbereitung, steigen in unerwartete Größenordnungen.

Klimaregion	Referenzort	Jahreswert
1	Bremerhaven	10,1 °C
2	Rostock-Warnemünde	9,5 °C
3	Hamburg-Fuhlsbüttel	9,5 °C
4	Potsdam	9,5 °C
5	Essen	10,4 °C
6	Bad Marienberg	7,8 °C
7	Kassel	9,3 °C
8	Braunlage	6,7 °C
9	Chemnitz	8,7 °C
10	Hof	7,4 °C
11	Fichtelberg	3,8 °C
12	Mannheim	11,1 °C
13	Mühldorf/Inn	8,6 °C
14	Stötten	7,8 °C
15	Garmisch-Partenkirchen	7,4 °C

DER ABLAUF IHRES BAUVORHABENS

Nun kann es losgehen: Das folgende Kapitel beschäftigt sich mit den einzelnen Etappen Ihres Bauvorhabens. Sie erfahren, was Sie an welchem Punkt beachten müssen und inwiefern die Baubeschreibung dabei eine Rolle spielt – von den Beratungsgesprächen zu Beginn über die Einrichtung der Baustelle bis zur finalen Abnahme. Wenn im Folgenden vom Vertrag oder von der Baubeschreibung die Rede ist, ist grundsätzlich der Verbraucherbauvertrag beziehungsweise die Baubeschreibung im Verbraucherbauvertrag gemeint, sofern nicht explizit eine andere Vertragsform genannt wird.

DIE BERATUNGSGESPRÄCHE

Es ist Ihnen beim Blättern durch die einschlägigen Zeitschriften und Kataloge gewiss schon aufgefallen: Viele Anbieter, gerade solche von Typen- und Fertighäusern, versuchen den Eindruck zu erwecken, dass sie genau Ihr persönliches Wunschhaus bauen werden. Man suggeriert Ihnen, dass Ihre ganz speziellen Bedürfnisse ermitteln werden und dann die Grundlage für die anzustellenden Planungen – und damit auch für die Baubeschreibung – bilden.

Wahrscheinlich wird man jedoch versuchen, Ihnen eine geringstmöglich modifizierte Standardplanung als Ergebnis der Bedarfsermittlung zu präsentieren. Daher ist es wichtig, dass Sie sich vorab über Ihre aktuelle Lage und die absehbaren zukünftigen Situationen klar werden und den daraus resultierenden Wohnraumbedarf schon vor dem Beratungsgespräch genau durchdacht und formuliert haben.

Bevor Sie ins Beratungsgespräch gehen, machen Sie sich bewusst, was Sie dabei erreichen wollen. Wollen Sie sich nur informieren, oder geht es gegebenenfalls im Zweitgespräch bereits ans Eingemachte? Wenn Sie zunächst nur Informationen gewinnen wollen, lassen Sie sich auf keinen Fall zu einer Spontanentscheidung hinreißen. Geht's ins Detail, sollten Sie sich vorher konkrete Ziele gesetzt haben: Wo wollen Sie hin? Welche Wünsche haben Sie? Wo sind Sie verhandlungsbereit, wo liegt Ihr Limit?

Die Gespräche mit der Hausbaufirma sollten Sie nach Möglichkeit nicht alleine führen. Vier Ohren hören mehr als zwei und ein Zeuge für das Gesagte ist immer von Vorteil. Ansonsten steht im Streitfall Aussage gegen Aussage – wenn Sie es nicht ohnehin mit zwei Gesprächspartnern zu tun haben.

Machen Sie sich während der Gespräche Notizen und fertigen Sie Gesprächsprotokolle an, und zwar möglichst in Abstimmung mit der Person, die Sie zum Gesprächstermin begleitet hat. Schicken Sie diese Protokolle auch dem jeweiligen Anbieter unter Angabe von Datum und Uhrzeit und mit einer namentlichen Nennung aller Gesprächspartner. Gleichen Sie die Unterlagen, die Ihnen im Zuge der Vertragsanbahnungen ausgehändigt werden, mit Ihren Gesprächsprotokollen ab.

Ganz wichtig: Wenn Sie schon Grundstückseigentümer sind, sollten Sie darauf bestehen, dass die Gespräche auf Basis des vorhandenen Bebauungsplans geführt werden. Anderenfalls werden bei Ihnen höchstens Erwartungen geweckt, die sich dann zu Ihrer Enttäuschung nicht realisieren lassen. Planungskonzepte, die mit den vorhandenen Bebauungsvorgaben nicht harmonieren, sind nur für den Papierkorb geeignet!

Termine vorbereiten

Generell gilt, dass Sie bei Terminen möglichst alle verfügbaren Unterlagen dabeihaben sollten. Zusätzlich sollten Sie sie Ihren Gesprächspartnern am besten als PDF-Dateien zur Verfügung stellen. Wenn Sie bereits Grundstückseigentümer sind, sollten Sie den Bebauungsplan einholen und einscannen. Es ist auch von Vorteil, wenn Sie für dieses Grundstück bereits im Vorhinein ein Baugrundgutachten erstellen lassen (s. Seite 32). Das spart Zeit und liefert den Unternehmen, mit deren Mitarbeitern Sie sprechen, entscheidende Informationen für die Preisermittlung.

FÖRDERMITTEL

Baumaßnahmen, die einen Beitrag zur Senkung von CO_2-Emissionen leisten, der deutlich über die Vorgaben der Energieeinsparverordnung hinausgeht, werden gefördert – in Form von zinsgünstigen Krediten, die bei den aktuell (Juni 2019) guten Zinskonditionen allerdings eher unattraktiv sind, oder von Zuschüssen verschiedener Fördermittelgeber.

Am bekanntesten ist die KfW-Förderung für KfW-Effizienzhäuser 55/40 und 40 Plus. Hinzu kommen Fördermaßnahmen der Landesförderanstalten, möglicherweise der regionalen Energieversorger und bei kommunalen Leuchtturmprojekten auch Fördermittel der Kommune.

Häufig bieten Hausanbieter ihre Typenhäuser bereits in auf die Förderstufen der KfW durchkonfektionierten Konzeptionen an. Der – niedrigere – Standard, der zur Erreichung der Vorgaben der Energieeinsparverordnung (EnEV) erbracht werden muss, wird kaum noch angeboten. Im Hinblick auf ergänzende oder alternative Förderungen und Fördermittelgeber wird von den Anbietern jedoch nur bedingt beraten.

Mit Blick auf die Baukosten sind die Fördermittelangebote mit Vorsicht zu genießen. Die Anforderungen der Energieeinsparverordnung (EnEV) sind ohnehin zu erfüllen, dafür gibt es bei Neubauten keine Fördermittel. Wer Fördermittel haben möchte, muss also in Maßnahmen investieren, die die EnEV-Anforderungen um vorgegebene Differenzmargen unterschreiten. Ob sich das wirklich rechnet, kann nur im direkten Vergleich zwischen den Kosten für Ihr Haus auf Niveau EnEV und den Kosten für Ihr Haus in den Ausführungen und Ausstattungen, die das Erreichen der verschiedenen Förderstufen sicherstellen, ermittelt werden.

Info **Fördermittelberatung**

Aktuell wird fast nur pro Fördermittel beraten, ohne die anderen Belange und die damit verbundenen Reglementierungen und Zwänge in angemessener Weise zu berücksichtigen. Eine gute Beratung zu Fördermitteln sollte zielgerichtet und umfassend erfolgen und alle Aspekte abdecken, die mit der Entscheidung zur Inanspruchnahme der Förderung zusammenhängen, insbesondere die Baukostensteigerung, die für das Erzielen des Förderniveaus in Kauf genommen werden muss. Das erfolgt leider nur in den allerseltensten Fällen.

Die KfW-Begleitung und der endgültige Energieausweis

Wenn Sie mit KfW-Fördermitteln bauen, verlangt der Fördermittelgeber einen Nachweis über die antragsgerechte Verwendung der Fördermittel. Dieser Nachweis ist nur durch die sogenannte KfW-Begleitung zu erbringen.

Die KfW-Begleitung wird über einen Zuschuss (Zuschuss 431 Baubegleitung) in Höhe von 50 Prozent der dafür anfallenden Kosten mit maximal 4 000 Euro pro Vorhaben separat gefördert. Die Förderung umfasst die energetische Fachplanung und die Baubegleitung durch einen unabhängigen Experten für Energieeffizienz. Wichtig zu wissen: Der Zuschuss ist vor dem Beginn des Vorhabens zu beantragen. Die Baubegleitung muss aktiv durchgeführt und durch Protokolle und Fotodokumentation nachgewiesen werden. Die Erstellung des endgültigen Energieausweises beruht letztendlich auf den im Zuge der Baubegleitung gewonnenen Erkenntnissen.

DIE PLANUNGSPHASE

Planung bedeutet für jedes Unternehmen Aufwand, und Aufwand kostet Geld. Üblicherweise wird dazu ein Planungsauftrag abgeschlossen, der, wenn es zum Abschluss des Bauvertrags kommt, mit der Vertragssumme verrechnet wird. Der Abschluss eines Planungsauftrags verpflichtet Sie nicht dazu, mit diesem Anbieter auch einen Bauvertrag abzuschließen. Sie b sind lediglich zur Zahlung der vereinbarten Vergütung für die Planungsleistung verpflichtet. Definieren Sie den zu erbringenden Planungsstand dabei möglichst genau. Wenn es dann zu einem Vertragsabschluss kommt, sollte diese Definition in die Baubeschreibung übernommen werden.

Die Planungsphase gliedert sich in mehrere Schritte. Zunächst sind die Bebauungsplanvorgaben zu ermitteln und mit eventuell vorhandenen Standardplanungen abzugleichen oder eine Planungskonzeption daraufhin abzustimmen. Dies ist der erste Schritt zu einer Entwurfsplanung, auf der alle weiteren Planungsschritte aufbauen.

Bauantragsplanung und Bauantrag

Ein wichtiger Schritt im Rahmen der Planungsphase ist die Bauantragsplanung, die auf eine genehmigungsfähige Planung abzielt. Dazu muss die Planung auf den vorhandenen Bebauungsplan abgestimmt sein oder vorab besprochene Abweichungen über Befreiungsanträge berücksichtigen. Das Einreichen einer genehmigungsfähigen Planung und die Herbeiführung der Baugenehmigung sollte in die Bau- und Leistungsbeschreibung aufgenommen werden.

Die Bauantragsplanung muss auf jeden Fall mit Ihnen abgestimmt sein. Das kann eigentlich nur der Fall sein, wenn Bauantrag und Konzeption aufeinander aufbauen. Prüfen Sie daher genau, ob der Bauantrag mit der mit Ihnen abgestimmten Konzeption übereinstimmt oder ob es Abweichungen gibt. Nehmen Sie sich dafür genügend Zeit und lassen Sie sich keinesfalls dazu nötigen, den Bauantrag auf die Schnelle zu unterschreiben. Denn ist der unterschriebene Bauantrag erst einmal abgegeben, sind Änderungen nur noch schwer möglich und verzögern das Genehmigungsverfahren ganz erheblich. Außerdem werden dafür zusätzliche Gebühren fällig. Prüfen Sie anhand des Bauantrags auch, ob die Planung noch der vertraglich vereinbarten Beschaffenheit – also der Baubeschreibung – entspricht.

Aus der Baubeschreibung sollte eindeutig hervorgehen, wer – Sie oder ein Vertreter des Unternehmens – den Bauantrag bei der zuständigen Behörde abgibt.

Größenangaben und Flächenberechnungen

Wohnen braucht Fläche. Die Flächen der Räume ergeben sich zunächst aus den Planskizzen oder aus Prospektangaben. Das sind aber nur ungefähre Maße und Flächenangaben, die sich in der Fortschreibung der Planung, bis diese so ist, wie Sie sie haben wollen – oder bis Sie sich haben einreden lassen, dass das jetzt genau das ist, was Sie schon immer wollten – noch verändern können. Einen höheren Grad an Verbindlichkeit bekommen die Maße und Flächen erst mit dem Abschluss der Baueingabe- beziehungsweise Bauantragsplanung, die Sie ja auch unterschreiben müssen. Aber bis zum Abschluss der Werkplanung, die dann auch die haustechnischen Besonderheiten und gegebenenfalls Ihre Sonderwünsche berücksichtigt, können sich die

Flächenangaben noch immer verändern. Grundsätzlich ist zu unterscheiden zwischen Grundfläche und Wohnfläche. Die Grundfläche eines Hauses aus Stein beruht auf Rohbaumaßen, das heißt, die Dicke des Innenwandputzes, der an den gemauerten Wänden noch anzutragen ist, verringert die Grundfläche. Daraus wird dann die Wohnfläche. In Dachgeschossen werden diejenigen Teile der Räume, die zwischen 1,00 Meter und 2,00 Meter lichte Höhe aufweisen, nur zur Hälfte berechnet. Terrassen und Balkone zählen jeweils zur Hälfte zur Wohnfläche dazu. Wenn Sie an der korrekten Flächenangabe zweifeln, empfiehlt sich die Prüfung durch einen Sachverständigen. Auch die am Bau üblichen und zulässigen Maßtoleranzen, die für das metallverarbeitende Gewerbe immens groß sind, führen zu Differenzen gegenüber den vereinbarten Flächen und Maßangaben. Abweichungen bis 3 Prozent in der Summe aller Räume sind zu tolerieren.

INGENIEURLEISTUNGEN UND SONDERINGENIEURE

Die Baubeschreibung sollte sämtliche notwendigen Ingenieurleistungen aufführen. Das sind typischerweise die Erstellung der Statik und der Tragwerksplanung sowie die Erstellung des Wärmeschutznachweises. Diese sind im Regelfall – außer Sie machen selbst die maßgeblichen Vorgaben – beim Verbraucherbauvertrag und beim Kauf vom Bauträger im Leistungsumfang enthalten.

Mithilfe der von den Ingenieuren ermittelten Angaben weiß der Hausanbieter relativ genau, mit welchen Stahlmengenansätzen (im Massivbau) oder Verbindungsmitteln, Holzquerschnitten und Stahlbauteilen (im Holztafelbau) er kalkulieren muss. Die Angaben in den Konstruktionsplänen sind verbindlich und vor Ort beziehungsweise bei der Fertigteilmontage umzusetzen. Dabei sind die Einwirkungen auf das Haus (s. Seite 32 ff.) in der geografischen Lage angepassten Größenordnungen zu berücksichtigen.

Komplexe haustechnische Anlagen brauchen eine gesonderte Planung. Diese ist, wenn sie nicht zu den Standardleistungen gehört, gesondert zu bezahlen und muss in der Baubeschreibung explizit erwähnt werden. Für Erdarbeiten in Hangsituationen sind unter Umständen Erdbaustatik und Hangsicherungsmaßnahmen erforderlich. Auch das sind auf das individuelle Bauvorhaben abgestimmte Ingenieurleistungen, die im Regelfall gesondert zu bezahlen und in der Baubeschreibung zu nennen sind.

Das Baugrundgutachten

Das Baugrundgutachten ist eine grundlegende Voraussetzung für eine an das Grundstück angepasste Planung und Tragwerksplanung. Es wird empfohlen, das Baugrundgutachten als Grundlage für das Angebot im Vorhinein erstellen zu lassen. Andernfalls wird der Hausanbieter zunächst ein Standardangebot erstellen und später – wenn das Baugrundgutachten vorliegt – eventuell erforderliche Mehrleistungen als Nachtrag anbieten. Haben Sie zu diesem Zeitpunkt den Vertrag schon unterschrieben, ist Ihr Verhandlungsspielraum stark eingeschränkt (s. Seite 32 f.)

BAULEITUNG, BAUÜBERWACHUNG, SICHERHEIT

Keine Baustelle ohne Bauleitung. Die Bauleitung soll sicherstellen, dass der Bau koordiniert abläuft und die vereinbarten Termine eingehalten werden. Sie soll zudem die Geschäftsleitung der Hausbaufirmen möglichst vor direkten Konfrontationen mit den Bauherren und ihren vielfachen Ansprüchen bewahren. Die Betonung liegt jedoch auf „soll". Zu den Aufgaben der Bauleitung gehören konkret das Baustellen- und Bauablaufmanagement, die Baustellenkommunikation, die Auftraggeberkommunikation, die Fehler- und Mängelvermeidung und die Vertretung der Interessen des Arbeit- oder Auftraggebers.

All das zu bewältigen, ist keine leichte Aufgabe, insbesondere dann, wenn eine einzelne Person viele übers Land verstreut liegende Projekte betreuen muss. Oft agiert die Bauleitung deshalb vom Schreibtisch aus mittels Telefon. Das entspricht nicht dem Sinn der Sache! Die Kontrolle der erbrachten Bauleistung erfordert die Anwesenheit vor Ort und die notwendigen Fachkenntnisse.

Für Sie als Bauherr bedeutet das, dass es besonders wichtig ist, schon in der Baubeschreibung genau zu definieren, welche Leistungen Ihnen Ihr Hausbaupartner im Bereich der Bauleitung schuldet. Zur Beschreibung der Leistung der Bauleitung existieren in Baubeschreibungen viele kreativ formulierte Textpassagen:

- „Firma XY übernimmt die Bauleitung für alle im Vertragsumfang enthaltenen Leistungen. Für Eigenleistung übernimmt die Firma XY keine Bauleitung und keine Gewährleistung."
- „Die Bauleitung koordiniert die Handwerksbetriebe, führt Gütekontrollen durch und überwacht die Ausführung für den Auftraggeber."
- „Örtliche Bauleitung und Bauabnahme über einen Bauleiter des Unternehmens."
- „Während der Ausbauphase stehen für alle Fragen kompetente Ansprechpartner zur Verfügung."

All diese Formulierungen sind sehr offen, was die Anwesenheit des Bauleiters an der Baustelle angeht. Gütekontrollen, die, wenn überhaupt, alle paar Wochen stattfinden, sind keine Kontrollen im eigentlichen Sinne. Bestehen Sie daher auf konkrete Formulierungen in der Baubeschreibung, die beispielsweise festlegen, wie oft die Baustelle besucht wird und nach welchen Arbeitsschritten eine Kontrolle durch die Bauleitung vor Ort mit einer entsprechenden Dokumentation erfolgt. Solche Arbeitsschritte sollten sein:

- Bewehrungskontrollen in den verschiedenen Rohbauphasen
- Prüfung der Betonnachbehandlung in den verschiedenen Rohbauphasen
- Überprüfung der Bauwerksabdichtung mit Dokumentation
- Prüfung des Fenstereinbaus
- Überprüfung der Rohinstallationen
- visuelle und baubegleitende Prüfung der Luftdichtheit sowie
- weitergehende möglichst enggestufte qualitative Kontrollen der Bauausführung

Sicherheits- und Gesundheitsschutzkoordination

Was haben Sie als privater Bauherr mit Sicherheits- und Gesundheitsschutzkoordination zu tun? Dafür ist doch der Hausbaupartner zuständig, oder? Die Frage ist nicht ganz unberechtigt. Die Antwort lautet, dass Sie – außer beim Bauträgervertrag – durchaus eine gewisse Verantwortung in diesem Bereich tragen.

Zunächst einmal sind Sie als Bauherr der Adressat der am 10. Juni 1998 in Kraft getretenen Baustellenverordnung. Darin sind Melde- und Koordinierungspflichten beschrieben, die grundsätzlich Ihnen obliegen, die Sie aber an andere delegieren können.

Die beauftragten Unternehmen sind für die Sicherheit und den Gesundheitsschutz ihrer Mitarbeiter selbst verantwortlich, damit haben Sie tatsächlich nichts zu tun. Wenn jedoch mehrere Unternehmen zur selben Zeit an der Baustelle tätig sind, kommt es zu Überschneidungen und gegenseitigen Gefährdungen. So kann es beispielsweise vorkommen, dass ein mit persönlicher Schutzausrüstung (Schutzbrille, Gehörschutz, Sicherheitsschuhe, Staubmaske) bestens gewappneter Arbeiter mit maschineller Unterstützung Löcher oder Schlitze in die Wände stemmt, aber alle anderen, die im mittelbaren Umfeld arbeiten, den Schallemissionen, dem Staub und den umherspritzenden Partikeln schutzlos ausgesetzt sind. In so einem Fall besteht Koordinierungsbedarf!

Um diese Melde- und Koordinierungspflichten an den Hausbaupartner zu delegieren, sind eindeutige Formulierungen im Bauvertrag nötig, die wegen Preisrelevanz schon bei den Verhandlungen zur Baubeschreibung besprochen werden sollten, etwa sinngemäß wie folgt: „Die Koordinierung der Maßnahmen zum Arbeits- und Gesundheitsschutz auf der Baustelle sowie die entsprechenden Anmeldungen und sonstigen Verpflichtungen nach Baustellenverordnung werden vom Unternehmer übernommen, der dafür eine geeignete Person stellt oder beauftragt."
Achtung: Für all Ihre Eigenleistungen und bei Direktverträgen sind und bleiben Sie als Bauherr dennoch in der Koordinationspflicht!

UNTERLAGEN VOR DER BAUAUSFÜHRUNG

Nach § 650n Satz 1 BGB ist der Unternehmer verpflichtet, rechtzeitig vor Ausführungsbeginn diejenigen Planungsunterlagen zu erstellen und an den Verbraucher, der ohne eigenen Architekten baut (Achtung, das gilt nur, wenn Sie einen Verbraucherbauvertrag abgeschlossen haben!) herauszugeben, die dieser benötigt, um gegenüber den Behörden zu belegen, dass das Bauvorhaben den öffentlich-rechtlichen Vorschriften entsprechen wird. Verlangt der Darlehensgeber weitere Nachweise, um die voraussichtliche Einhaltung bestimmter Kriterien zu belegen, müssen auch diese Unterlagen herausgegeben werden – wenn der Unternehmer die berechtigte Erwartung erweckte, diese einzuhalten, also beispielsweise, wenn er verspricht, sein Werk als „KfW-Effizienzhaus xy" auszuführen.

Grundsätzlich bedarf es dazu keiner vertraglichen Regelung, denn das ist ein bindender rechtlicher Anspruch. Kritisch hingegen sind Regelungen zu sehen, die nur eine unvollständige Auflistung der Unterlagen beinhalten. Hier liegt Konfliktpotenzial.

Zudem bezieht sich der Gesetzgeber leider nur auf die Planunterlagen für die öffentlich-rechtlichen Belange, wie die Erlangung der Baugenehmigung und die Nachweise der Stand- und Erdbebensicherheit, des Brand- und Schallschutzes sowie des Wärmeschutzes. Vom Gesetzgeber bislang nicht berücksichtigt sind hingegen Werk- und Detailpläne beziehungsweise Ausführungspläne. Ohne diese Pläne ist eine effiziente Kontrolle der Bauausführung durch einen begleitenden Bausachverständigen jedoch nicht möglich. Daher wird empfohlen, in die Baubeschreibung einen Passus aufzunehmen, aus dem sinngemäß mindestens hervorgeht: „Neben den nach § 650n ohnehin geschuldeten Unterlagen vor Baubeginn stellt der Unternehmer dem Bauherrn die Werk- und Detailpläne, die Planunterlagen der Tragwerksplanung sowie den kompletten Wärmeschutznachweis zur Verfügung."

Bauantragspläne

Die Bauantragspläne sind maßgebend für die Genehmigung des Bauvorhabens durch die zuständige Bauaufsichtsbehörde.

Info Abweichungen vom Bebauungsplan

Wird bei der Bauantragsplanung deutlich, dass es wegen der sehr häufig zugrunde liegenden Musterplanung zu Abweichungen gegenüber dem Bebauungsplan kommt, ist dies möglichst noch vor Antragstellung zu klären, zum Beispiel in Form einer Bauvoranfrage, und im Bauantragsverfahren durch entsprechende Befreiungsanträge deutlich zu machen und zu begründen.

Sofern die Planung wie häufig bei schlüsselfertigen Bauverträgen beim Generalunter- oder -übernehmer liegt, schuldet dieser eine genehmigungsfähige Planung. Dabei ist vom Planer sicherzustellen, dass die Vorgaben des Bebauungsplans beziehungsweise die Bauvorgaben eingehalten werden.

Werk- und Detailplanung

Bei diesen für die Bauausführung relevanten Plänen hapert es meistens, das heißt, sie werden Ihnen möglicherweise nicht ausgehändigt. Zum einen ist die Herausgabe vom Gesetzgeber nicht explizit vorgesehen. Insbesondere die Fertighausbauer argumentieren hier häufig mit dem zweifelhaften Argument des Betriebsgeheimnisses. Zum anderen wollen viele Generalunter- oder -übernehmer schlicht kein Geld in die – eigentlich erforderliche – Werk- und Detailplanung investieren.

Das führt dann dazu, dass viele Ausbauhandwerker auf der Baustelle mit DIN-A3-Kopien hochgezoomter Bauantragspläne aufschlagen, die noch dazu gar nicht aktuell sind. Ohne Werk- und Detailpläne ist eine Prüfung auf Übereinstimmung mit der Baubeschreibung und auch die Kontrolle der erbrachten Bauleistung durch den Sachverständigen jedoch nicht möglich.

Hier kommt es auf Ihr Verhandlungsgeschick an. Die Herausgabe der Werk- und Detailplanung, die vom Grundsatz her ohnehin gemacht werden müsste, sollte vor Baubeginn erfolgen. Dies können Sie vorab vereinbaren und auch im Vertrag, zum Beispiel in der Baubeschreibung, festhalten.

Statik und Tragwerksplanung

Die Erstellung der statischen Berechnung und der für die konstruktive Bauausführung erforderlichen Pläne der Wände und Decken beziehungsweise der Holzkonstruktion ist, wenn Sie mit einem Schlüsselfertigbauer zusammenarbeiten, der auch die Planung im Leistungsumfang erbringt, obligatorisch. Bauen Sie hingegen nach den Plänen eines Architekten, müssen Sie die Statik und die Tragwerksplanung im Regelfall selbst beauftragen. Das kann auch durch einen Auftrag an Ihren Hausbaupartner erfolgen.

Info **Anspruch auf Herausgabe**

Da es bei Statik und Tragwerksplanung um die Standsicherheit des Gebäudes geht, haben Sie einen Anspruch auf die Herausgabe der Pläne und der Berechnung vor Baubeginn. Das gilt auch dann, wenn dies nicht explizit in der Baubeschreibung erwähnt wird.

Luftdichtheits- und Lüftungskonzept

Auch wenn es in der Praxis oft vernachlässigt wird: Lassen Sie sowohl ein Lüftungskonzept als auch ein Luftdichtheitskonzept erstellen – und fordern Sie die Aushändigung ein.

Das Lüftungskonzept klärt noch während der Bauantragsphase die lüftungstechnischen Rahmenbedingungen. Aufgrund der mittlerweile zumindest theoretisch nahezu luftdichten Gebäudehülle müssen sich die Planer frühzeitig Gedanken darüber machen, wie sie den erforderlichen nutzerunabhängigen Mindestluftwechsel zum Feuchteschutz erreichen. Je nach Lage des Gebäudes sind hier Zusatzmaßnahmen notwendig. Das Lüftungskonzept bildet dann die Grundlage für die Bestückung Ihres Hauses mit einer Lüftungsanlage. So betrachtet ist es Bestandteil des Wärmeschutznachweises. Nach diesem Verständnis muss das Lüftungskonzept mit dem vorläufigen Energieausweis ausgehändigt werden. Eine explizite Vereinbarung ist dennoch empfehlenswert, bis die Rechtsprechung diese Frage positiv klärt.

Das Luftdichtheitskonzept ist hingegen ein gesonderter Teil der Werk- und Detailplanung. Die Herausgabe vor Baubeginn kann also nicht vorausgesetzt werden. Sie sollten auch sie vorab vereinbaren und das im Vertrag, dort etwa in der Baubeschreibung, festhalten.

Wärmeschutzberechnung

Die Wärmeschutzberechnung ist die Grundlage für den nachfolgend behandelten vorläufigen Energieausweis. Bei der Erstellung der Wärmeschutzberechnung wird so getan, als stünde das Gebäude in der gemäßigten Klimaregion Potsdam (s. Seite 35). Der tatsächliche Standort des Gebäudes ist nicht von Belang. Berücksichtigt werden die Gebäudegeometrie, der vorgesehene Aufbau der Bauteile, die die thermische Hülle bilden, die Heizungsanlage und, wenn vorgesehen, die Lüftungsanlage und die Komponenten an regenerativer Energie.

Die Übergabe vor Baubeginn muss verhandelt werden. Das sollten Sie anstreben, denn die in der Berechnung enthaltenen Angaben zu den Bauteilaufbauten sind für die baubegleitende Kontrolle und für die Baubegleitung nach KfW entscheidend. Die Herausgabe vor Baubeginn kann also nicht vorausgesetzt werden. Sie sollten auch sie vorab vereinbaren und das im Vertrag (dort etwa in der Baubeschreibung) festhalten.

Vorläufiger Energieausweis

Der vorläufige Energieausweis wird zumeist auf Grundlage der Baueingabeplanung und der Baubeschreibung erstellt. Er ist vorläufig, da der Ersteller des Energieausweises zu diesem Zeitpunkt nur Annahmen zur Ausführung treffen kann. Von allen diesen Angaben kann im Zuge der Ausführung noch abgewichen werden. Dieses Dokument benötigen Sie für einen Förderantrag für energetisches Bauen bei der Kreditanstalt für Wiederaufbau (s. Seite 39). Der vorläufige Energieausweis ist also eine der Unterlagen nach § 650m BGB, wenn also der Unternehmer die berechtigte Erwartung erweckt hat, dass er die entsprechenden Förderbedingungen einzuhalten gedenkt, und ist deshalb möglichst frühzeitig und auf jeden Fall vor Baubeginn auszuhändigen.

Unterlagen zur Bauausführung

Haken Sie auf dieser Checkliste als Kontrolle die Dokumente ab, die Sie erhalten haben.

Vertragsunterlagen	
Vorvertragliche Baubeschreibung	Vertrag
Bauvertrag	Vertrag
Nachträge	Vertrag
Zahlungsplan	Vertrag
Bauzeiten-/Bauablaufplan	Vertrag
Verbindl. Bauzeitangabe/ Übergabetermin	Vertrag
Baubeteiligtenliste	Vertrag

Bauantragsunterlagen	
Lageplan	Behörde
Abstandflächenplan	Behörde
Bauantragspläne	Behörde
Entwässerungsgesuch	Behörde
Baugenehmigungspläne	Behörde

Statik/Tragwerksplanung	
Statische Berechnung/Standsicherheitsnachweis	Behörde
Tragwerksplanung	Behörde
Schallschutznachweis	Behörde
Ggf. Brandschutznachweis	Behörde
Ggf. Prüfstatik	Behörde

Wärmeschutz	
Wärmeschutzberechnung mit Wärmebrückennachweis	Verhandlung
Nachweis sommerlicher Wärmeschutz	Verhandlung
Vorläufiger Gebäudeenergieausweis	KfW

Werk- und Detailplanung unter Berücksichtigung der Bemusterungsfestlegungen	
Werkpläne Maßstab 1:50	Verhandlung
Detailpläne im zur Ausführung erforderlichen Umfang	Verhandlung
Luftdichtheitskonzept	Verhandlung

Spätestens mit Fertigstellung zu übergeben	
Fortgeschriebene Werk- und Detailplanung	Verhandlung
Fortgeschriebene Tragwerksplanung und Statik	Verhandlung
Fortgeschriebene, angepasste Wärmeschutzberechnung	Verhandlung
Endgültiger Gebäudeenergieausweis	Behörde
Bestätigung nach Durchführung für KfW-Darlehen	KfW

Vertrag: Diese Dokumente sind ohnehin Teil des Verbraucherbauvertrags oder Bauträgervertrags.
Behörde: Diese Dokumente müssen Sie beim Verbraucherbauvertrag bei Behörden oder Fördermittelgebern vorlegen.
Verhandlung: Diese Dokumente sind nicht zwingend Bestandteil der gesetzlichen Regelungen des Bauvertragsrechts. Da ein in Ihrem Auftrag tätiger Sachverständiger diese Dokumente benötigt, um seinen Auftrag zu erfüllen, sollten sie die Übergabe im Zuge der Vertragsverhandlung vereinbaren und auch das Übergabedatum festlegen.

Technische Dokumentation zum Bauwerk	
Datenblätter der verwendeten Baustoffe und Bauteile	KfW

Dokumentation der Sanitärinstallation	
Strangschema	Verhandlung
Leitungspläne	Verhandlung
Druckprotokolle	Verhandlung
Wartungsanleitung	Verhandlung
Fachbauleitererklärung Sanitär	Behörde

Dokumentation der Heizungsinstallation	
Heizlastberechnung	Verhandlung
Verlegepläne	Verhandlung
Druckprotokolle	Verhandlung
Protokoll des hydraulischen Abgleichs	Behörde
Inbetriebnahme	Behörde
Montageanweisungen der Komponentenhersteller	Verhandlung
Elektrischer Schaltplan	Verhandlung
Bedienungsanweisungen	KfW
Fachbauleitererklärung Heizung	KfW
Freigabe Schornsteinfeger bei befeuerten Wärmeerzeuger	Behörde

Dokumentation der Elektroinstallation	
Installationsplan	Verhandlung
Foto-Dokumentation Leitungsführung	Verhandlung
Prüfprotokoll	Behörde
Fachbauleitererklärung Elektro	Behörde

Dokumentation Lüftung	
Installationsplan	Behörde
Einregelungsprotokoll	Behörde
Inbetriebnahmebestätigung	Behörde
Fachbauleitererklärung	Behörde

Photovoltaik	
Dokumentation der Anlage	KfW
Dokumentation der Batterie	KfW
Inbetriebnahmeprotokoll	KfW

BAUSTELLENEINRICHTUNG

Der Begriff „Baustelleneinrichtung" umfasst die Infrastruktur, die zur Erstellung des Bauvorhabens notwendig ist. Dazu gehören die Tagesunterkünfte für die am Bau tätigen Mitarbeiter der Unternehmen, die Absicherung der Baustelle gegen den Zutritt unbefugter Personen, die erforderlichen Arbeits- und Schutzgerüste, Schutzgeländer an Absturzkanten, sichere Zugänge in den Baukörper und zu den einzelnen Geschossen, die Lagerflächen für Baumaterialien und vieles mehr. All das sollte in der Baubeschreibung berücksichtigt werden, das heißt, es muss klar geregelt sein, welche Leistungen Ihr Hausbaupartner im Bereich der Baustelleneinrichtung erbringt und für was Sie selbst verantwortlich sind.

Baustrom

Der Baustromanschluss muss vom Grundstückseigentümer beantragt werden. Hierbei ist zu klären, wer diesen Antrag stellt. Das kann je nach Vereinbarung der Hausbaupartner übernehmen, doch der Grundstückseigentümer muss den Antrag unterzeichnen. und im Normalfall stellt ihm das Versorgungsunternehmen auch die Einrichtung des Baustromanschlusses in Rechnung.
Auch die Frage, wer den Baustromzählerkasten und den Baustromkasten stellt, muss beantwortet werden. Sie als Bauherr können das bei einem ortsansässigen Elektriker in Auftrag geben, der den regionalen Versorger und die zuständigen Mitarbeiter kennt. Bei Problemen ist dann auch schnell jemand zur Stelle. Eine Beauftragung an den Elektriker des Hausbaupartners ist nur ratsam, wenn dieser regional ansässig und bei Bedarf kurzfristig greifbar ist. Alternativ können Sie aber auch vereinbaren, dass Ihr Hausbaupartner komplett für den Baustromzählerkasten und den Baustromkasten verantwortlich ist.

Info Wo liegt der Stromanschluss?

Es ist von Vorteil, wenn das Grundstück bereits voll erschlossen ist, sodass der Stromanschluss bereits im Grundstück liegt. Ist dies nicht der Fall oder erfordert die Baustelleneinrichtung mehr elektrische Leistung, als am Grundstück anliegt, müssen von der nächstgelegenen Trafostation dicke Stromleitungen zur Baustelle geführt werden. Das kann erhebliche Kosten verursachen. Die Umstände der Stromversorgung sollten Sie daher noch vor Einholung der Angebote klären und für die Angebotserstellung entsprechend beschreiben.

Außerdem ist zu klären, wer die Verbrauchskosten trägt. Trägt sie der Unternehmer, muss er sie einkalkulieren. Er wird dann aber auch darauf achten, dass sich der Stromverbrauch in Grenzen hält. Tragen Sie sie, liegt es an Ihnen, sicherzustellen, dass unnötige Stromverbraucher abgeschaltet werden, wenn sie nicht mehr benötigt werden. Hierzu gilt es, vertragliche Regelungen zu treffen, ebenso für den Stromverbrauch bei Leistungen, die Sie selbst erbringen oder durch direkt beauftragte Dritte erbringen lassen.

Klären Sie auch, wer für die provisorische Beleuchtung während der Bauzeit zuständig ist und ob die Beleuchtung nur die Verkehrsflächen betrifft oder alle Räume.

All dies sollte in der Baubeschreibung klar ersichtlich geregelt sein. Die Textpassage sollte singgemäß folgenden Inhalt haben:

- „Der Baustromanschluss wird vom Bauherrn/vom Unternehmer beantragt."
- „Die Gebühren für den Baustromanschluss trägt der Bauherr/der Unternehmer."

- „Der Auftrag für die Herstellung des Baustromanschlusses wird vom Bauherrn/vom Unternehmer erteilt."
- „Die Verbrauchskosten für Baustrom während der Bauzeit trägt der Bauherr/der Unternehmer."

Bauwasser

Bauwasser wird nicht nur als Anmach- oder Zugabewasser für Putze oder Mörtel benötigt, sondern auch zur Reinigung der Werkzeuge und Transportbehältnisse, zum Händewaschen, zum Bewässern der Betonoberflächen als Schutz vor zu schnellem Austrocknen und zu vielem anderen mehr.

Bei erschlossenen Grundstücken liegt ein Wasseranschluss im Grundstück, an den eine Entnahmearmatur mit Zähleinrichtung angeschlossen werden kann. Über den Winter ist die Wasserentnahmestelle vor Frost zu schützen oder abzusperren und zu entleeren.

Es ist im Vertrag zu klären und in der Baubeschreibung festzuhalten, wer den Antrag auf Bauwasseranschluss stellt, wer die Gebühren dafür bezahlt, wer die Verbrauchskosten trägt und wer für den winterlichen Frostschutz zuständig ist. Für Leistungen, die Sie selbst erbringen oder durch direkt beauftragte Dritte erbringen lassen, sind entsprechende Regelungen hinsichtlich der Verbrauchskosten zu treffen.

All dies sollte in der Baubeschreibung klar ersichtlich geregelt sein. Die Textpassage sollte sinngemäß folgenden Inhalt haben:

- „Der Bauwasseranschluss wird vom Bauherrn/vom Unternehmer beantragt."
- „Die Gebühren für den Bauwasseranschluss trägt der Bauherr/der Unternehmer."
- „Der Auftrag für die Herstellung des Bauwasseranschlusses wird vom Bauherrn/vom Unternehmer erteilt."
- „Die Verbrauchskosten für Bauwasser während der Bauzeit trägt der Bauherr/der Unternehmer."

Das Grundstück berücksichtigen

Ist das Grundstück nicht groß genug, um alle Einrichtungen unterzubringen, müssen andere Flächen, zum Beispiel unbebaute Nachbargrundstücke, die Erschließungsstraße oder auch entfernt liegende Flächen, in Anspruch genommen werden. Hierzu besteht Regelungsbedarf mit den jeweiligen Eigentümern oder, bei Inanspruchnahme von Straßen- und Gehwegflächen, mit der zuständigen Ordnungsbehörde. Unter Umständen müssen Flächen angemietet werden oder es fallen Gebühren für eine verkehrsrechtliche Genehmigung an. All das führt zu Organisationsaufwand und Kosten.

Da die individuellen Gegebenheiten eines Grundstücks in Standardangeboten oft nicht berücksichtigt sind, sollten Sie diesen Aufwand vor Vertragsabschluss klären und die Baustellensituation eindeutig beschreiben (Lageplan, Fotos). In die Baubeschreibung und in den Vertrag sind entsprechende Formulierungen aufzunehmen, die dies bestätigen, zum Beispiel: „Die Baustellensituation ist bekannt. Daraus resultierende Mehraufwendungen, zum Beispiel für die Anmietung von zusätzlichen Flächen, sind im Vertragspreis berücksichtigt/nicht berücksichtigt und durch den Auftraggeber zu tragen."

Baustellen-WC

Die Anmietung eines Baustellen-WCs ist vertraglich zu klären. Wenn eine solche Anmietung im Vertrag enthalten ist, dann ist sie auch in der Baubeschreibung entsprechend zu beschreiben: „Das Baustellen-WC wird für die Dauer der Bauzeit vom Bauherrn/vom Unternehmer bereitgestellt."

Damit es in diesem Punkt keinen Streit gibt: Für diejenigen Zeiträume, in denen Sie Leistungen selbst erbringen oder durch direkt beauftragte Dritte erbringen lassen, sind, wenn der Unternehmer das Baustellen-WC bereitstellt, entsprechende Regelungen zu treffen.

Bauzaun

Der Bauzaun soll Unbefugte am zufälligen Betreten der Baustelle hindern und sie somit vor Gefahren schützen. Entlang von Schulwegen oder an Bushaltestellen mit Schulbusverkehr ist ein Bauzaun unabdingbar. Sie als Grundstückseigentümer oder – wenn Sie diese Aufgabe delegiert haben – Ihr Hausbaupartner tragen die Verantwortung für den Schutz unbeteiligter Dritter. Ein vorsätzliches Betreten der Baustelle und des noch nicht verschlossenen Gebäudes kann ein Bauzaun jedoch nicht verhindern.

Die Notwendigkeit für die Errichtung eines Bauzauns, die Unterhaltung des Zauns während der Bauzeit und der Abbau sollten vorvertraglich besprochen, vertraglich geregelt und in der Baubeschreibung eindeutig beschrieben werden. Die entsprechende Textpassage könnte sinngemäß so lauten:

„Die Baustelle wird durch einen (ein-, zwei-, dreiseitigen oder umlaufenden) Bauzaun gegen den Zutritt Unbefugter geschützt. Die Erstellung der Absperrung wird vom Bauherrn/vom Unternehmer veranlasst. Die Kosten für die Erstellung, Unterhaltung und den Abbau der Absperrung trägt der Bauherr/der Unternehmer."

Überschwenkgenehmigung

Beim Einsatz von Turmdrehkränen oder von Autokränen ist es im Normalfall nicht zu vermeiden, dass der Luftraum der Nachbargrundstücke durch Überschwenken in Anspruch genommen wird. Bei einer bereits bestehenden wohnlichen oder gewerblichen Nutzung der Nachbargrundstücke ist dazu die Genehmigung der Nachbarn oder bei Vermietung die Genehmigung des Grundstückseigentümers einzuholen. Wenn Sie in eine innerstädtische Lücke hineinbauen oder ein Gebäude in zweiter Reihe errichten, tritt dieser Fall regelmäßig auf.

Dabei gilt in erster Linie das Durchschwenken des nachbarschaftlichen Luftraums mit dem Auslegerarm des Krans. Das Überschwenken mit angehängten Lasten sollte dabei unterlassen werden, um Beschädigungen an den Nachbaranwesen, zum Beispiel durch abtropfende Betonbrühe, zu vermeiden.

Die regelnde Textpassage sollte sinngemäß lauten:

„Die Genehmigung für das Durch- oder Überschwenken ist vom Bauherrn/vom Unternehmer einzuholen." (Oder sie wurde bereits eingeholt – dann Genehmigungen beifügen.) „Das Überschwenken mit angehängten Lasten ist zu vermeiden. Der Kran kann zum Abend hin frei im Wind drehen/ist entlang der Grundstücksgrenze gegen In-den-Wind-Drehen zu sichern."

Info Kein Rechtsanspruch auf Genehmigung

Es besteht kein Rechtsanspruch darauf, dass das Überschwenken über Nachbargrundstücke genehmigt wird. Diese Fallkonstellation kann die Durchführung Ihrer Baumaßnahme deutlich erschweren und auch zu erheblichen Mehrkosten führen. Es ist daher ratsam, die Überschwenkgenehmigung vor Vertragsabschluss einzuholen oder die Überschwenksituation mit den betroffenen Nachbarn zu klären. Die Überschwenksituation muss zum Vertragsbestandteil gemacht und kann am besten in der Baubeschreibung dargestellt werden.

Winterbeheizung

Im Interesse kurzer Bauzeiten ist die Durchführung von Bau- und Ausbauarbeiten auch über den Winter mittlerweile üblich. Hierzu müssen die Bauleistungen, die erbracht werden, vor Frosteinwirkungen geschützt werden. Das geht nur, wenn der Bau entsprechend temperiert wird. Die Temperaturen im Gebäude sollten dabei nicht unter 10 Grad Celsius sinken. Diese Temperatur muss für die Dauer des Innenausbaus rund um die Uhr aufrechterhalten werden, denn Innenputz und Estrich sind nach dem Einbringen bis zur Aushärtung und Austrocknung vor Frosteinwirkungen zu schützen. Die ausreichende Lüftung des Gebäudes, die für das Austragen der Feuchtigkeit erforderlich ist, ist ebenfalls sicherzustellen, anderenfalls droht großflächiges Schimmelpilzwachstum!

Zuständig für Winterbeheizung und Lüftung ist derjenige, der die Leistungen erbringt oder in seinem Auftrag erbringen lässt. Gehören diese Leistungen zum Leistungsumfang Ihres Hausbaupartners, liegt die Verantwortung dafür also bei ihm. Für Leistungen, die Sie selbst erbringen oder durch direkt beauftragte Dritte erbringen lassen, sind entsprechende Regelungen zu treffen. Sinngemäß sollte die Vereinbarung lauten: „Die Winterbauheizung wird vom Unternehmer sichergestellt und betrieben. Die Betriebskosten sind im Vertragspreis enthalten/nicht enthalten. Die Überwachung des Anlagenbetriebs sowie das Sicherstellen einer ausreichenden Be- und Entlüftung zum Feuchteabtransport ist Sache des Unternehmers."

Wer die unmittelbaren Betriebskosten der Beheizung trägt, ist zweitrangig, denn letztendlich tragen Sie sie ohnehin. Aber die Aufstellung und das Betreiben der Heizgeräte sollten Sie Ihrem Hausbaupartner überlassen. Dieser sollte sich in dieser Zeit auch um das ordnungsgemäße Lüften des Gebäudes kümmern, um eine adäquate Aus- und Abtrocknung von Innenputz und Estrich zu gewährleisten. Keinesfalls sollten Sie dafür die Verantwortung übernehmen, indem Sie entsprechenden, eigentlich unzulässigen Formulierungen im Vertrag oder in der Baubeschreibung zustimmen. Denn wenn es dann doch zu Schimmelpilzwachstum kommt, fällt das auf Sie zurück.

Irreführende Formulierungen

Viele Hausbaupartner schreiben in den Vertrag oder die Baubeschreibung hinein, dass die Winterbeheizung und die Lüftung durch den Bauherrn zu erbringen sind. Seien Sie sich bewusst, dass Ihr Hausbaupartner Ihnen damit mindestens deren Kosten aufbürden will. Oft ist es gar der verdeckte Versuch, seine Haftung für frostbedingte Innenputzschäden und Schimmelpilzbefall zu reduzieren und auf Sie abzuwälzen. Bevor Sie darüber später einen langwierigen Streit riskieren: Klären Sie diese Fragen vor Unterschrift.

Bautrocknung

Eine Möglichkeit, die Trocknung des Gebäudes zu fördern, ist der Einsatz professioneller Bautrocknungsgeräte. Werden solche Geräte aufgestellt, ist die Entsorgung des anfallenden Wassers unbedingt sicherzustellen, ansonsten droht, da die Auffangbehälter irgendwann überlaufen, ein kapitaler Wasserschaden. Ist das Gebäude bereits an die Kanalisation angeschlossen, kann eine Direkteinleitung in den Kanal erfolgen, anderenfalls muss das Wasser durch regelmäßiges Entleeren der Auffangbehälter oder durch kleine Tauchpumpen in den Behältern zum nächstgelegenen Fenster hinausbefördert werden.

Wenn die Bautrocknung in der Leistungsbeschreibung aufgeführt ist, ist für das Entleeren und die Überwachung des Trocknerbetriebs im Regelfall Ihr Hausbaupartner zuständig; die Baubeschreibung sollte keine anderslautenden Formulierungen enthalten.

ABNAHME UND GEWÄHRLEISTUNG

An dieser Stelle machen wir nun einen Sprung ans Ende Ihres Bauvorhabens. Dazwischen liegt natürlich der eigentliche Bau – eine ausführliche Beschreibung der Gewerke finden Sie ab S. 56.

Die Bedeutung des letzten Schritts, der Abnahme, sollten Sie jedoch keinesfalls unterschätzen. Sie ist ein ganz entscheidender Moment für die Baubeteiligten mit umfangreichen vertragsrechtlichen, haftungsrechtlichen sowie eigentumsrechtlichen Konsequenzen.

Ausführliche Informationen zur Bauabnahme bietet die Bauherren-Praxismappe „Alle Abnahmen". Dort finden Sie auch ein rechtssicheres Abnahmeprotokoll.

Unterlagen zur Abnahme

Zur Abnahme oder besser schon im Vorfeld der Abnahme (das muss gegebenenfalls vertraglich vereinbart werden) sind seitens des Hausbaupartners eine große Anzahl an inhaltsschweren Unterlagen zu übergeben. (Mehr dazu erfahren Sie auch im Kapitel über die Inbetriebnahme der Haustechnik, im Fachjargon Technische Gebäudeausrüstung (TGA) genannt, auf Seite 154.)

Da die Hausbaupartner bis zur Klärung durch die Rechtsprechung nicht immer genau wissen, was sie an Unterlagen schon von Gesetzes wegen schulden, sollte dies umfassend vertraglich geregelt sein, auch im Hinblick darauf, was über die gesetzlich geschuldeten hinaus an ergänzenden Unterlagen notwendig und nützlich ist.

Werden diese Unterlagen dann aber nicht übergeben, kann das einen wesentlichen Mangel der Bauleistung darstellen und als gewichtiges Argument für eine Verweigerung der Abnahme herangezogen werden.

Nur für Unterlagen, die die von Ihnen in Eigenleistung oder in Direktvergabe erbrachten Leistungen betreffen, sind Sie selbst verantwortlich. Diese Unterlagen sollten dann entsprechend gekennzeichnet sein.

Zur Abnahme sind auch die Dokumentationen über die Beseitigung von im Vorfeld gerügten Ausführungsmängeln vorzulegen. Werden diese nicht vorgelegt, sind diese Mängel (die dann mit hoher Wahrscheinlichkeit nicht beseitigt wurden) als entsprechende Vorbehalte im Abnahmeprotokoll aufzunehmen.

Info Lassen Sie sich Zeit

Eine Abnahme braucht Zeit, lassen Sie sich daher nicht einreden, dass die Abnahme „wie sonst auch immer" nach eineinhalb oder zwei Stunden erledigt sei. Ihr Hausbaupartner darf gern darauf hoffen. Doch wenn Ihr Gegenüber anfängt zu drängeln, können Sie das durchaus ignorieren. Eine Abnahme ist kein Wettrennen. Nehmen Sie daher auch ausreichend Verpflegung – Essen, Trinken und Nervennahrung – mit.
Versuchen Sie, die Abnahme gelassen anzugehen und die Emotionen flach zu halten! Ansonsten gleitet der Vorgang ins Unsachliche ab und wird rasch zur Nervenprobe für alle Beteiligten. Wenn das Verhältnis zu Ihrem Hausbaupartner ohnehin schon angespannt ist, kann es von Vorteil sein, einen Fachanwalt für Baurecht hinzuzuziehen. Sollte die Gefahr bestehen, dass die Angelegenheit eskaliert, planen Sie rechtzeitig einen ausreichend bemessenen Zeitpuffer (mehrere Tage, besser Wochen) nach dem Abnahmetermin ein. Dann können Sie – gegebenenfalls in Rücksprache mit dem Sie begleitenden Sachverständigen – die Abnahme notfalls auch abbrechen.

Abnahme

Die Abnahme richtet sich nach § 640 BGB. Ihr Hausbaupartner muss Sie mit einer ausreichend bemessenen Frist zur Abnahme aufgefordert haben und – das ist die wichtigste Voraussetzung – das Werk muss fertiggestellt sein. Hierzu ein Auszug aus § 640 Absatz 1 BGB:

„1) Der Besteller ist verpflichtet, das vertragsmäßig hergestellte Werk abzunehmen, sofern nicht nach der Beschaffenheit des Werkes die Abnahme ausgeschlossen ist.

2) Wegen unwesentlicher Mängel kann die Abnahme nicht verweigert werden."

Im Zuge der Abnahme überprüfen Sie – vielleicht in Begleitung eines in Ihrem Auftrag tätigen Sachverständigen – die Werkleistung, also das Werk, das Ihr Hausbaupartner in Ihrem Auftrag erstellt hat.

Es ist hilfreich, wenn aus vorangegangenen Begehungen während der Bauzeit Informationen zur tatsächlichen Bauausführung vorliegen. Wurden im Zuge der Bauerstellung bereits Beanstandungen vorgetragen, müssen diese jetzt noch einmal auf den Tisch. Die gründliche Vorbereitung der Abnahme ist Ihre vordringlichste Hausaufgabe. Da gibt es jede Menge E-Mails und Messenger-Nachrichten zu sichten, die Akten sind auf den aktuellen Stand zu bringen und eine mehr oder minder umfangreiche Liste aller offenen Punkte ist zu erstellen.

Wenn Sie einen Sachverständigen beauftragt haben, der die Abnahme beratend begleiten soll, muss auch dieser sich auf die Abnahme vorbereiten. Ein Sachverständiger, der nur die Abnahme begleitet, benötigt dafür die maßgeblichen Unterlagen (Bauvertrag, Baubeschreibung, Sonderwunsch- und Eigenleistungsvereinbarungen sowie den maßgeblichen Schriftverkehr und möglichst viele brauchbare Bilder aus Ihrer Bauherrendokumentation über die Bauzeit). Eventuell sind auch Abstimmungsgespräche erforderlich, um Unklarheiten aus dem Weg zu räumen.

Folgen der Abnahme

Die Abnahme ist erfolgt, Sie haben das Werk als im Wesentlichen vertragsmäßig hergestellt akzeptiert und das Abnahmeprotokoll unterschrieben. Was sind die wichtigsten Folgen?

- Die Gewährleistungsfrist beginnt mit Ausnahme der im Protokoll vorbehaltenen Beanstandungen zu laufen.
- Die Beweislast hat sich umgekehrt: Von nun an müssen Sie beweisen, dass ein Mangel bei der Abnahme vorgelegen hat beziehungsweise ein neu entstandener Mangel vorliegt.
- Das Risiko einer zufälligen Vernichtung des Werks ist vom Hausbaupartner auf Sie übergegangen – spätestens jetzt sollten Sie eine Gebäudeversicherung abgeschlossen haben.
- Ab sofort obliegt die Verkehrssicherungspflicht Ihnen und Sie allein sind für Ihr Haus verantwortlich.

Für die Vorbereitung fallen also einige Stunden Unterlagensichtung und Aktenstudium an – planen Sie das Honorar für diese zusätzlichen Stunden in Ihrem Budget für die Baubegleitung also vorsichtshalber ein.

Bis zu dem Zeitpunkt, an dem Sie die Annahme der Werkleistung als im Wesentlichen vertragsgemäß und augenscheinlich frei von wesentlichen Mängeln erklären, ist Ihr Hausbaupartner mit der Beweispflicht belastet, dass dem so ist.

Unterlagen, die nicht laut Gesetz oder laut vertraglicher Vereinbarung schon vorher vorlegt werden mussten, sind spätestens zur Abnahme vorzulegen. Prüfen Sie deren Vollständigkeit. Sind die Unterlagen unvollständig, ist das der erste Vorbehalt im Abnahmeprotokoll.

Je nachdem, welche Vorgehensweise Sie bevorzugen, erfolgt dann der Durchgang durchs Haus mit der Feststellung zu beanstandender Punkte, die ins Protokoll eingetragen werden. Alternativ können Sie auch erst die Liste der offenen Punkte durcharbeiten und sowohl die Punkte als auch die Stellungnahme Ihres Hausbaupartners dazu notieren. Hintergrund hierfür ist § 640 Absatz 3 BGB:

„3) Nimmt der Besteller ein mangelhaftes Werk gemäß Absatz 1 Satz 1 ab, obschon er den Mangel kennt, so stehen ihm die in § 634 Nr. 1 bis 3 bezeichneten Rechte nur zu, wenn er sich seine Rechte wegen des Mangels bei der Abnahme vorbehält."Das heißt: Wenn im Vorhinein schon Beanstandungen oder Mängel geltend gemacht wurden, deren Beseitigung nicht durch fotografische Dokumentation belegt werden kann, müssen Sie sich diese Punkte vorbehalten, sonst sind sie verwirkt und Ihnen bleibt diesbezüglich nur ein Schadensersatzanspruch.

Erfahrungsgemäß gibt es, was die aufzunehmenden Punkte angeht, sehr häufig Diskussionsbedarf; gut also, wenn Ihnen ein baufachlich versierter Partner zur Seite und zur Verfügung steht.

Wenn Absturzgeländer fehlen, die technische Gebäudesausrüstung in Teilen oder vollständig noch nicht in Betrieb genommen wurde oder eine Liste mit vielen Kleinigkeiten erstellt werden muss, können diese drei Sachverhalte jeder für sich einen wesentlichen Mangel begründen und somit im Ergebnis zu der Einschätzung führen, dass die Beschaffenheit des Werks eine Abnahme ausschließt. Dann könnten Sie die Abnahme verweigern. In diesem Fall ist dann der Unternehmer berechtigt, statt der Abnahme eine Zustandsfeststellung nach § 650g BGB zu verlangen. Diese ist im Grunde wie eine Abnahme zu handhaben, nur die rechtlichen Auswirkungen sind andere.

Wesentliche Mängel können die Innutzungnahme des Gebäudes verhindern, müssen dies aber nicht zwangsläufig. Fehlen zum Beispiel Absturzgeländer und besteht somit akutes Unfallrisiko, wäre dies eine erhebliche Gefährdung, die durchaus ein Grund wäre, das Gebäude vorerst nicht in Gebrauch zu nehmen. Wenn Sie sich mit Ihrem Hausbaupartner auf die Ingebrauchnahme des Hauses trotz wesentlicher Mängel verständigen, müssen Sie unbedingt darauf achten, dass die Ingebrauchnahme nicht als Abnahmefiktion ausgelegt wird. Das ist im Protokoll der Zustandsfeststellung gegebenenfalls entsprechend zu vermerken. Eine entsprechende Passage könnte sinngemäß lauten wie folgt: „Der Ingebrauchnahme des Gebäudes wird von Seiten des Unternehmers ausdrücklich zugestimmt. Dabei wird ausdrücklich vereinbar,t dass die Ingebrauchnahme keine Abnahmefiktion darstellt." Diese Vereinbarung sollte von beiden Vertragsparteien gesondert unterschrieben werden.

Achtung: Wenn Sie das Haus trotz wesentlicher Mängel in Gebrauch nehmen, akzeptieren Sie die damit verbundenen Unannehmlichkeiten und Risiken.

Gewährleistung

Die Gewährleistungsfrist beginnt mit der Annahme des Werks durch Sie, den Besteller, und endet nach Ablauf von fünf Kalenderjahren. Treten in dieser Zeit Beanstandungen auf – nach der Abnahme liegt die Beweislast dabei bei Ihnen –, sind diese dem Hausbaupartner am besten immer auch schriftlich anzuzeigen und er ist unter Fristsetzung zur Mängelbeseitigung aufzufordern.

Info Vorsicht, Falle!

Durch das Beanstanden von Mängeln wird die Gewährleistungsfrist nicht gehemmt, sie läuft weiter. Eine Ausnahme ist lediglich der Fall, wenn Ihr Hausbaupartner bei Vertragsschluss Ihnen gegenüber § 13 Abs. 5 Nr. 1 VOB/B vereinbart hat. Dann aber muss der Zugang der schriftlichen Rüge von Ihnen bewiesen werden können. Reagiert Ihr Hausbaupartner nicht innerhalb der gesetzten Frist oder verweigert er die Mangelbeseitigung, bleibt nur der Gang zum Gericht.

DIE BAUGEWERKE IN DER BAUBESCHREIBUNG

Gewerke – das sind all die Arbeiten, die einem in sich geschlossenen Bauleistungsbereich zuzuordnen sind, wobei die Grenzen mitunter durchlässig sind. Die nachfolgende gewerkeweise Betrachtung beschreibt die einzelnen Gewerke und die dafür anfallenden Teilleistungen und erläutert, welche Angaben in der Baubeschreibung enthalten sein müssen, um die jeweiligen Leistungen klar und eindeutig zu definieren. Nutzen Sie die dazugehörigen Checklisten im Formularteil dieses Buches, auf die bei jedem Gewerk verwiesen wird, um die Ihnen vorliegenden Baubeschreibungen zu analysieren und fehlende oder ungenaue Informationen frühzeitig zu identifizieren.

WAS DIE BAUBESCHREIBUNG LEISTEN SOLL

Die Bau- und Leistungsbeschreibung im Verbraucherbauvertrag soll – nach dem Willen des Gesetzgebers – die wesentlichen Eigenschaften des angebotenen Werks, also Ihres zukünftigen Hauses, in klarer Weise darstellen. Dazu muss sie Angaben enthalten, die sinngemäß nach Artikel 249 § 2 EGBGB die wesentlichen Merkmale der Baukonstruktion der wesentlichen Gewerke, den Innenausbau, die gebäudetechnischen Anlagen und die Qualitätsmerkmale, denen das Gebäude genügen muss, beschreiben, außerdem eine Beschreibung der Sanitärobjekte, der Armaturen, der Elektroanlage, der Installationen, der Informationstechnologie und nicht zuletzt der Außenanlagen.

Eine Darstellung in klarer Weise ist allerdings nur dann gegeben, wenn diese Beschreibungsinhalte auch eindeutig definiert sind. Formulierungen, die auf die Erfordernisse der Statik, der Wärmeschutzberechnung oder der Akustik oder gar auf die Auswahl des Auftragnehmers abheben, sind eben gerade nicht eindeutig, sondern sollen dem Bauunternehmer eine Flexibilität einräumen, die ihm nach dem Willen des Gesetzgebers eigentlich nicht zusteht.

Da finden sich dann schon mal Formulierungen, wie zum Beispiel „Mauerwerksqualitäten und Wanddicken nach statischen Erfordernissen" oder „Stärke und Wärmeleitgruppe der Zwischensparrendämmung im Dach nach den Maßgaben der Wärmeschutzberechnung". Solche Aussagen klingen für den Laien vertrauenerweckend; doch tatsächlich beschreiben sie rein gar nichts, im Gegenteil: Derartige Textbausteine lassen dem Unternehmer erhebliche Freiheiten in der Ausführung. Was Sie mit dem fertigen Haus bekommen, wird dadurch jedenfalls nicht definiert.

Info: Wer besorgt die Baureifmachung?

Damit gebaut werden kann, muss das Grundstück spätestens zum Beginn der Erdarbeiten baureif gemacht werden. Dazu gehören der Abbruch eventuell vorhandener Gebäude oder Bauwerke sowie das Fällen von Bäumen, die dort wachsen, wo die Baugrube hinkommt oder der Aushub gelagert werden soll. Auch die Entsorgung etwaiger Ablagerungen auf dem Grundstück, zum Beispiel illegaler Schuttberge und Auffüllungen, gehört dazu. Dabei können erhebliche Kosten entstehen! Sofern Sie das Grundstück kaufen wollen, sollte die Entsorgung daher durch den Verkäufer erfolgen.
Im Vertrag und in der Baubeschreibung sollte eindeutig geklärt sein, wer für die Baureifmachung zuständig ist – der Unternehmer oder der Bauherr. Häufig findet sich diese Festlegung bei den bauseitigen Leistungen (s. Seite 15), in denen all die Punkte aufgezählt sind, für die der Unternehmer Sie in die Pflicht nehmen möchte. Sofern die Baureifmachung in Ihren Verantwortungsbereich als Bauherr fällt, muss aus dem Bauablaufplan für Sie klar ersichtlich sein, bis wann sie erfolgt sein muss.

Sollten unklare Angaben in der Baubeschreibung stehen, fragen Sie dezidiert nach, dokumentieren Sie die dann getroffenen Aussagen in einem Gesprächs- oder Verhandlungsprotokoll und versuchen Sie, diese nachträglichen Festlegungen und Definitionen in die Baubeschreibung, die Vertragsbestandteil wird, aufnehmen zu lassen. Aus den Reaktionen Ihres Gegenübers bei der Verhandlung können Sie Rückschlüsse auf die Seriosität und die Kooperationsbereitschaft dieses Vertragspartners ziehen. Es gilt nur das als vereinbart, was im Vertrag oder in der Baubeschreibung, die Vertragsbestandteil wird, steht. Alles andere sind mündliche Nebenabreden, die entweder keine Gültigkeit haben oder deren verbindliche Vereinbarung Sie gegebenenfalls beweisen müssten. Lassen Sie sich also bei den Verhandlungen nicht abspeisen! Bleiben Sie hartnäckig und drängen Sie auf eine schriftlich fixierte Vereinbarung.

BAUVERMESSUNG UND ERDARBEITEN

Die Bauvermessung erfolgt durch den Vermessungsingenieur oder den Vermessungstechniker, wenn das Gelände entsprechend beräumt ist. Sie erfolgt in zwei Schritten: Zunächst werden die Gebäudeecken durch eingeschlagene Holzpflöcke markiert. Diese Markierungen müssen durch den Erdbauer rückgesichert werden, da die Pflöcke beim Baugrubenaushub zwangsläufig verschwinden.

Nach dem Baugrubenaushub und dem Vorbereiten der Baugrubensohle wird sodann ein Schnurgerüst aufgebaut – hier ist festzulegen, wer das macht und wer das veranlasst. Auf diesem Schnurgerüst, das so errichtet wird, dass es außerhalb des Gebäudes steht und daher auch länger stehen bleiben kann, markiert der Vermesser im zweiten Schritt die Lage der Gebäudeaußenkanten, im Regelfall handelt es sich dabei um die Gebäudeaußenkanten des Erdgeschosses. Spannt man nun Schnüre oder auch Drähte von einer Kantenmarkierung zur gegenüberliegenden Kantenmarkierung, können die Eckpunkte an den Kreuzungsstellen der Schnüre oder Drähte mittels Senklot sehr exakt eingemessen werden.

Aus der Baubeschreibung muss klar hervorgehen, wer für die einzelnen Schritte der Bauvermessung zuständig ist und wer diese Teilleistungen koordinieren und abrufen muss. Der entsprechende Passus sollte sinngemäß folgende Inhalte haben:

- „Die Bauvermessung – Grobabsteckung und Einmessung des Schnurgerüstes – wird durch den Bauherrn/den Unternehmer veranlasst.
- Die Kosten der Bauvermessung trägt der Bauherr/der Unternehmer.
- Die Errichtung des Schnurgerüstes für die finale Einmessung des Gebäudes wird vom Bauherrn/vom Unternehmer veranlasst. Die Kosten hierfür trägt der Bauherr/der Unternehmer.
- Die Einmessbescheinigung erhält der Bauherr/der Unternehmer. Die Weitergabe der Einmessbescheinigung ist vom Bauherrn/vom Unternehmer zu veranlassen."

Die Erdarbeiten sind ein Gewerk, das viele Hausbaupartner gerne dem Bauherrn überlassen. Dahinter stehen folgende Überlegungen: Zum einen wird ein regionaler Bezug des Bauherrn zum (zukünftigen) Wohnort und den dort ansässigen Unternehmen vermutet. Demnach wäre er für diese Aufgabe besser geeignet als ein möglicherweise bundesweit tätiger Hausanbieter. Zum anderen sind mit den Erdarbeiten unter Umständen erhebliche Koordinierungsaufgaben verbunden. Hinzu kommt noch die Verpflichtung, das entstandene Aushubmaterial auf mögliche Verunreinigungen oder Belastungen beproben zu lassen. Je nach Ergebnis muss das Aushubmaterial dann zu dafür zugelassenen Deponien gebracht werden.

S. 165

Um die möglicherweise anfallenden Kosten im Blick zu haben und den gegebenenfalls erforderlichen organisatorischen Aufwand einschätzen zu können, ist es sinnvoll, schon bei der Beauftragung eines Baugrundgutachtens eine entsprechende Beprobung durchführen zu lassen.

Baugrubenaushub

Das Ausheben der Baugrube richtet sich nach dem anstehenden Boden. Früher sprach man über Bodenklassen. Diese finden sich heute noch in der VOB/C, meist wird jedoch der Begriff „Homogenitätsbereiche" verwendet. Die anstehende Bodenklasse bestimmt die Neigung der Baugrubenböschung und damit die Baugrubengröße und das Aushubvolumen.

Info Kostenfalle Böschungssicherung

Wenn bei Lückenbebauungen aus Platzgründen die Baugrubenböschung steiler ausgeführt werden muss, sind zusätzliche Maßnahmen zur Böschungssicherung unumgänglich. Böschungssicherungs- oder auch Verbauarbeiten kosten viel Geld, da dafür im Regelfall Spezialgeräte benötigt werden, die oft über mehrere 100 Kilometer an- und wieder abtransportiert werden müssen. Bei derartigen Mehrkosten, die schnell im unteren bis mittleren fünfstelligen Bereich liegen, ist die generelle Überlegung, ob man auf den gewünschten Keller vielleicht doch verzichten kann, durchaus legitim. Fatal wird es, wenn der Vertrag schon unterschrieben ist und die Kosten, obwohl sie von vornherein absehbar waren oder für einen fachkundigen Betrachter absehbar gewesen wären, erst im Nachhinein aufs Tapet kommen. Abgesehen davon, dass diese Arbeiten ja erst einmal angefragt, beauftragt und ausgeführt werden müssen. Wochen bis Monate an Bauzeitverzögerungen sind in so einem Fall durchaus die Regel!

Die Neigung der Baugrubenböschung ist in erster Linie für die Arbeitssicherheit der am Bau tätigen Personen relevant, da Böschungsrutschungen lebensgefährlich sein können. Manche Hausbaupartner schreiben ausdrücklich in die Standardbaubeschreibung hinein, dass Sondergründungsmaßnahmen (dazu gehören auch Hangsicherungsmaßnahmen) nicht im Leistungsumfang enthalten sind. Aber allein damit ist Ihnen nicht geholfen, da Sie nicht ersehen können, ob und in welchem Umfang Sondergründungsmaßnahmen erforderlich werden. Es ist daher sinnvoll, diese Frage im Zuge der Baubeschreibung zu klären. Sinngemäß könnte dies so formuliert werden: „Die Lage des Baukörpers und der Baugrundbeschaffenheit machen Sondergründungsmaßnahmen erforderlich/nicht erforderlich. Die Sondergründungsmaßnahmen werden vom Bauherrn/vom Unternehmer koordiniert und abgerufen. Die Kosten der Sondergründungsmaßnahme, voraussichtlich in Höhe von … Euro, trägt der Bauherr/der Unternehmer."

Baugrubenverfüllung

Wenn es erdbautechnisch möglich ist, wird die Baugrube mit dem vorhandenen Aushub verfüllt. Ob das in Ihrem Fall zutrifft, steht im Baugrundgutachten. Es gibt Bodenarten, die gar nicht oder nur mit erheblichem maschinellen und mechanischen Aufwand zu verdichten sind. Würde ein solcher Boden eingebaut, käme es über viele Jahre hinweg zu Setzungen rund um das Haus. Die Außenanlagen müssten regelmäßig neu gemacht oder dürften über Jahre hinaus gar nicht gemacht werden. Um das zu vermeiden, wird in solchen Fällen das nicht brauchbare Aushubmaterial zu einer geeigneten Deponie abgefahren und es muss verdichtungsfähiges Material angeliefert werden. Beides erzeugt (Mehr-)Kosten.

Das Verfüllmaterial ist abschnittsweise in Lagenhöhen von 30 bis 50 Zentimetern einzubauen und lageweise zu verdichten. Auch wenn sorgfältig verdichtet wird, werden sich infolge der Konsolidierung des eingebauten Erdkörpers nochmals Setzungen ergeben, diese sind unvermeidbar.

Wenn die Baugrubenverfüllung zum Leistungsumfang gehört, sind die Erkenntnisse des Baugrundgutachtens dabei zu berücksichtigen.

Eine Aussage wie „Die Verfüllung der Arbeitsräume erfolgt mit dem vorhandenen, seitlich gelagerten Aushub" ist ab dem Moment hinfällig, in dem der Platz zur Lagerung auf dem Baugrundstück nicht da ist oder die Baugrundbeschaffenheit das nicht zulässt. Ein fair handelnder Hausbaupartner lässt Sie dabei nicht im Regen stehen, sondern spielt mit offenen Karten.

Eine entsprechende Formulierung in der Baubeschreibung könnte sinngemäß lauten: „Die Auswertung des Baugrundgutachtens hat ergeben, dass das vorhandene Aushubmaterial zur Baugrubenverfüllung geeignet/bedingt geeignet/nicht geeignet ist. Lagerfläche für den Aushub ist auf dem Grundstück in ausreichendem Maße/in nicht ausreichendem Maße/gar nicht vorhanden. Der Baugrubenaushub kann daher auf dem Grundstück verbleiben/muss teilweise/muss ganz abgefahren werden. Die dafür anfallenden Kosten inklusive der Deponiegebühren sind im Vertragspreis enthalten/nicht enthalten. Die Baugrubenverfüllung erfolgt mit vorhandenem Material/mit zugekauftem Material. Die dafür anfallenden Kosten sind im Vertragspreis enthalten/nicht enthalten."

Aushubabfuhr

Ähnlich wie ein Schiff, das das Wasser verdrängt, verdrängt das Gründungsbauteil (Keller oder Bodenplatte) das Erdreich, das vorher dort war, wo das Gründungsbauteil jetzt ist. Was macht man mit diesem überschüssigen Aushub? Wenn es das Baugrundstück zulässt, kann der Aushub eingebaut und ein kleiner Hügel oder was auch immer modelliert werden. Wenn nicht, muss der Aushub abgefahren werden.

Wohin der Aushub abgefahren werden muss, ergibt sich durch eine Beprobung auf Schadstoffkonzentrationen, die teils natürlichen Ursprungs, teils durch landwirtschaftliche oder industrielle Nutzung entstanden oder auf Verunreinigungen in der Vergangenheit zurückzuführen sind.

Ist der Aushub entsprechend belastet, muss er auf dafür zugelassene Deponien verbracht werden. Das kann je nach Abfuhrmenge und Transportentfernung zur Deponie zu erheblichen Mehrkosten führen.

Dies lässt sich kaum im Rahmen der Baubeschreibung klären, denn die dafür anfallenden Mehrkosten sind nur schwer greifbar.

Hausanschlüsse und Kanalanschluss

Die Hausanschlüsse – Strom, Wasser, Erdgas (wenn vorhanden), Fern- oder Nahwärme (wenn vorhanden), Telefon, Glasfaser sowie die Genehmigung zum Anschluss an die öffentlichen Kanalnetze – müssen vom Grundstückseigentümer beantragt werden. Wenn Sie ein erschlossenes Grundstück erworben oder geerbt haben, liegen die Anschlüsse bereits auf dem Grundstück oder werden ohne Kosten für Sie dorthin geführt. Haben Sie ein nicht erschlossenes Grundstück gekauft, fal-

Auf den Punkt gebracht

Aus der Baubeschreibung muss klar hervorgehen, ob die Erdarbeiten Bestandteil des Leistungsumfangs sind und wenn ja, welche Anteile der Erdarbeiten im Leistungsumfang enthalten sind.

len die Erschließungskosten zusätzlich an. Sollte dies der Fall sein, können je nach Lage des Grundstücks und Erschließungssituation erhebliche Kosten auf Sie zukommen, beispielsweise wenn dafür eine vielbefahrene mehrspurige Bundesstraße aufgegraben werden muss.

Aus der Baubeschreibung muss klar hervorgehen, wo die Leistungen des Unternehmers, der das Haus erstellt, enden. Sie sollten auf eine klare Schnittstellendefinition achten.

Kein Vertrag ohne Berücksichtigung des Bauplatzes!

Die Baubeschreibung soll nach dem Willen des Gesetzgebers auch darauf hinweisen, wenn bestimmte Unwägbarkeiten bei der angebotenen Leistung nicht berücksichtigt und mit dem angebotenen Preis nicht abgegolten sind und nennt als Beispiel in der Begründung zum Referentenentwurf des Bauvertragsgesetzes die Beschaffenheit des Baugrundes. Damit wird die Kostenkalkulation zur Glückssache.

Man kann es nicht oft genug betonen: Ein Verbraucherbauvertrag für Ihr Haus, der ohne vorherige Inaugenscheinnahme des Bauplatzes durch den Unternehmer ausgestellt wird, ist das Papier nicht wert, auf dem er gedruckt wird. Zum Zeitpunkt des Vertragsabschlusses müssen die Gegebenheiten des Bauplatzes geklärt und vollumfänglich berücksichtigt sein. Aus der Baubeschreibung muss spätestens dann hervorgehen, dass die örtlichen Gegebenheiten des Baugrundstücks soweit möglich (inklusive Baugrundachten, Bebauungsplan) bekannt und im Vertragspreis berücksichtigt sind. Textvorschlag für die Vertragsbaubeschreibung: „Das Grundstück wurde in Augenschein genommen. Die grundstücksspezifischen Besonderheiten sowie die Zufahrtssituation sind bekannt. Sich daraus ergebende Erschwernisse sind im Angebotspreis enthalten."

Schmutzwasserleitungen (SW-Leitungen) enden mindestens 0,5 Meter, besser 1,00 Meter außerhalb des Hauses, dort beginnt die Leistung Kanalarbeiten.

Sind die Entwässerungskanalarbeiten im Leistungsumfang enthalten (was die Ausnahme ist), muss aus der Baubeschreibung klar hervorgehen, wo die Leistung Entwässerungskanalarbeiten beginnt, wo sie endet und welche Leistungen genau im Leistungsumfang enthalten sind. Maßgebend ist hierbei – wie auch in dem Falle, dass die Leistungen nicht zum Vertragsumfang gehören – das auf die Entwässerungssatzung abgestimmte Entwässerungsgesuch.

Hier wäre in der Baubeschreibung eine eindeutige und klare Formulierung wünschenswert, zum Beispiel: „Die Entwässerungskanalarbeiten, Schmutzwasser und Regenwasser sind im vertraglich vereinbarten Leistungsumfang enthalten/nicht enthalten."

Sofern sie enthalten sind, sollte die Leistung eindeutig beschrieben sein (s. die entsprechende Checkliste auf Seite 165).

Baustellenzufahrt und Kranstellplatz

Liegt der Bauplatz an einer Erschließungsstraße, ist die Zufahrt im Regelfall kein Problem, es sei denn, die vorhandenen Gebäude stellen ein Hindernis dar. Torbögen oder Hofeinfahrten können die Zufahrt zum vorgesehenen Bauplatz erheblich erschweren oder sogar unmöglich machen. In diesem Fall müsste eine ausgeklügelte Speziallogistik mit angepassten Fahrzeuggrößen eingerichtet werden – oder man greift auf große Kräne zurück, die dann im öffentlichen Raum aufgestellt werden müssen und die Baustelle von oben her beschicken. Das ist jedoch schon im Vorhinein abzusehen und sollte bereits in den Vorüberlegungen berücksichtigt werden.

Zur sicheren Aufstellung eines Krans auf dem Grundstück ist eine ausreichend große, weitgehend ebene und ausreichend tragfähige Fläche erforderlich. Es bietet sich an, diese Fläche im Bereich der Hauszufahrt anzulegen und entsprechend herrichten zu lassen. Dafür entstehen Kosten, wie auch für die restlichen Zufahrtsflächen und die Zugangswege zum Haus.

Der Kranstellplatz muss im Zuge des Baugrubenaushubs erstellt werden. Der Unterbau für Stellflächen, Zuwegung und Terrasse sollte im Zuge der Baugrubenverfüllung mit erstellt werden. Sind die Erdarbeiten im Leistungsumfang enthalten, sollte in der Baubeschreibung die Erstellung des Unterbaus für die Zuwegung, die Hauszufahrt und die Terrassenflächen erwähnt sein. Sinngemäß sollte dies wie folgt formuliert sein: „Im Zuge der Aushubarbeiten wird der Kranstellplatz hergestellt. Im Zuge der Baugrubenverfüllung wird der Unterbau für die Hauszufahrt, die Zuwegung und die Terrassen erstellt."

Sind die Erdarbeiten nicht enthalten, ist die Klärung der Zuständigkeiten dennoch wichtig. Dadurch wissen Sie, was Sie bei der Vergabe und der Auftragserteilung an den Erdbauer zu berücksichtigen haben.

Baugrubensicherung/Verbau

Baugrubensicherungen werden immer dann erforderlich, wenn die Neigung der Baugrubenböschung aufgrund der grenznahen Baugrubenlage zu steil wird, wenn die Böschungskante durch eine vorhandene Bebauung auf dem Nachbaranwesen hoch belastet ist oder die Böschung selbst zu hoch wird, wie das bei Hangbebauungen vorkommen kann. Möglicherweise handelt es sich hierbei um zeitlich befristete Maßnahmen bis zur Wiederverfüllung der Baugrube oder der Leitungsgräben. Es kann sich aber auch um dauerhaft erforderliche Maßnahmen handeln, die das Gebäude gegenüber dem einwirkenden Hangdruck, der es wegschieben würde, freistellen.

Info **Aufwand nicht unterschätzen**

Verbauarbeiten sind eine kostenintensive Angelegenheit, die noch dazu einen entsprechenden zeitlichen Vorlauf für die Einholung der erforderlichen Angebote, die Auftragserteilung, den Beginn der Verbauarbeiten und den Abschluss der Verbauarbeiten brauchen. Bei erforderlichen Rückverankerungen sind Interaktionen von Verbauunternehmen und Erdbauer erforderlich. Die Grundlagen finden sich in einem gesonderten Gutachten, der Grundbaustatik. Es wäre sinnvoll, wenn der das Baugrundgutachten erstellende Sachverständige sich im Baugrundgutachten zur prinzipiellen Frage der Böschungssicherung der Baugrube äußert.

Je nach Möglichkeiten kommen eingespannte oder rückverankerte Verbauvarianten zum Einsatz. Bei Rückverankerungen muss unter Umständen in Nachbargrundstücke eingegriffen werden. Das geht nur, wenn die betroffenen Nachbarn zustimmen.

Für den Verbau von Baugrubenwänden werden normalerweise Spezialgeräte benötigt, die nur einige wenige Anbieter im Einsatz haben. Einer der Hauptkostenfaktoren ist der An- und Abtransport, wobei die eigentlichen Arbeiten auch kostenaufwendig sind.

Hinzu kommt dann eine Grundbaustatik, die die Standsicherheit und gegebenenfalls die Dauerhaftigkeit des Verbaus nachweist.

Aus der Baubeschreibung sollte, wie schon bei den Erdarbeiten, klar hervorgehen, wer für die Verbauarbeiten, wenn sie erforderlich werden, zuständig ist, wer die Kosten trägt und wer die Koordination übernimmt. Als bautechnischer Laie sind Sie als Bauherr mit der Koordination im Regelfall überlastet. Klären Sie daher verbindlich, wer die Koordinationspflichten hat.

Wasserhaltung

Wenn Sie auf Ihrem Bauplatz mit Grund- oder Schichtenwasser zu rechnen haben – ob das der Fall ist, ergibt sich aus dem Baugrundgutachten –, müssen die anfallenden Wassermengen, bis das Gebäude fertig ist, abgeführt werden. Das erfolgt mit einer sogenannten Wasserhaltung. Dabei wird das Wasser durch leistungsstarke Pumpen abgesaugt und an anderer Stelle wieder versickert oder einem Vorfluter zugeführt. Eine solche Maßnahme kann mit sehr hohen zusätzlichen Kosten verbunden sein.

Steht tatsächlich Grundwasser an, muss die Auftriebssicherheit des Gebäudes nachgewiesen werden. Ein Keller funktioniert dabei wie ein Schiff, das aufgrund seines Auftriebs schwimmt. Auch ein unterkellertes Gebäude kann, wenn es nicht oder noch nicht ausreichend schwer ist, aufschwimmen. Zumindest während der Bauzeit sind dann Vorkehrungen für eine Auftriebssicherung zu treffen. Die einfachste Variante ist, den Keller mit Wasser zu füllen, bis das Haus darüber errichtet ist. In der Zeit muss durch Absperren oder Abdecken des Treppenlochs in der Kellerdecke zuverlässig verhindert werden, dass jemand ins Wasser fallen und ertrinken kann.

Bei nur im Niederschlagsfall wasserführenden Schichten, in die die Baugrube einschneidet, wird es ein Vabanquespiel. Diese Schichten sind im Normalfall nicht wasserführend, werden es aber, wenn in größerer Entfernung starke Niederschläge erfolgen. Das kann dazu führen, dass eine Baugrube binnen weniger Minuten geflutet wird. So eine Flutung der Baugrube tritt im Regelfall überraschend auf. Wer dann nicht vorbereitet ist, muss mit Baustillstand rechnen, im schlimmsten Fall schwimmt der gerade fertig gewordene Keller wie ein Pontonkasten in der Baugrube herum und steht nach dem Ende des Spuks eben nicht mehr waagerecht auf der Baugrubensohle, sondern irgendwie schief. Prominentes Beispiel dafür: der Schürmannbau in Bonn. Sollten wasserführende Schichten im Baugrundgutachten erwähnt sein, sollte man in Erwägung ziehen, den Keller schon mal präventiv teilweise oder ganz mit Wasser zu füllen.

Auch die Arbeiten für die Einrichtung der Wasserhaltung benötigen einen deutlichen zeitlichen Vorlauf und sind auf den Verlauf der Erdarbeiten abzustimmen. Aus der Baubeschreibung muss hervorgehen, wer für die Arbeiten zuständig ist, wer die Kosten trägt und wer die Arbeiten koordiniert. Sollten Sie für diese Arbeiten verantwortlich sein, dann treffen Sie mit dem Erdbauunternehmer entsprechende Vereinbarungen über die Koordination mit den Behörden und gegebenenfalls dem Spezialtiefbauunternehmen.

Auf den Punkt gebracht

Wenn im Baugrundgutachten Angaben zu Grundwasserständen gemacht werden, die knapp unter der Bodenplatte oder darüber liegen, muss eine Wasserhaltung ins Auge gefasst werden. Wasserhaltungsarbeiten bedürfen einer wasserrechtlichen Genehmigung (Antragstellung und Genehmigung kosten Geld!). Die Auftriebssicherung des Kellers beziehungsweise des Gebäudes nach Abschalten der Wasserhaltung oder bei Ausfall derselben, zum Beispiel infolge eines Stromausfalls, ist hierbei zu beachten. Das gilt auch, dann allerdings als Präventivmaßnahme, bei einer Gefährdung durch Schichtenwasser.

ROHBAUARBEITEN: GRÜNDUNGSBAUTEILE

Die Gründungsbauteile sind im Folgenden definiert als das Bauteil, das zwischen dem ersten Wohngeschoss Ihres zukünftigen Hauses und dem Baugrund angeordnet ist. Das kann eine Bodenplatte oder ein Keller oder – bei einer Teilunterkellerung – eine Kombination aus beiden sein.

Die Bodenplatte bei Häusern ohne Keller

Bei Häusern ohne Keller stellt die Bodenplatte das eigentliche Gründungsbauteil dar. Sie wird von verschiedenen Hausherstellern in unterschiedlichen Dicken angeboten. Bei 16 Zentimetern Stärke beginnend, beaufschlagen die Haushersteller dann zumeist Mehrkosten für dickere Bodenplatten mit 18 Zentimeter, 20 Zentimeter, 25 Zentimeter und 30 Zentimeter Stärke. Unter den dünneren Bodenplatten kommen häufig noch Streifenfundamente hinzu, weil die dünnen, fast schon membranartigen Bodenplatten mit 16 beziehungsweise 18 Zentimeter Stärke die vorhandenen Lasten nicht verformungsfrei abtragen können.

→ S. 167

Da die zulässigen Toleranzen beim Erdbau bei ±2 Zentimeter liegen, ist der Ansatz, durch eine dünne Bodenplatte kostengünstiger zu bauen, als durchaus heikel zu bewerten.

Die im neu in Kraft getretenen Strahlenschutzgesetz geforderte bauliche Sicherheit gegen überhöhte Radonbelastungen in Gebäuden erfordert ohnehin eine wasserdichte Stahlbetonbodenplatte, und da sind 25 Zentimeter die geforderte Mindestdicke.

Unter der Bodenplatte ist ein lastabtragendes Polster aus tragfähigem Auffüllmaterial eingebaut.

Irreführende Bezeichnungen

Im Zusammenhang mit den Gründungsbauteilen finden sich in den Baubeschreibungen fantasievolle Formulierungen. Ein Hausbaupartner schreibt von „wasserfestem Beton", aus dem der Keller oder die Bodenplatte erstellt werden soll. Das klingt vielversprechend, aber um der Realität Ehre zu geben: Es gibt keinen wasserlöslichen Beton! Andere schreiben von WU-Beton. Wenn Sie dahinter eine wasserundurchlässige Bodenplatte oder einen wasserdichten Stahlbetonkeller vermuten, liegen Sie falsch. WU-Beton ist lediglich eine Betonmischung mit einem hohen Wassereindringwiderstand, der durch die Zusammensetzung des Kies-Sand-Gemischs und die Beimengung von Zusatzmitteln erreicht wird. Wasserdichtigkeit im konstruktiven Sinn ist davon nicht zu erwarten.

Der Keller

Keller können gemauert oder in Stahlbeton erstellt werden. Gemauerte Keller können gegen drückendes Wasser nur bedingt abgedichtet werden, daher werden bei höheren Wasserbelastungen im Baugrund fast nur noch Stahlbetonkeller errichtet.

→ S. 168

Ob die Notwendigkeit eines wasserdichten Kellers besteht, ergibt sich unmittelbar aus der Beschaffenheit des Baugrundes und der Baugrundsituation (s. Seite 32). Die dazu erforderlichen Informationen stehen im Baugrundgutachten.

Wenn es eines wasserdichten Kellers bedarf, gibt es folgende Möglichkeiten: einen konstruktiv dichten Stahlbetonkeller als weiße Wanne nach den Konstruktionsprinzipien von Gottfried C. O. Lohmeyer oder einen wasserundurchlässigen Betonkeller nach der WU-Richtlinie des Deutschen Ausschusses für Stahlbeton (DAfStb), der als gegen die Beanspruchungsklasse 1 (ständig und zeitweise drückendes Wasser) dichter Keller definiert ist. Darüber hinaus gibt es Sonderbauweisen aus Stahlfaserbeton oder mit optimierten Sieblinien und Zusatzbauteilen verschiedener Anbieter.

Aus der Baubeschreibung muss klar hervorgehen, wie die wasserdichte Ausführung erreicht werden soll – also entweder „wasserdichter Keller nach WU-Richtlinie", „weiße Wanne nach Lohmeyer" oder „Sonderkonstruktion mit Prüfzeugnis". Alternativ kann eine Ausführung mit außenseitig applizierter Membranabdichtung (s. Seite 66) gewählt werden oder eine Mischkonstruktion aus wasserdichter Stahlbetonbodenplatte und Wänden mit Membranabdichtung.

Bei allen Ausführungsvarianten gilt, dass sorgfältig gearbeitet werden muss. In der Baubeschreibung sind das Gründungsbauteil und die Art und Weise, wie die Dichtigkeit hergestellt wird, eindeutig zu beschreiben. Hierdurch wird die vertraglich vereinbarte Beschaffenheit des Gründungsbauteils definiert.

Für wasserdichte Stahlbetonkeller gelten folgenden Mindestanforderungen an die Bauteildicken: Bodenplatten mindestens 25 Zentimeter, erdberührte Außenwände mindestens 24 Zentimeter.

Solange die Abdichtungserfordernisse und damit die für die Festlegung der Ausführung erforderlichen Grunddaten des Kellers oder der Bodenplatte nicht abschließend festgestellt sind, gibt es im Hinblick auf den Keller keine Kostensicherheit.

Wenn aufgrund der Baugrundsituation ein wasserdichter Keller notwendig wird, ist es ratsam, die Wasserdichtigkeit zu Ende zu denken: Wie hoch kann sich das Wasser in der Baugrube aufstauen? Das Baugrundgutachten bietet Hinweise darauf. Wenn dort beispielsweise „kapillare Wassersättigung bis OK Gelände möglich" zu lesen ist oder sehr niedrige Versickerungsbeiwerte, etwa 10^{-6} oder 10^{-7}, angegeben sind, kann sich das Wasser in der Baugrube hoch aufstauen.

Kann sich das Wasser bis über die Brüstungen der Kellerfenster aufstauen, sind druckwasserdichte Lichtschächte oder druckwasserdichte Kellerfenster erforderlich.

Die Passage in der Baubeschreibung sollte sinngemäß lauten: „Die Lichtschächte werden druckwasserdicht mit Aufstauentwässerung oder für den Anschluss an eine rückstaugesicherte Entwässerung vorbereitet ausgeführt." Das gilt nicht nur für die Kellerfenster, sondern für alle Durchdringungen in den Kelleraußenwänden, also auch für die im Keller eingebaute Wärmepumpe, deren Zu- und Abluftkanäle durch die Kelleraußenwand nach draußen in einen vor der Außenwand montierten Schacht geführt werden.

Sie und Ihr zukünftiger Hausbauunternehmer sollten sich auch darüber Gedanken machen, wie Wasser, das in diese Schächte eindringt, wieder abgeführt werden kann, und die entsprechenden Vereinbarungen in die Baubeschreibung einfließen lassen.

Hinsichtlich der Vertragssituation ist zu prüfen, ob das Gründungsbauteil in der Werkleistung Ihres Hausbaupartners enthalten ist, ohne dass dafür ein eigenständiger Vertragspartner genannt wird, ob Ihnen ein Vertragspartner vermittelt wurde, mit dem Sie einen eigenständigen Bauvertrag abschließen (sollen) oder ob Sie die Arbeiten am Gründungsbauteil direkt selbst an einen der Systemanbieter oder an ein örtliches Rohbauunternehmen vergeben.

Wenn es sich um eigenständige Verträge handelt, sind damit auch eigene Vertragsfristen und eigene Termine für Gewährleistungsbeginn und Gewährleistungsende verbunden. Und, nicht zu vergessen, es handelt sich hierbei nicht um einen Verbraucherbauvertrag, sondern um einen Bauvertrag (s. Seite 8/9)! Es sei denn, Sie haben sich mit dem Ersteller auf einen Verbraucherbauvertrag geeinigt.

Thermische Trennung von beheizten zu unbeheizten Bereichen

Im Keller grenzen beheizte Bereiche, beispielsweise das Treppenhaus oder der Hausarbeitsraum, unmittelbar an unbeheizte Kellerräume. Zwischen diesen Räumen muss daher eine thermische Trennung vorhanden sein. Die Raumtrennwände müssen so erstellt werden, dass kein übermäßiger Wärmeabfluss von den beheizten Räumen zu den unbeheizten Arealen erfolgt. Dies kann durch Anordnung von Dämmplatten an den Raumtrennwänden oder durch Verwendung wärmedämmender Wandbaustoffe für diese Wände erfolgen

Die Rückstausicherung des Kellers

Im Allgemeinen liegt der Keller tiefer als das Niveau der Erschließungsstraße. Ablaufstellen, die im Keller angeordnet sind, liegen damit im Regelfall unterhalb des Straßenniveaus. Sollte es im öffentlichen Kanal zum Rückstau kommen, weil beispielsweise der Kanal verstopft ist oder aufgrund starker Niederschläge die Rohre nicht schnell genug ablaufen können, staut sich das Wasser auch in die Kanalleitungen auf dem Grundstück und damit bis in Ihr Haus zurück. Aus allen Ablaufstellen, die unterhalb der Rückstauebene liegen – das ist zumeist das Straßenniveau vor Ihrem Anwesen oder der nächste höherliegende Kanaldeckel – strömt dann fäkalienhaltiges Wasser in den Keller oder auch in tieferliegende Erdgeschosse.

Um dies zu vermeiden, müssen (!) alle Ablaufstellen unterhalb der Rückstauebene gegen Rückstau gesichert werden. Hierzu gibt es mehrere technische Möglichkeiten: Rückstauverschlüsse, Unterflurhebeanlagen und Überflurhebeanlagen in unterschiedlichen Größen und Ausprägungen.

Rückstauverschlüsse sind mechanisch arbeitende Klappen, die das Rohr im Falle eines Rückstaus verschließen. Sie sind einfach und robust, müssen aber regelmäßig gewartet und gesäubert werden. Beim Schadenseintritt verlangen die betreffenden Versicherungen oft den Wartungsnachweis, dazu müssen die Rechnungen der letzten Wartungen vorgelegt werden.

Hebeanlagen sammeln das anfallende Schmutzwasser in Auffangbehältern, pumpen es über die Rückstauebene hoch und leiten es als Freispiegelentwässerung in die Schmutzwasserfallleitung ein. Die eigentliche Rückstausicherung ist hierbei der oberhalb der Rückstauebene liegende Abzweig der Schmutzwasserfallleitung, wo das von der Pumpe kommende Wasser der Entwässerung zugeführt wird. Das hydraulische Prinzip der höherliegenden Einleitungsstelle funktioniert zuverlässig. Die Anlagen müssen natürlich regelmäßig gewartet werden, damit sie funktionssicher sind und bleiben. Sie kommen als Unterfluranlagen vor, das heißt mit Auffangbehältern, die unter der Bodenplatte angeordnet sind, oder als Überfluranlagen, die zumeist als kleine Box in unmittelbarer Nähe der Ablaufstelle angeordnet werden. Für Sanitärobjekte mit tiefliegenden Abläufen, wie etwa Dusche oder Badewanne, ist dann meist ein Einbau auf erhöhten Podesten erforderlich. Es gibt diese Überfluranlagen auch in großer Ausführung. Sie kommen meist dann zum Einsatz, wenn auch die Ablaufstellen im Erdgeschoss noch rückstaugefährdet sind. Wichtig dabei: Die Pumpen brauchen einen Stromanschluss und müssen auch eingesteckt sein.

DIE BAUWERKSABDICHTUNG

Die Bauwerksabdichtung wird häufig durch den Kellerbauer oder den Rohbauer mitgemacht. Sie ist erforderlich, um den Keller beziehungsweise den Übergang des Gründungsbauteils zu den aufgehenden Außenwänden im Erdgeschoss vor Feuchteeinträgen zu schützen. Die grundlegende Norm ist die DIN 18533 „Abdichtung von erdberührten Bauteilen sowie in und unter Wänden". Das Erfordernis für eine Bauwerksabdichtung ergibt sich aus der im Baugrund immer vorhandenen Feuchtigkeit. Die Gebrauchstauglichkeit eines in den Erdboden hineingebauten Bauwerks erfordert eine Ausführung, die das Bauwerksinnere dauerhaft vor der im Baugrund vorhandenen Feuchtigkeit schützt. Das kann entweder durch Ausführung eines wasserdichten Stahlbetonkellers geschehen oder durch Applikation einer membranartigen Abdichtung auf den erdberührten Flächen. Dies wiederum kann durch Aufbringen einer ein- oder mehrlagigen Abdichtung aus Bitumenschweißbahnen, durch das flächige Antragen einer pastösen kunststoffmodifizierten Bitumendickbeschichtung (früher KMB, jetzt als PMBC abgekürzt) oder durch das flächige Antragen von mineralischen Dichtungsschlämmen erfolgen.

→ S. 167

Die Bauwerksabdichtung muss hinsichtlich der Wassereinwirkungsklasse und der Nutzungsklasse der gegen die Wassereinwirkung aus dem Baugrund zu schützenden Räume in der Baubeschreibung klar festgelegt sein. Das Baugrundgutachten macht die dazu erforderlichen Angaben: entweder ist eine Abdichtung gegen „Bodenfeuchtigkeit nach DIN 18195–4" (alte Norm) erforderlich oder gegen „Bodenfeuchte und nichtdrückendes Wasser W1.1-E" oder gegen „Bodenfeuchte und nichtdrückendes Wasser mit Dränung W1.2-E nach DIN 18533–1". Ist mit Wasser im Baugrund zu rechnen, ist eine Abdichtung nach DIN 18195–6 „Abdichtung gegen von außen drückendes Wasser und aufstauendes Sickerwasser" (alte Norm) oder eine Abdichtung gegen drückendes Wasser bis 3,00 Meter nach W2.1 nach DIN 18533 erforderlich.

Die Art der Ausführung, der Aufbau sowie – bei flächig applizierten Abdichtungsmassen – die erforderliche Trockenschichtdicke (Dicke, die die Abdichtungsschicht nach Aushärten/Abbinden mindestens haben muss) richtet sich nach den Wasserverhältnissen im Baugrund. Die Angaben dazu finden sich im Bodengutachten. Das Antragen von Abdichtungsmassen ist in allen Arbeitsschritten durch den Ausführenden zu protokollieren und zu dokumentieren. Diese Dokumentation ist ein wesentlicher Bestandteil der Leistung und sollte daher abverlangt werden. Die Ab-

Nicht als Eigenleistung geeignet

Die Bauwerksabdichtung ist ein für die Dauerhaftigkeit und Schadensfreiheit des Gebäudes immens wichtiges Gewerk. Ihre Planung und die Arbeiten müssen mit Sach- und Fachkenntnis sorgfältig und gewissenhaft ausgeführt werden.

Bauwerksabdichtung ist keine Leistung, die sich als Eigenleistung eignet. Dazu sind die Folgen einer mangel- oder fehlerhaft ausgeführten Abdichtung einfach zu schwerwiegend und auch die Kosten für Mangelbeseitigung und Beseitigung der Mangelfolgeschäden, die Sie dann selbst tragen müssten, sind viel zu hoch.

Abdichtungen sind gegen mechanische Beschädigungen, wie sie beim Wiederverfüllen der Arbeitsräume vorkommen können, zu schützen. Hierfür bietet der Baustoffhandel geeignete mehrlagige Schutz- und Dränmatten an.

dichtungsarbeiten selbst sind durch die Bauleitung zu überwachen und zu kontrollieren. In der aktuellen Rechtsprechung gelten Abdichtungsarbeiten als besonders überwachungsbedürftig.

Die Bauwerksabdichtung endet – so steht es in der vorerwähnten Norm – erst deutlich oberhalb des fertigen Geländes – das sind die Außenanlagen Ihres Hauses, die Zuwegung, Abstellflächen, Gartenbereiche und Terrassen. Dabei ist es erforderlich, den Übergang zu den aufgehenden Wänden im Erdgeschoss und die Fußpunkte von Öffnungsbauteilen (Terrassentüren und Hauseingangstüren) auch gegen Feuchtigkeit und gegen das Einwandern von Insekten zu schützen.

Die Perimeterdämmung

Die Perimeterdämmung ist eine Dämmung, die auf der Erdseite der Bauwerksabdichtung angebracht wird. Wie eine Perimeterdämmung anzubringen ist, ergibt sich aus der Verarbeitungsrichtlinie des Dämmplattenherstellers.

Wird von den Verlegerichtlinien der Dämmplattenhersteller abgewichen, zum Beispiel indem die Dämmplatten unmittelbar in die Schalung eingestellt werden und einen oberflächlichen Haftverbund mit dem Beton eingehen oder indem die Verbindung durch eine entsprechende Strukturierung der betonseitigen Dämmplattenoberfläche erfolgt, stellt dies eine Sonderausführung dar, die vertraglich gesondert vereinbart werden muss. Hierauf ist bereits in der vorvertraglichen Baubeschreibung hinzuweisen.

Die Perimeterdämmung besteht aus Dämmstoffen, die für die Verwendung im Erdreich zugelassen und druckbelastbar sind. Für den Einbau unter Bodenplatten sind hoch druckfeste Materialien (die Dämmung muss die ganze Last des darüber aufragenden Bauwerks abtragen) am Markt verfügbar. Als Dämmplatten unter der Bodenplatte kommt wegen der Druckbelastbarkeit nur extrudiertes Polystyrol (XPS) infrage.

An der Außenwand kann bei der Einwirkungsklasse „Bodenfeuchte und nichtdrückendes Wasser W1.1-E" eine Perimeterdämmung aus expandiertem Polystyrol (EPS) eingebaut werden. Bei höheren Lastfällen W2.1-E muss zwingend eine Perimeterdämmung aus XPS-Dämmplatten angebracht werden. Diese sind vollflächig zu verkleben und die Stöße sind zu überspachteln.

Info **Herstellerempfehlungen beachten**

Die Wasserbelastung, der die Perimeterdämmung ausgesetzt ist, ergibt sich aus dem Baugrundgutachten. Die Dämmstoffauswahl erfolgt auf Basis der Wasserbelastung. Die Wasserbelastung gibt auch die Befestigungsart der Perimeterdämmplatten vor. Der verwendete Kleber muss zur verwendeten Bauwerksabdichtung passen. Es ist ratsam, den Empfehlungen des Abdichtungsherstellers zu folgen. Da die gedämmten Kelleraußenwände ein Teil der thermischen Hülle sind, die im Zuge der KfW-Begleitung zu überprüfen ist, können Abweichungen von den Herstellervorgaben die Förderwürdigkeit und damit die Förderung insgesamt gefährden.

Die Dränage

Der Bau einer Dränanlage im Bereich der erdangefüllten Kellerwände kann aus einem Lastfall durch dauernd oder zeitweise drückendes Wasser den Lastfall Bodenfeuchtigkeit machen. In vielen Kommunen ist es nicht mehr statthaft, eine Bauwerksdränage an die kommunale Entwässerung anzuschließen, eine Dränage müsste dann versickert werden. Dazu bedarf es eines geeigneten Baugrunds, der auch das entsprechende Wasseraufnahmevermögen hat. Bei längeren Niederschlagsperioden kann das schon mal kritisch werden. Wenn die Dränanlage an das öffentliche Kanalnetz angeschlossen werden darf (Anschlussgenehmigung erforderlich!), muss sie gegen Rückstau aus dem Kanalnetz gesichert werden. Geschieht dies nicht, wird durch die Dränage das Wasser aus dem Rückstau an das Haus herangeführt und erzeugt dort zeitlich befristet – bis es wieder abläuft – den höheren Lastfall und Wasseranfall, der dann auf die Abdichtung einwirkt und gegebenenfalls zu Schäden führt.

Eine Dränanlage ist nach Norm DIN 4095 auszuführen, alles andere ist keine Dränanlage. Dazu gehören Spülschächte an jeder Gebäudeecke, Teilsickerrohre, die für die Verwendung als Bauwerksdränage geprüft und zugelassen sind, Rückstausicherung sowie eine entsprechend ableitfähige Schutzlage vor der Bauwerksabdichtung und ein entsprechend gut versickerungsfähiger Aufbau der Arbeitsraumverfüllung. Eine Dränanlage muss geplant werden, hier „mal schnell etwas zu basteln" geht mit ziemlicher Wahrscheinlichkeit schief!

Wenn eine Dränage oder eine Dränanlage im Leistungsumfang enthalten ist, dann sollten Sie darauf bestehen, dass in der Baubeschreibung eine Dränanlage nach DIN 4095 genannt ist.

ROHBAUARBEITEN MASSIVBAU

Durch die Mauer- und Betonarbeiten, die im Zuge der Rohbauarbeiten erbracht werden, entsteht die tragende Gebäudekonstruktion. Diese setzt sich aus Außenwänden, Innenwänden, Decken sowie ergänzend notwendigen lastabtragenden Elementen zusammen.

→ S. 171

Die grundsätzlichen Anforderungen an den Rohbau sind die Standsicherheit und – wenn Ihr Haus in einer Region gebaut wird, die als Erdbebenzone klassifiziert ist (s. Seite 35) – die Erdbebensicherheit.

Die Standsicherheit ist ohnehin selbstverständlich, daher wird sie in der Baubeschreibung gar nicht groß erwähnt, sondern, wenn überhaupt, mit der Formulierung „entsprechend den statischen Erfordernissen" abgehandelt. Dabei ist allerdings zu prüfen, ob die Baubeschreibung die Schneelastzone, in der Ihr zukünftiges Haus steht, korrekt wiedergibt oder ob, wie es in Standardbaubeschreibungen häufig vorkommt, lediglich die Schneelastzone 1 berücksichtigt ist (s. Seite 34). In diesem Fall könnten Mehrkosten auf Sie zukommen.

Bei der Erdbebensicherheit sollten Sie sich darüber im Klaren sein, dass „erdbebensicher" lediglich bedeutet, dass Sie bei einem Erdbeben in der Bemessungsgröße das Haus noch sicher verlassen können, nicht aber, dass das Haus keine Schäden davonträgt. Um Erdbebensicherheit zu erreichen, sind gegenüber einem „normalen" Rohbau verschiedene Zusatzmaßnahmen erforderlich. Diese sollten, sofern Ihr Haus in einer der ausgewiesenen Erdbebenzonen errichtet wird, in der Baubeschreibung, die Vertragsbestandteil wird, bereits berücksichtigt sein. Ansonsten kommen Mehrkosten auf Sie zu.

Die tragende Konstruktion des Hauses muss die Einwirkungen aus Windlast, Schneelast und Erdbebenbeanspruchung (Bemessungsbeben) sicher aufnehmen können. Das sollte, um Kostenrisiken zu vermeiden, bereits in der zum Vertragsbestandteil werdenden Baubeschreibung enthalten sein.

Möglich wäre zum Beispiel folgende Formulierung: „Die Rohbauarbeiten werden unter Berücksichtigung der Aufwendungen für die Einwirkungen aus Schneelast und der Anforderungen an die Erdbebensicherheit am Bauort erbracht. Diese Aufwendungen sind bereits berücksichtigt und im Hauspreis enthalten."

Außenwände

Die Außenwände bilden den vertikalen Teil der Gebäudehülle. Sie sind je nach Hausbauanbieter verschieden aufgebaut. Häufig hat ein Unternehmen mehrere Außenwandvarianten im Angebot, um unterschiedliche Energieförderstandards erreichen und bedienen zu können. Diese Wandaufbauten haben im Regelfall unterschiedliche Preise. Es ist zu unterscheiden zwischen einschaligem (monolithischem) Mauerwerk, zweischaligem Mauerwerk und dreischaligem Mauerwerk:

Info: Mit dünnen Wänden Geld sparen?

Es gibt auch Anbieter, die Häuser mit einschaligen 24 Zentimeter starken Außenwänden anbieten. Eine sehr preiswerte Variante, bei der die Dämmqualität der Gebäudehülle aber sehr zu wünschen übrig lässt. Dem günstigen Gestehungspreis beziehungsweise der Kosteneinsparung gegenüber besserdämmenden Wandaufbauten stehen in der Nutzung vergleichsweise hohe Heizkosten gegenüber. Dabei zahlt man schnell drauf! Für höherliegende Bauorte, die ein deutlich kälteres Außenklima haben, wird eine derartige Ausführung nicht empfohlen.

Bei einschaligem Mauerwerk besteht die Außenwand aus einer einzigen Mauerwerksschale, die außen (Außenputz) und innen (Innenputz) verputzt wird. Verwendet werden hierbei gut wärmedämmende Mauersteine, die im Regelfall eine Dicke von 30 Zentimetern bis fast 50 Zentimetern haben. Je dicker die Wand, umso wärmedämmender ist sie.

Eine Sonderform der einschaligen Außenwand stellen Dämmstoffhohlkammerbausteine dar: Die mit Hohlkammern versehenen Bausteine werden ähnlich wie Legobausteine aufgesetzt und danach werden die Hohlkammern mit Beton verfüllt.

Zweischalige Außenwände sind Außenwandkonstruktionen, die aus einer tragenden Mauerwerksschale und einer auf dieses Mauerwerk außenseitig aufgeklebten Dämmschicht bestehen. Die raumseitig angeordnete tragende Mauerwerksschale kann sich in ihrer Beschaffenheit (Mauerwerksstärke und Material, aus der die Mauer erstellt wird) von Anbieter zu Anbieter unterscheiden. Die Dämmschicht, die im Massivbau häufig aus Polystyrol oder Mineralwolledämmung besteht, wird auf die Mauerwerksschale aufgeklebt und somit kraftschlüssig mit dem Mauerwerk verbunden. Daher die Bezeichnung „Wärmedämmverbundsystem" (s. hierzu auch Seite 131). Die Wand wird innenseitig (Innenputz) und außenseitig (Außenputz) auf der Wärmedämmung verputzt.

Dreischaliges Mauerwerk umfasst ebenfalls eine raumseitig angeordnete tragende Mauerwerksschale. Auch hier kann sich deren Beschaffenheit von Anbieter zu Anbieter unterscheiden. An dieser Wandschale wird die im Wandkern liegende Dämmstoffschicht – zumeist handelt es sich um Mineralwolle bzw. im Sockelbereich um extrudiertes Polystyrol (XPS) – über Metallanker befestigt. Die Dämmung hat dabei keinen kraftschlüssigen Verbund zur Mauerwerksschale, sondern wird durch die Mauerwerksanker gehalten, die auch die Verblendschale in Position halten. Vor der Dämmung steht die Wandschale, die die Fassade bildet. Das kann eine Schale aus Verblendmauerwerk oder eine sonstige vorgehängte Fassadenvariante sein (s. hierzu auch Seite 133).

Aus der zum Vertragsbestandteil werdenden Baubeschreibung muss klar und eindeutig hervorgehen, wie das Wandsystem der Außenwand beschaffen ist.

Thermische Qualität der Außenwände

Die Außenwände haben den größten Anteil an der thermischen Hülle. Die Qualität der thermischen Hülle bestimmt maßgeblich die späteren Betriebskosten für die Gebäudebeheizung. Daher sind die energetischen Eigenschaften der thermischen Hülle, die sich in einem Kennwert, dem sogenannten U-Wert ausdrücken, ein maßgebliches Qualitätskriterium. Je niedriger der Wert, desto besser: Eine Außenwand mit einem U-Wert von 0,35 W/m²K ist thermisch betrachtet schlechter als eine Außenwand mit 0,25 W/m²K.

Der U-Wert der ungestörten Außenwand muss in der Baubeschreibung angegeben werden. Mit diesem Wert lässt sich die energetische Qualität verschiedener Außenwandaufbauten beschreiben, unabhängig davon, ob diese ein-, zwei- oder mehrschalig sind.

Info Was ist eine ungestörte Außenwand?

„Ungestörte Außenwand" bedeutet eine Betrachtung ohne durch Öffnungsbauteile (Fenster, Fenstertüren, Haustür ...) geschlossene Öffnungen in der Wand. Die Öffnungsbauteile dämmen sehr viel weniger als die Außenwand selbst. Je größer die anteilige Fläche wird, die von Öffnungsbauteilen beansprucht wird, umso schlechter wird der resultierende U-Wert der Außenwandkonstruktion.

Die thermische Qualität mehrschaliger Außenwandaufbauten wird im Wesentlichen von der außenseitigen Dämmschicht oder der Kerndämmung erbracht. Je dicker die Dämmstoffschicht, umso niedriger der U-Wert der Außenwandkonstruktion.

Die raumseitig angeordnete tragende Mauerschale bei den beiden mehrschaligen Mauerwerksaufbauten kann zur thermischen Qualität der Außenwand beitragen, muss es aber nicht. Daher werden üblicherweise kostengünstige Mauerschalen mit niedrigen Dämmwerten verwendet oder die Tragschale wird, wenn statisch erforderlich, in Beton erstellt. Die Beschaffenheit der raumseitigen Tragschale beeinflusst das thermische Verhalten der Räume im Sommer und im Winter, wenn die Heizung das erste Mal hochgefahren wird.

Wände aus gut wärmeleitendem Mauerwerk, wie zum Beispiel Kalksandstein oder auch Betonwände, nehmen, wenn sie ausgekühlt sind, zunächst einmal eine Menge Wärme auf. Die Heizung läuft dann schon einige Stunden auf voller Leistung, ohne dass sich an der Raumtemperatur merklich etwas ändert. Erst wenn diese schweren Wände durchgewärmt sind, steigt die Raumtemperatur auf den gewünschten Wert an. Bei der Verwendung von leichten, gut wärmedämmenden Mauersteinen geht die Aufheizung deutlich schneller vonstatten, da die Wände gar nicht so viel Wärme auf einmal aufnehmen können. Im Sommer ist es umgekehrt: Die schweren Steine sorgen dafür, dass die Räume in den ersten sonnigen Tagen angenehm kühl bleiben, da sie die gespeicherte Wärme über das Frühjahr an die Innenräume

Auf den Punkt gebracht

Die Bauschreibung sollte die Außenwände im Hinblick auf ihren Aufbau, die Materialität der lastabtragenden Mauerwerksschale, die Dicke der tragenden Schale und den U-Wert der ungestörten Wand eindeutig beschreiben.

abgeben konnten und somit zunächst jede Menge Wärme von außen neu aufnehmen können.

Grundsätzlich gibt es bei der Materialwahl keinen Königsweg; jede Variante hat ihre spezifischen Vor- und Nachteile, die Sie mit Ihrer spezifischen Situation und Ihren Anforderungen und Bedürfnissen abgleichen müssen.

Außenlärmsituation

Wenn Ihr Haus in der Nähe einer vielbefahrenen Straße, einer Bahnlinie oder eines Flughafens gebaut wird, sind üblicherweise schon im Bebauungsplan Schallschutzauflagen gemacht, um die Hausbewohner vor unzumutbaren Lärmbelästigungen zu schützen. Wenn Schallschutzauflagen bestehen, müssen die Bauteile der Gebäudehülle, Außenwände, Öffnungsbauteile (Fenster, Fenstertüren, Haustüren, Dachflächenfenster), die Dachkonstruktion, die Lüftungsanlage und das Außenmauerwerk darauf abgestimmt werden. Aus der Baubeschreibung muss eindeutig hervorgehen, dass bestehende Schallschutzauflagen bei den Außenwänden berücksichtigt werden.

Innenwände

Das durch die Außenwände gebildete Polygon (Vieleck) wird durch die Innenwände in Räume gegliedert. Je nach Tragwerkskonzeption der darüberliegenden Geschossdecke sind einige Innenwände lastabtragend und andere nichttragend. Es sind aber auch Grundrisskonstellationen bei Reihen- und Doppelhäusern denkbar, die nur nichttragende Trennwände haben.

Tragende Innenwände sind bei Ziegel und Porenbetonmauerwerk mindestens 15 Zentimeter stark, bei Kalksandstein können auch die 11,5 Zentimeter starken Innenwände tragend sein.

Als nichttragende Innenwände gelten vorwiegend Mauerwerkswände mit 11,5 Zentimeter Stärke oder weniger. Aus baulichen Gründen, zum Beispiel für den Einbau einer in der Wand laufenden Schiebetür, können nichttragende, gemauerte Trennwände auch dicker sein.

Hochbelastete Innenwände im Erd- und Kellergeschoss werden aus Mauersteinen mit der erforderlichen Festigkeit ausgeführt. Diese Steine sind je nach Ausgangsmaterial sehr gut wärmeleitend. Um Wärmebrücken und damit den Wärmeabfluss in die Kellerdecke oder die Bodenplatte zu verhindern, werden sie mit speziellen, hoch tragfähigen und trotzdem gut wärmedämmenden Kimmsteinen untermauert.

Die Baubeschreibung sollte eindeutige Angaben zu den bei Ihrem Bauvorhaben eingesetzten Wandbaustoffen für die Innenwände machen. Dazu gehören Angaben zum Material, die Typenbezeichnung und die Festigkeitsbezeichnung.

Haustrennwand

In Doppelhaushälften- und Reihenendhäusern ist mindestens eine Wand, bei Reihenmittelhäusern sind zwei Wände als Haustrennwand ausgeführt. Die Ausführung erfolgt einschalig, dahinter kommt die Haustrennfuge, die mit Mineralwolleplatten, sogenannten Trennwandplatten, befüllt ist. Sie trennt auch die Decken über den einzelnen Wohneinheiten voneinander. Dann folgt die Haustrennwand des Nachbarhauses. Die Haustrennwand erfüllt die Anforderungen des Brandschutzes sowie des nachbarschaftlichen Schallschutzes.

Zwischenzeitlich hat es sich herumgesprochen und wird häufig auch so angegeben, dass im Hinblick auf den nachbarschaftlichen Schallschutz mehr getan werden muss, als die Mindestanforderungen der Schallschutznorm DIN 4109 zu erfüllen. Die Min-

Formulierungen für guten Schallschutz

Sinngemäß könnte Ihnen folgende Formulierung in der Baubeschreibung begegnen: „Für den Schallschutz zwischen den benachbarten Häusern gelten die Anforderungen der DIN 4109 Beiblatt 2 als zugesichert. Darüber hinausgehende Anforderungen nach anderen Regelwerken, zum Beispiel VDI 4100 Schallschutzstufe 2, oder Anforderungen innerhalb des Hauses sind nicht vereinbart."

Eine solche Formulierung ist akzeptabel, doch Vorsicht: Sie hebt ausschließlich auf den Schallschutz zwischen benachbarten Wohneinheiten ab. Zum Schallschutz in Ihrem zukünftigen Haus macht der obige Text keine Aussage.

Die raumtrennenden Bauteile, Innenwände und Türen haben hier im Wesentlichen die Funktion des Blickschutzes. Was in den einzelnen Räumen passiert, wird zwar nicht gesehen, aber unter Umständen sehr deutlich mitgehört.

Wer einen besseren Schallschutz und damit höheren Wohnkomfort im eigenen Haus (auch im freistehenden Einfamilienhaus) haben möchte, muss das gesondert vereinbaren. Der Text müsste dann sinngemäß etwa so lauten: „Für den Schallschutz zwischen den benachbarten Häusern und für den Schallschutz innerhalb des Hauses gelten die Anforderungen der DIN 4109 Beiblatt 2 als zugesichert."

destanforderungen nach Norm beinhalteten nur den Schutz vor unzumutbaren Belästigungen durch Schallübertragung aus fremden Bereichen. Das genügt den heutigen Komfortansprüchen schon lange nicht mehr. Mittlerweile sind die verwendeten Baustoffe und Bausysteme so leistungsfähig, dass die Rechtsprechung die Empfehlungen für den erhöhten Schallschutz nach Beiblatt 2 zur DIN 4109 als geschuldeten Mindeststandard ansieht.

Wenn Sie eine Doppelhaushälfte oder ein Reihenhaus bauen, ist die Anforderung des Beiblatts mit 67 db (A) für Aufenthaltsräume der geschuldete Mindestschallschutz gegenüber Luftschall. Sollte in der Baubeschreibung noch der Mindestschallschutz nach Norm als maßgebende Größe angegeben werden, sollten Sie es sich gut überlegen, ob Sie tatsächlich mit diesem Unternehmen Ihre Doppelhaushälfte oder Ihr Reihenhaus bauen wollen.

Natürlich ist auch ein besser Schallschutz als der in Beiblatt 2 zur DIN 4109 festgelegte fast immer zu erreichen, aber das wäre dann gesondert zu vereinbaren. Allerdings lässt sich auch bei optimaler Konstruktion nicht ganz vermeiden, dass Geräusche aus dem anliegenden Nachbarhaus wahrgenommen werden.

In der Baubeschreibung ist der Aufbau der Haustrennwände anzugeben und das Wandmaterial ist zu nennen.

Info: Vorsicht bei Schnäppchenangeboten

Immer mal wieder tauchen Baukonzepte auf, die aussehen wie Doppelhaushälften oder Reihenhäuser, aber keine sind. Das sind dann vertikal orientierte, mehrgeschossige Eigentumswohnungen in Mehrfamilienhäusern auf ungeteilten Grundstücken, die sehr häufig nur eine einschalige Wohnungstrennwand und Decken haben, die von Wohneinheit zu Wohneinheit durchlaufen. Für Wohnungstrennwände und Geschosstrenndecken in Mehrfamilienhäusern gelten sehr viel niedrigere Schallschutzanforderungen als für die Reihenhaus- oder Doppelhaussituation!

Doppelhaushälfte oder Reihenhaus an Bestand anbauen

Wenn Ihre Doppelhaushälfte oder Ihr Reihenhaus an ein bereits bestehendes Wohnhaus angebaut wird, muss vorher geklärt werden, wie die Trennwand des Hauses, an die angebaut werden soll, beschaffen ist. Das ist notwendig, um die Konstruktion der eigenen Haustrennwand entsprechend den Anforderungen anzupassen, und gehört zur Grundlagenplanung des Hausbaupartners.

In der Baubeschreibung sollte dann sinngemäß stehen: „Die Haustrennwand wird unter Berücksichtigung des bestehenden Nachbargebäudes so erstellt, dass die Empfehlungen für den erhöhten Schallschutz nach Beiblatt 2 DIN 4109 eingehalten werden."

Einzeln stehendes Reihenhaus/einzeln stehende Doppelhaushälfte

Immer mal wieder kommt es zu einer Konstellation, bei der auf Grundstücken, die für eine Doppelhaus- oder Reihenhausbebauung vorgesehen sind, einzelne Parzellen verkauft und bebaut werden, aber die angrenzenden Parzellen teilweise über Jahre nicht verkauft werden und vorerst unbebaut bleiben. In diesem Fall wird die Haustrennwand, die thermisch gesehen eigentlich eine Innenwand ist und zwei beheizte Bereiche voneinander trennt, zur Außenwand, an die Ansprüche hinsichtlich Wärmeschutz und Witterungsschutz zu stellen sind. Hierzu sind gesonderte vertragliche Vereinbarungen zu treffen und auch in der Baubeschreibung zu fixieren.

Wenn Sie ein Förderdarlehen für energetisches Bauen in Anspruch nehmen, muss die Außenwand im erforderlichen Maße gedämmt werden. Deswegen ist im Zuge der Vorgespräche zu klären, ob der Anbieter auch das benachbarte Grundstück bebaut und wenn ja, bis wann.

Ist eine derartige Konstellation vorgesehen, könnte die entsprechende Formulierung in der Baubeschreibung etwa lauten wie folgt: „Ist bis zur Erstellung der Fassade/des Außenputzes des Gebäudes keine Bebauung des Nachbargrundstücks vor Beginn der Heizperiode absehbar, wird die Haustrennwand/werden die Haustrennwände für einen befristeten Zeitraum oder dauerhaft zur thermisch wirksamen Außenwand ertüchtigt. Der Aufbau wird folgendermaßen festgelegt: [Darlegung des Aufbaus] Damit werden die Anforderungen des vertraglich vereinbarten KfW-Effizienzhausstandards eingehalten."

Diese temporäre Ertüchtigung zur Außenwand muss irgendwann, spätestens wenn das Nachbarhaus angebaut wird, auch wieder zurückgebaut werden. Das verursacht weitere Kosten, und die entsprechenden Vereinbarungen sollten ebenfalls in der Baubeschreibung festgehalten werden.

Wandbaustoffe ab Kellerdecke

Wie schon beim Keller können auch die Wände über der Kellerdecke aus Beton erstellt werden. Die Ausführung aus Beton kann entweder aus gestalterischen Gründen oder aufgrund statischer Erfordernisse (hohe Lasten, Zugkräfte) erfolgen.

Mauerwerksarten

Beim Mauerwerk ist zu unterscheiden zwischen

- Ziegelmauerwerk und
- Mauerwerk aus hydraulisch abbindenden Baustoffmischungen, zum Beispiel Kalksandstein, Porenbeton, Leichtbeton.

Ziegelmauerwerk (Mauerwerk aus gebranntem Ton) gibt es als Mauerwerk mit ausgemörtelter Lagerfuge oder als Planziegelmauerwerk mit plangeschliffenen Auflageflächen.

Die Steinlagen werden in der Lagerfuge miteinander verklebt.

Monolithisches (wärmedämmendes) Außenmauerwerk kann aus ungefüllten porosierten Ziegeln (Hohlkammersteine mit ungefüllten Kammern) bestehen. Die Dämmwirkung der Steine kommt durch das Lochbild und die filigranen, fast membranartigen Innenstege zwischen den Kammern zustande. Bei hohen Außenlärmbelastungen sind diese Steine jedoch eher ungeeignet, weil sie aufgrund der dünnen Stege zu Resonanzphänomenen neigen.

Eine Alternative ist monolithisches (wärmedämmendes) Außenmauerwerk aus gefüllten Ziegeln. Das sind porosierte Ziegel mit großen Kammern und breiten Stegen. Die Kammern sind entweder mit Perlite oder mit Mineralwolle gefüllt. Sie sind auch für erhöhte Außenlärmbelastungen geeignet. Diese Mauerwerke sind vor Feuchteeinflüssen zu schützen, da die Füllmaterialien, wenn sie einmal nass geworden sind, nur schwer bis gar nicht abtrocknen beziehungsweise bei Feuchteeinwirkung ihre Struktur verändern.

Mehrschaliges Außenmauerwerk mit einer schlanken, hochbelastbaren Wand besteht in der Regel aus Hochlochziegelmauerwerk in 17,5 Zentimeter oder 24 Zentimeter Stärke. Nach außen schließt eine Wärmedämmschicht aus Mineralwolle, Polystyrol oder nachwachsenden Rohstoffen an, die in unterschiedlichen fassadenbildenden Systemen verwendet werden (s. Seite 131).

Für Innenwände stehen Ziegelsteine in den Stärken 10 Zentimeter, 11,5 Zentimeter, 15 Zentimeter, 17,5 Zentimeter, 20 Zentimeter, 24 Zentimeter und 30 Zentimeter zur Verfügung. Es gibt Verfüllziegel aus Ziegelsteinen mit zwei oder vier großen Kammern, die auch mörtellos versetzt werden können. Sie werden nach dem Aufsetzen der Wand mit einem speziellen, feinkörnigen Verfüllbeton vergossen. Diese Ziegel werden für die Erstellung von Haustrennwänden von Doppel- und Reihenhäusern eingesetzt oder dort, wo hohe Druckbelastungen aufgenommen werden müssen. Außerdem verwendet man Hochlochziegel in unterschiedlichen Wandstärken, Festigkeiten und Rohdichten in den vorgenannten Stärken.

Zu den Mauerwerksarten aus hydraulisch abbindenden Baustoffmischungen zählt der Porenbeton. Das ist ein Gemisch aus fein gemahlenem quarzhaltigem Sand, Zement und einem Treibmittel. Diese Mischung wird mit Wasser vermengt. Infolge der chemischen Reaktion der Komponenten kommt es zum Aufblähen der entstehenden Masse, die dadurch porosiert wird. Nach Abklingen der chemischen Reaktion erhält man die Steine, indem man die Blöcke zersägt. Das Mauerwerk wird in aufgesetzten Stapeln dampfdruckgehärtet. Je nach Konzentration der verschiedenen Komponenten lassen sich mit diesem Verfahren Mauersteine unterschiedlicher Rohdichte und Festigkeit für die Innenwände und für mehrschaliges Außenmauerwerk sowie Mauersteine für das monolithische Außenmauerwerk mit unterschiedlichen Wärmedurchgangswiderständen herstellen. Porenbetonmauerwerk wird heute überwiegend geklebt.

Schutz vor Durchfeuchtung

Während der Rohbauerstellung ist das Mauerwerk vor Durchfeuchtung durch Niederschläge zu schützen. Dies erfolgt durch das Abdecken der Wandkronen und der Mauerwerksbrüstungen mit Brettern oder Folien. Diese Abdeckungen müssen wegen Windeinwirkungen lagegesichert werden. In der Baubeschreibung sollte ersichtlich sein, dass Ihr Hausbaupartner sich darum kümmert, sinngemäß etwa wie folgt: „Die Wandkronen der Außen- und Innenwände werden während der Bauzeit gegenüber den Witterungseinflüssen geschützt."

Eine ähnliche Mauerwerksart ist der Kalksandstein: Im Grunde genommen entspricht die Steinerzeugung der von Porenbetonmauerwerk, allerdings wird bei der Herstellung von Kalksandstein kein Treibmittel zugegeben. Das Material ist sehr dicht und fest. Nachdem die Mauersteine durch Zersägen der Rohlinge hergestellt wurden, werden sie wie die Porenbetonsteine unter Dampfdruck gehärtet. Die Rohdichten werden über das Lochbild erzeugt.

Die angebotenen Wandstärken von Porenbeton- und Kalksandsteinmauerwerk entsprechen den bei Ziegelmauerwerk angegebenen Wandstärken. Eine Verwendung von Kalksandsteinen als Außenwandstein ist nur in Verbindung mit wärmedämmenden Fassadensystemen (s. Seite 131) möglich. Mit Ausnahme von Sichtmauerwerk werden die großformatigen Kalksandsteine in der Lagerfuge verklebt.

Schließlich gibt es noch Leichtbeton. Er besteht aus porosierten Tonkügelchen, die im Drehrohrofen gebrannt und dann mit Zement zu einem haufwerksporigen Leichtbeton vermengt werden. Es werden Mauersteine, aber auch ganze Wandelemente mit diesem Material betoniert.

Aus der Baubeschreibung muss das verwendete Mauerwerk klar und eindeutig hervorgehen. Es geht nicht darum, dass irgendeine Wand errichtet wird, sondern genau die Wände, die Sie haben möchten.

Geschossdecken

Die Geschossdecken verteilen die Lasten – das Eigengewicht der Decke und die Verkehrslasten – als Flächentragwerk auf die tragenden Wände. Sehr häufig werden die Decken in Betonbauweise errichtet, sei es als örtlich geschalte Betondecke, als Filigrandecke aus Betonfertigteilen, als verlorene Schalung mit Aufbeton oder als Betonfertigteildecke mit vergossenen Fugen. Daneben gibt es Deckensysteme, bestehend aus Porenbetontafeln, Ziegelelementdecken und Betonsteindecken.

Die Auslegung der Decken erfolgt nach den für Einfamilienhäuser üblicherweise anzusetzenden Verkehrslasten. Wenn bei Ihrem Haus mit außergewöhnlich hohen Lasten zu rechnen ist, zum Beispiel durch ein großes Aquarium, einen Whirlpool oder eine Powerstation mit Gewichten, sollten Sie dies angeben.

Am häufigsten und im Einfamilienhausbau üblich sind Filigrandecken mit Aufbeton. Im Zusammenwirken mit monolithischem, wärmedämmendem Außenmauerwerk sind die Deckenränder (Deckenstirn) der Betondecken nach außen hin zu dämmen, um Wärmeverluste zu vermeiden.

In der Bau- und Leistungsbeschreibung sollten die Decken und ihr Aufbau klar beschrieben werden. Dabei geht es auch um die Untersicht der Decken. Dies könnte sinngemäß so erfolgen: „Die Geschossdecken über [Angabe der Geschossbezeichnung] werden entsprechend der statischen Anforderungen als Stahlbetonfiligrandecken mit Aufbeton/Ortbetondecken/Systemdecken entsprechend den statischen Vorgaben erstellt. Die sichtbare Deckenuntersicht bedarf einer Fugenspachtelung/Vollspachtelung/eines Deckenputzantrags."

Balkone, Vordächer

Bei Betonplatten, die als Balkonplatte oder Vordach ins Freie ragen, ist eine thermische Entkopplung durch sogenannte Isokörbe erforderlich, um den sich ergebenden Wärmebrückeneffekt durch verstärkten Wärmeabfluss über den Beton zu minimieren. Wenn auskragende Betonbauteile vorhanden sind, sind diese in der Baubeschreibung anzugeben. Darin sollte dann auch die thermische Entkopplung erwähnt sein. Ist dem nicht so, sollten Sie danach fragen.

Metallbauarbeiten

S. 174

Für Metallbauteile im Außenbereich kommt nur eine Ausführung in Edelstahl V4A, oder aber feuerverzinkt oder feuerverzinkt und pulverbeschichtet in Frage. Dies muss sich aus der Baubeschreibung ergeben.

Stahlkonstruktionen im Außenbereich werden aus Profilstahl-Rund- oder Rechteckrohr mit entsprechenden Fundamenten erstellt. Auch diese Ausführung muss in der Baubeschreibung festgehalten werden.

Betoneinbauteile

Betoneinbauteile in Außenwänden dienen der Aussteifung der Baukonstruktion. Ihre Abmessungen und Größen ergeben sich aus der statischen Berechnung.

Alle Betoneinbauteile in einschaligen, wärmegedämmten Außenwänden müssen gedämmt werden, um den Wärmeabfluss durch den Beton, der sehr viel besser wärmeleitend ist als das wärmedämmende Außenmauerwerk, einzudämmen. Bei mehrschaligen Außenwänden kann die Dämmung entfallen, da diese durch das Fassadensystem erfolgt. Wenn Betoneinbauteile vorhanden sind, die zur Aussteifung der Giebelwände dienen, sollten sie in der Baubeschreibung erwähnt sein.

Rollladenkästen

Werden die Rollladenkästen der Fenster und Fenstertüren im Rohbau eingebaut, erfolgt das abgestimmt auf die Außenwandkonstruktion. Die Steinhersteller bieten auf den Wandbaustoff abgestimmte Systembauteile an. Es gibt aber auch Hersteller, die Universalkästen herstellen. Die Einbauteile müssen für den geplanten Behang, Rollladenpanzer oder Jalousette geeignet sein.

Wenn die Rollladenkästen im Rohbau eingebaut werden, sollte das in der Baubeschreibung explizit erwähnt werden. Werden Rollladenkästen des Steinherstellers verwendet, ist das ein besonderes Qualitätskriterium, auf das hingewiesen werden sollte.

Das Massivdach

Die Ausbildung der Dachkonstruktion mit Baustoffen des Massivbaus wird von verschiedenen Hausherstellern als Alternative zur hölzernen Dachkonstruktion angeboten.

Der Grund, sich für ein Massivdach zu entscheiden, ist häufig eine bestehende Außenlärmbelastung im Nahbereich verkehrsreicher Straßen, stark frequentierter Bahnlinien oder Flughäfen. Die schweren, massiven Dachkonstruktionen wirken sich günstig auf die Außenlärmwahrnehmung in den Wohnräumen unter der Dachschräge aus (solange die Fenster geschlossen sind). Ein Massivdach kann sich aber auch im Hinblick auf die Aufheizung im Sommer oder die Wärmehaltung im Winter günstig auswirken.

Kommt ein Massivdach zur Ausführung, ist in der Baubeschreibung der Baustoff, mit dem die Dachkonstruktion erstellt wird, der Dachaufbau nach innen und der Dachaufbau nach außen zu ermitteln. Folgende Materialien kommen infrage: Stahlbeton als örtlich geschaltes und betoniertes Dach oder mit Filigranplatten als verlorene Schalung mit Aufbeton, Stahlbetonfertigteile, Fertigteile aus Blähton, Fertigteile aus Porenbeton oder Systemdachaufbauten mit Ziegeln.

Eine Sonderstellung nimmt das Massivholzdach ein, auf das im Abschnitt „Zimmerarbeiten" (s. Seite 79) eingegangen wird.

Bei einem Massivdach ist oberhalb der massiven Dachplatte ein Aufdach-Dämmsystem vorhanden, dessen Stärke je nach Dämmstoff und energetischer Zielvorgabe schwankt. Näheres dazu ebenfalls im Abschnitt „Zimmerarbeiten".

DAS FERTIGHAUS IN MASSIV- UND GROSSTAFELBAUWEISE

Das Fertighaus in Massivbauweise unterscheidet sich vom Prinzip her nur durch die bereits vorelementierten Wände vom normalen Rohbau. Die Wände werden als vorgefertigte Wandtafeln mit einem Tieflader an die Baustelle angeliefert und mittels Kran als ganze Wandscheiben versetzt. Die Kopplungsstellen werden entsprechend den Systemfestlegungen ausgebildet.

Als Baustoffe kommen Beton, Bimsbeton (vorgefertigte, in Schalung gegossene Ziegel), Porenbeton und Blähton infrage.

Aus der Baubeschreibung muss hervorgehen,

- wie die Außenwände aufgebaut sind (Material, Stärke der einzelnen Schalen, U-Wert der Außenwand),
- wie die Innenwände aufgebaut sind (Material, Wandstärke),
- wie die Geschossdecken aufgebaut sind,
- wie die Oberflächenqualität beschaffen ist.

In den meisten Fällen stellt der Hersteller eines Fertighauses in Massivbauweise eine Baubeschreibung zur Verfügung, die dem Systemgedanken des Bausystems folgt, ähnlich wie es bei Holzfertighausherstellern (siehe unten) üblich ist.

Das Fertighaus in Großtafelbauweise

Ein Fertighausanbieter sieht das Fertighaus zumeist als Gesamtkunstwerk an, dementsprechend kann die Baubeschreibung weniger strukturiert sein, als das beim typischen Massivbauanbieter der Fall ist. Die meisten Anbieter bezeichnen die firmeneigenen Wandaufbauten mit salbungsvollen Wortneuschöpfungen. Die thermische Gebäudehülle aus Außenwänden und Dach wird hierbei meist gesamthaft beschrieben. Über die ausführungstechnischen Details schweigt man sich aber auch in den Baubeschreibungen weitgehend aus. Stattdessen werden die Vorteile der einzelnen im angebotenen Programm enthaltenen Dämmstoffe genannt, ohne dass es zu einer abschließenden Bewertung oder Gegenüberstellung der Vor- und Nachteile kommt. Diese lassen sich im Grunde so zusammenfassen: Dämmstoffe aus nicht nachwachsenden Rohstoffen sind gut. Dämmstoffe aus nachwachsenden Rohstoffen sind gut und teuer und sorgen für ein gutes Gewissen.

Info: Schnittstelle zum Gründungsbauteil

Während sich zum Teil ausschweifende Schilderungen der Möglichkeiten der Fassadengestaltung finden, schweigen sich die meisten Fertighaushersteller über die Schnittstelle zum Gründungsbauteil aus. Dabei ist es diese Schnittstelle, die für die Dauerhaftigkeit Ihres Hauses von entscheidender Bedeutung ist. An diesem Übergang vom Gründungsbauteil zur Holzkonstruktion können Feuchtigkeit und Insekten wirksam werden und zu schwerwiegenden Bauschäden führen, die sich (günstig für die Hauslieferanten) zumeist erst nach Ablauf der Gewährleistungsfrist bemerkbar machen.

Als Wandkonstruktion kommen Holzskelettkonstruktionen, Massivholzplatten oder verleimte Holzwerkstoffplatten zum Einsatz. Die Skelettkonstruktion der Außenwände ist in den Gefachen und auf der Wandaußenseite gedämmt. Je nach Schichtdicke der Skelettkonstruktion ist die außenliegende Dämmung, die eigentlich ein für die Großtafelbauweise zugelassenes Wärmedämmverbundsystem ist, mehr oder weniger stark.

Raumseitig ist bei hochwertigen Wandaufbauten eine vorgelegte Installationsebene auf der inneren Beplankung des Holzskeletts vorgelagert. Dadurch sind eine Leitungsführung und eine Elektroinstallation möglich, ohne die auf dem Holzskelett angebrachte Luftdichtheitsschicht zu durchdringen. Anhand der Checkliste auf Seite 175 f. lässt sich die Wand in Konstruktionsebenen zerlegen und schichtweise analysieren.

Bei den Innenwänden in Skelettkonstruktion sind die Gefache zumeist nicht voll ausgedämmt. Die Dämmung hat bei diesen Wänden die Aufgabe, die Wandhohlräume akustisch zu bedämpfen und damit lästigen Resonanzphänomenen (Geigenkasteneffekt) entgegenzuwirken. Die Dämmung der Gefache verschluckt den Schall bis zu einem gewissen Grad. Der Wandaufbau lässt sich ebenfalls anhand der Checkliste auf Seite 175 f. analysieren und vergleichen.

Bei Holzwänden in Massivkonstruktion trägt eine aus Holzelement- oder aus Holzwerkstoffplatten gefertigte Holzplatte. Es sind auch Systeme am Markt mit einem strukturierten, aus kreuzweise auf Lücke gelegten Holzrahmen gefertigten Wandkern, der die Elektroinstallation erleichtert. Die Wandsysteme werden von den Systemherstellern zumeist gut beschrieben. Abhängig vom Aufbau des Wandsystems ist es, wie bei Betonfertigteilen auch, erforderlich, die Elektroinstallation nach Lage und Anzahl sehr früh festzulegen, damit bei der Plattenfertigung die Kabeltrassen in den Platten bereits vorgesehen werden können.

Die Massivholzaußenwände haben auf der Außenseite eine Wärmedämmschicht, deren Schichtdicke sich aus dem angestrebten Energieeffizienzlevel und den Wärmedämmeigenschaften des verwendeten Wärmedämmstoffs ergibt. Auf der Innenseite sind unterschiedliche Oberflächengestaltungen, gegebenenfalls auf einer raumseitig vorgelagerten Installationsebene, möglich. Die Innenwände bestehen ebenfalls aus zum System passenden Holzplatten.

Bei aller wohlklingenden Prosa, die dem geneigten Leser häufig entgegenspringt: Es kommt auf die Fakten an, die sich darin verbergen, und noch viel mehr auf die Fakten, die nicht erwähnt werden. Sie müssen also genau lesen und auch verstehen, was Ihnen die Ersteller des Textes eigentlich mitteilen.

Machen Sie sich die Mühe, die Baubeschreibung des Fertighausanbieters aufzudröseln und sie nach Einzelgewerken zu strukturieren. Nur so erlangen Sie einen Überblick und wissen am Ende, was Sie bekommen und was nicht.

→ S. 175

Ausfüllhilfe Checkliste Fertighaus

Viele Fertighaushersteller differenzieren ihre Baubeschreibungen nach Bauteilen. Wenn Sie sich die Mühe machen, die Baubeschreibungen aufzudröseln, können Sie auch unterschiedlich aufgebaute Angebote verschiedener Hausanbieter miteinander vergleichen. Dabei hilft Ihnen die Fertighaus-Checkliste auf Seite 175. Sie beschränkt sich auf die Details des konstruktiven Aufbaus der Tragkonstruktion der Außen- und Innenwände, der Decken und des Dachs von der Außenkante bis zur raumseitigen Innenkante. Der Innenausbau ist nach Gewerken strukturiert und kann in den nachfolgenden Checklisten abgearbeitet werden.

ZIMMERARBEITEN

Die Zimmerarbeiten werden bei Fertighäusern in Holztafelbauweise zumeist im Rahmen der Bauteilbeschreibung mitbeschrieben, beim Massivbau und beim Bau mit massiven Fertigteilen werden sie separat beschrieben.

S. 178

Die Grundform des Daches wird durch die Grundrissgeometrie, den Bebauungsplan und den zugrunde liegenden Haustyp des Hausanbieters vorgegeben. Man unterscheidet zwischen Satteldach, Pultdach, Walmdach, Krüppelwalmdach, Mansarddach und Tonnendach, die in unterschiedlichen Ausprägungen ausgeführt werden. Da die Dachform das Raumgefühl im Dachraum bestimmt, ist die Dachform, die bei Ihrem Haus ausgeführt werden soll, in der Baubeschreibung zu nennen.

Dachkonstruktionsprinzip

Grundlegende Dachkonstruktionsprinzipien sind

- der zimmermannsmäßige Dachstuhl,
- das Binderdach und
- das Massivholzdach.

Der zimmermannsmäßige Dachstuhl setzt sich aus einzelnen Holzbalken zusammen, die das Dachtragwerk bilden. Sparren, Pfetten, Kehl- oder Deckenbalken und Tragstützen bilden die grundlegenden Konstruktionselemente der Dachkonstruktion. Die Konstruktionsart orientiert sich an der klassischen, durch Zimmerleute abgebundenen Dachkonstruktion des vorindustriellen Holzbaus. Der Abbund, also das Zuschneiden und Zurichten der Hölzer, erfolgt heute auf großen Abbundmaschinen, die basierend auf der computergestützt erstellten Planung die einzelnen Holzteile halb- oder vollautomatisch bearbeiten. Je nach Betriebsorganisation des Zimmereibetriebs werden alle Konstruktionsteile mit Lkw auf die Baustelle gefahren oder es werden vorgefertigte Dachsegmente erstellt, die als große, vorgefertigte Dachteile auf die Baustelle transportiert werden. Zimmermannsmäßiger Dachstuhl und Vorfertigung der Elemente schließen sich also nicht aus.

Binderdachstühle sind eine aus dem industriellen Holzhallenbau auf den Hausbau übertragene Konstruktionsweise. Das Dachwerk besteht dabei aus einzeln vorgefertigten, mit Nagelplatten zusammengefügten Bindern, Nagelplattenbindern, die bereits die Dachform abbilden oder auf der Baustelle zur Dachform zusammengesetzt werden. Bei nicht ausbaufähigen Dächern kommen häufig sogenannte Fachwerkbinder zum Einsatz. Diese Fachwerkbinder werden durch diagonale Streben ausgesteift, die den Dachraum durchziehen und seine Nutzung als Lagerfläche erheblich erschweren. Bei ausbaufähigen Dächern werden daher stattdessen Studiobinder oder Drempelbinder verwendet, die über dem Hausgrundriss einen ausbaufähigen Raumquerschnitt erzeugen.

Das dritte grundlegende Konstruktionsprinzip ist das Massivholzdach. Das ist eine Dachkonstruktion, die ohne hölzernes Tragskelett auskommt. Die tragende Dachkonstruktion wird durch eine massive, mehrere Zentimeter dicke Platte aus Leimholz, Brettstapel oder miteinander verleimten Holzwerkstoffplatten gebildet. Diese Dachplatten liegen wie schrägliegende Decken auf den Giebelwänden und den senkrecht zum First stehenden Innenwänden auf oder spannen von der Traufe zum First. Die Spannrichtung der Platten – längs zum First oder quer zum First – gibt den Verlauf der Fugen vor.

Ähnlich wie das Massivdach (s. Seite 76) bietet das Massivholzdach durch das hohe

Gewicht der Platten einen hohen Schallschutz, was sich bei einer Gebäudelage an verkehrsreichen Straßen, stark frequentierten Bahnstrecken oder im Bereich von Großflughäfen als Zugewinn an Wohnqualität erweisen kann.

Raumseitig wird das Massivholzdach entweder als Sichtholzoberfläche ausgeführt oder mit Gipsfaser- beziehungsweise Gipskartonplatten verkleidet. Zur Außenseite hin ist eine Aufdachdämmung angeordnet, die dann auch die Unterkonstruktion für die Dacheindeckung trägt. Die Baubeschreibung muss die Konstruktionsart des Dachstuhls eindeutig benennen und sollte sie auch bildlich darstellen.

Sichtdachstuhl oder verkleidete Dachkonstruktion?

Soll die Dachkonstruktion, das heißt die Anordnung der Dachsparren und, wenn vorhanden, der Pfetten raumseitig sichtbar sein? Oder ist die glatte, ebene Innenansicht gewünscht? Das ist eine Frage des Hausstils, der Architektur und des persönlichen Geschmacks. Diese Entscheidung hat jedoch erheblichen Einfluss auf die Holzqualität, die einzusetzen ist, und damit auf den Preis. Bleibt das Holz sichtbar, sind glatt gehobelte und zusätzlich geschliffene, gleichmäßig gemaserte Holzoberflächen gefragt. Ist die Dachkonstruktion nicht sichtbar, kommt zwar auch häufig gehobelte Balkenware zum Einsatz, aber auf das Maserungsbild kommt es nicht an.

Die Entscheidung zwischen Sichtdachstuhl und nicht sichtbarer, verkleideter Dachkonstruktion bestimmt auch die Lage der Dämmebene. Beim Sichtdachstuhl bleibt nur die Anordnung der Dämmung oberhalb der Dachkonstruktion, beim verkleideten Dachstuhl wird die Dämmung zwischen den Sparren eingebracht und gegebenenfalls noch eine dünne Lage Dämmung als dämmendes Unterdach auf der Sparrenoberseite angeordnet.

Eine Sonderform stellt hier der doppelte Dachstuhl dar: Über einem sichtbaren Dachstuhl mit eher gedrungenen Querschnitten und einer oberseitigen Bekleidung liegt ein zweiter, nicht sichtbarer Dachstuhl, der die eigentliche Tragfunktion übernimmt und in den Sparrengefachen gedämmt ist.

Aus der Baubeschreibung muss klar hervorgehen, ob ein Dachstuhl mit verdeckter Konstruktion, ein Sichtdachstuhl oder ein doppelter Dachstuhl ausgeführt wird.

Holzqualität

Die Qualitätsanforderungen an die verwendete Balkenware ergeben sich im Wesentlichen aus der Sichtbarkeit beziehungsweise der Nichtsichtbarkeit der Holzkonstruktion. Die Standsicherheit ist ohnehin zu gewährleisten. Bei den meisten nicht sichtbaren Dachkonstruktionen geben die erforderlichen Dämmdicken der Zwischensparrendämmung die Sparrenhöhe vor.

Als Holzqualitäten kommen Vollholz, Konstruktionsvollholz, schichtverleimte Balken und Leimholz vor. Bei großen Balkendimensionen kommt der Zimmereibetrieb an Leimholzbauteilen nicht vorbei.

Sichtbar bleibende Holzoberflächen sollten gehobelt und geschliffen sein, nicht sichtbar bleibende Holzoberflächen können durchaus sägerau bleiben. Als Holzqualität sollte entsprechend heutiger Regelwerke Konstruktionsvollholz (KVH) mit gehobelter Oberfläche beschrieben sein. Sichtbar bleibende Holzbauteile im Wohnbereich sollten aus nach optischen Kriterien besonders ausgesuchten Hölzern ausgeführt und vor Verschmutzungen und Beschädigungen während der Bauzeit geschützt werden.

Die verbauten Holzqualitäten für Sparren und Pfetten sind in der Baubeschreibung zu beschreiben.

Dachspitz

Wird die Dachkonstruktion mit einer als Decke eingezogenen Balkenlage ausgeführt (hierbei kann es sich um eine Kehlbalkenlage handeln oder um eine an den Mittelpfetten befestigte Balkenlage), entsteht oberhalb dieser Balkenlage ein abgeschlossener Raum, der sogenannte Dachspitz. Bei Dächern mit geringer Dachneigung und niedrigem Kniestock ist der Dachspitz aufgrund fehlender Höhe fast unzugänglich, bei steileren Dächern oder bei Dächern mit hohem Kniestock ist er teilweise sehr gut begehbar. Wenn es nicht gesondert vereinbart wurde, wird der Dachspitz nicht ausgebaut. Üblicherweise liegt er außerhalb der thermischen Hülle, die nach oben hin durch die gedämmte Balkenlage unterhalb des Dachspitzes gebildet wird. Wenn der Dachspitz zugänglich ist, erfolgt dies zumeist durch eine wärmegedämmte Bodeneinschubtreppe.

Ist ein Dachspitz vorhanden, ist er in der Baubeschreibung zu erwähnen und im Hinblick auf die Ausstattung und die Lüftungssituation zu beschreiben.

Dachüberstände, Dachkanten

Bei üblicher Architektur sind an den Traufen (untere Dachkante, an der die Dachrinne angebracht wird) und an den Ortgängen (schräg verlaufende Dachkante an den Giebelseiten) Dachüberstände vorhanden. Das Dach ragt also über die Gebäudeaußenkante hinaus.

Die eigentliche Funktion der Dachüberstände ist der konstruktive Schutz des Übergangs der Außenwandfläche zur Dachfläche. Dieser Übergang ist infolge der dort aufeinandertreffenden Bauteile und Materialien sensibel gegen die Einwirkungen von Witterung und Feuchtigkeit und wird daher von alters her vor diesen Einwirkungen geschützt. Je mehr Dachüberstand, desto größer der Schutz.

Die Ausführung dieser Dachüberstände hat erheblichen Einfluss auf das Gesamterscheinungsbild.

Neben der sichtbaren Sparrenlage an den Traufen und Freigespärren am Ortgang sind verkleidete Dachüberstände oder Dachkästen verbreitet. Ist die Sparrenlage sichtbar, gibt es unterschiedliche Sparrenkopfausformungen. Manche Anbieter stellen mehrere Varianten zur Auswahl. Die Dachuntersicht selbst kann mit einer Profilholzschalung in Nut und Feder oder einer glatten Platte gestaltet sein. Die farbliche Gestaltung ist sehr variantenreich.

Aufgrund ihrer gestalterischen Bedeutung sind die Dachränder ein architektonisches Element und daher in der Baubeschreibung detailliert zu beschreiben. Dabei geht es um die Maße der Dachüberstände an Ortgang und Traufe, wobei zu definieren ist, ob das Maß an der Traufe mit oder ohne Dachrinne angegeben ist.

Aufdachdämmung

Bei normalen Sichtdachstühlen, das heißt bei Dachstuhlkonstruktionen, bei denen die Sparren sichtbar bleiben, wird die Dachdämmung über der von der Raumseite her sichtbaren Bekleidung der Dachfläche angeordnet. Sie liegt über den Sparren und somit quasi auf der Dachkonstruktion. Es können die gleichen Dämmstoffe wie bei der Zwischensparrendämmung (s. Seite 106) verwendet werden. Manche Dämmstoffe funktionieren als Aufdachdämmung nur in Verbindung mit einer lastabtragenden Unterkonstruktion. Aufgrund des dicken Dämmpakets müssen bei reinen Aufdachdämmungen konstruktive Maßnahmen zur Schubaufnahme getroffen werden.

Wenn ein Sichtdachstuhl mit Aufdachdämmung zum geschuldeten Leistungsumfang gehört, ist in der Baubeschreibung der Dachaufbau unter Angabe des Dämmstoffs, der Dämmstoffdicke und des U-Werts des Dachaufbaus zu nennen.

DACHDECKERARBEITEN

Die Möglichkeiten für die Ausführung der Dacheindeckung sind vielfältig. Zumeist wird sie mit plattenartigen Dachdeckungselementen aus gebranntem Ton (Dachziegel) oder Beton (Betondachsteine) erfolgen. Die Auswahl im Hinblick auf Form, Ausführung sowie Farbgebung ist groß.

Neben Ziegeln und Betondachsteinen gibt es zahlreiche andere Optionen: flache oder gewellte Betonfaserplatten, Blecheindeckungen aus unterschiedlichen Metallen oder Metalllegierungen in Scharen oder kleinteiligen Tafeln, Natur- und Kunstschiefer, Bitumenschindeln, Reet, Schilf, Stroh oder Holzschindeln. Allen Dacheindeckungen gemein ist die auf Dauerhaftigkeit ausgelegte Schutzfunktion gegen Wetter und Wind.

→ S. 181

Zur Dacheindeckung gehören eine adäquate, jeweils passende Unterkonstruktion und eine Unterspannung beziehungsweise Unterdeckung, die bei jeder Dacheindeckung – ausgenommen Reet- und Schilfeindeckungen – die Hinterlüftung sowie den bauschadensfreien Abtransport von eingedrungener Feuchtigkeit sicherstellt und die Dacheindeckungselemente auf der Dachfläche sicher verankert, um die Dacheindeckung gegen das Abheben durch Windsog zu schützen.

In der Baubeschreibung ist die Art der Dachdeckung möglichst mit Fabrikatsangabe und Typenbezeichnung sowie die Regeldachneigung für diese Dachdeckung zu benennen. Werden mehrere Varianten für die Dachdeckung angeboten, ist für die Vertragsbaubeschreibung die eindeutige und abschließende Festlegung erforderlich, die dann auch im Endpreis berücksichtigt sein sollte. Darüber hinaus sollte die Baubeschreibung Angaben zur Unterkonstruktion der Dacheindeckung enthalten.

Unterkonstruktion der Dachdeckung

Die Unterkonstruktion der Dachdeckung besteht im Wesentlichen aus drei Konstruktionselementen:

- der Unterspannung/Unterdeckung
- der Belüftungsebene
- der Tragkonstruktion

Die Unterspannung schließt den Gefachhohlraum gedämmter Dachflächen nach oben hin ab. Sie muss, abgestimmt auf die raumseitig der Wärmedämmung angeordnete Dampfbremse beziehungsweise Dampfsperre, deutlich diffusionsoffener sein als diese. Die Fachregeln fordern den Faktor 10 bis 20, es darf aber auch mehr sein. Hat die Dampfbremse auf der Raumseite einen S_d-Wert (s. Seite 108) von 5,00 Metern, sollte die Unterspannung maximal 0,5 Meter oder besser weniger betragen. So ist sichergestellt, dass eindiffundierte Feuchtigkeit oder Baurestfeuchte in der Heizperiode nach außen hin austrocknen können. Die Unterspannung schützt die Dämmung vor der Feuchtigkeit, die infolge von Windeinwirkung unter die Dacheindeckung getrieben wird, und vor der Feuchtigkeit, die in kalten Nächten auf der Unterseite der Dacheindeckung kondensiert und auf die Dachfläche abtropft.

Die Belüftungsebene ist in ihrer Höhe von der Dacheindeckung abhängig. Für die Eindeckung mit Dachziegeln oder Betondachsteinen fordert das Regelwerk einen Mindestbelüftungsquerschnitt von 200 Quadratzentimetern pro Meter Trauflänge.

Infolge der Querschnittsreduzierung durch das Insektenschutzgitter haben sich für die Belüftungsebene Konterlatten mit 3 Zentimeter Höhe als Standard etabliert. Unter einer Vollschalung muss ein höherer Lüftungsquer-

Unterschreiten der Regeldachneigung

Infolge der Vorgaben des Bebauungsplans oder der Architektur kann es sein, dass die Regeldachneigung, die für jede marktübliche Dacheindeckung vorgegeben ist, unterschritten wird. Die Regeldachneigung sollte in der Baubeschreibung angegeben sein. Bei einer Unterschreitung sind an die Dacheindeckung angepasste zusätzliche Schutzmaßnahmen erforderlich. Dann muss die Unterspannung zum regensicheren Unterdach oder zum wasserdichten Unterdach ertüchtigt werden. In der Baubeschreibung müssen diese Maßnahmen beschrieben werden.

schnitt vorhanden sein. Das Gesagte gilt auch für Holzschindeldeckungen.

Die Tragkonstruktion besteht bei Dachziegeln und Betondachsteinen und einigen anderen Dacheindeckungen aus Dachlatten, bei anderen Dacheindeckungen ist wegen der mechanischen Befestigung durch Nägel eine Sparschalung oder eine Vollschalung erforderlich.

In der Baubeschreibung sollte der Aufbau der Unterkonstruktion der Dacheindeckung eindeutig beschrieben sein.

Die Regeldachneigung

Das ist diejenige Neigung des Daches gegenüber der Waagerechten, bei der die verschiedenen Dacheindeckungen unter normalen Umständen (nicht bei Starkwind- oder Extremwetterlagen!) die Regensicherheit gewährleisten.

Nachfolgend eine kleine Übersicht zur Regeldachneigung für hängige Dachdeckungsmaterialien. Allerdings tun Sie gut daran, sich über die Regeldachneigung des von Ihnen gewählten Materials auf den Produktseiten der Hersteller zu informieren.

- profilierte Dachsteine mit hochliegendem Seitenfalz: 22 Grad
- Flachdachpfannen mit Ringverfalzung: 22 Grad
- Dachplatten mit Seitenfalz: 40 Grad
- Dachplatten ohne Seitenfalz: 40 Grad

Wind und Windsogsicherung

Die Dacheindeckung wird nicht nur durch Regen, sondern auch durch Wind belastet. Dieser erzeugt auf der vom Wind abgewandten Dachseite eine Sogwirkung, die, wenn sie entsprechende Größenordnungen erreicht (Sturm, Hurrikan, Tornado), dazu führen kann, dass die Dacheindeckung herausgerissen wird. Um dies zu verhindern, muss die Dacheindeckung sturmgesichert werden. Der Umfang der Windsogsicherung (nur an den Dachrändern oder auch in der Fläche?) richtet sich nach der Windzone, in der das Grundstück liegt, das Sie bebauen wollen, und nach der individuellen Expositionssituation, also ob es sich zum Beispiel um ein einzelstehendes Haus auf einer freistehenden Hügelkuppe handelt.

Die Windzone kann ganz einfach anhand der Postleitzahl des Bauorts ermittelt werden (s. Seite 34). Daher ist die Berücksichtigung der Windzone spätestens in der Vertragsbaubeschreibung verbindlich zu definieren.

Info Gestiegene Anforderungen

Hausbesitzer haften für Schäden, die von ihrem Gebäude ausgehen. Dazu gehören auch herumfliegende Dachziegel. Die Anforderungen an die Windsogsicherheit der Dacheindeckungen wurden in den letzten Jahren verschärft und sind bei Neudeckungen und Neueindeckungen bestehender Gebäude ausnahmslos umzusetzen.

Schneelast und Schneefang/ -rückhaltung

Die Winter 2018 und 2019 haben es gezeigt: Auch in Deutschland kann viel Schnee auf den Dächern liegen und längerfristig liegen bleiben. Dagegen helfen nur Dächer mit einer entsprechend steilen Dachneigung und einer glatten Dacheindeckung, von der der Schnee leicht abrutschen kann. Bei schwach geneigten Dächern (darunter fallen auch Gaubendächer, Carport- und Garagendächer) oder bei Dächern mit profilierten Dacheindeckungen bleibt der Schnee wochenlang liegen. Über diesen langen Zeitraum bildet sich aus der ursprünglich lockerleichten Pulverschneedecke eine brettharte, schwere Firneisschicht, die die Dachkonstruktion und natürlich das gesamte Gebäude ganz erheblich belasten kann. Fällt zusätzlich auch noch Regen oder noch mehr Schnee, werden sehr schnell Grenzlastfälle erreicht, bei denen innen sichtbare Verformungen und Rissbildungen auftreten können.

Derartige Einwirkungen sind durch den geeigneten Ansatz der Schneelastzone, der Höhenlage des Gebäudes sowie des individuellen Standorts zu berücksichtigen.

Ein weiterer Punkt, den es zu bedenken gilt, ist die Sicherung der Zugangswege und dabei insbesondere die Sicherheit der Personen, die diese passieren: die eigene Familie, Besucher, der Post- oder Paketbote, der Zeitungsausträger. Entweder das Dach ist so steil und glatt, dass keine dicke Schneelage dort hängenbleibt, weil alles gleich abrutscht, oder aber der über die Zeit verfestigte Schnee muss gegen Abrutschen gesichert werden. Alternativ kann auf den Gefahrenbereich und die Gefahr der Dachlawine hingewiesen werden. Grundsätzlich geschieht das für Verkehrsflächen, die auf dem eigenen Grundstück liegen, freiwillig. Möglicherweise gibt es jedoch eine Auflage in Ihrer Grundbesitzerhaftpflichtversicherung, die das von Ihnen fordert.

Grenzt das Haus aber an öffentliche Bereiche und könnte sich die Dachlawine auf den Gehweg oder die Straße ergießen, sind Schneerückhaltesysteme Pflicht. Aus diesen Schneerückhaltesystemen können erhebliche exzentrisch wirkende Lasten in die Dacheindeckung und die Dachkonstruktion eingeleitet werden. Das ist bei der Dimensionierung des Tragwerks zu beachten. Wenn die Schneelastzone berücksichtigt wird, sollte sich auch abzeichnen, ob derartige Maßnahmen notwendig sind. Der Hausbaupartner ist hierbei als Fachunternehmen in der Beratungspflicht. Wenn seitens des Hausbaupartners keine Aussage dazu kommt, fragen Sie im eigenen Interesse nach.

In der Baubeschreibung ist die vereinbarte Ausführung des Schneerückhaltesystems nach Art und Umfang zu definieren.

FLACHDACHABDICHTUNG

Flachdächer sind, wenn die Arbeiten sorgfältig ausgeführt werden und die baulichen Randbedingungen passen, dauerhafte und haltbare Konstruktionen. Der Markt an Dachabdichtungsbahnen ist vielfältig. Viele Hersteller sind Systemanbieter und bieten eine Materialgewährleistung von 30 Jahren an. Diese entfällt jedoch in dem Moment, in dem Materialien anderer Hersteller ebenfalls zum Einsatz kommen. Daher ist es beim Flachdachbau besonders wichtig, die Systemimmanenz zu wahren.

Der Bedeutung des Systemgedankens sollte auch die Baubeschreibung Rechnung tragen: Ist ein Dachbahnhersteller/ein Dachbahnfabrikat benannt? Wenn nicht, dann fragen Sie danach und bestehen Sie darauf, dass das System und auch der Dachbahnentyp in der Vertragsbaubeschreibung verbindlich angegeben werden.

Als Dachabdichtungen für Flachdächer kommen verschiedene Materialien in Betracht: Bitumenbahnen in unterschiedlicher Ausführung, Polymerbitumenbahnen, PVC-Bahnen, EPDM-Bahnen, Kautschukbahnen und flüssig zu applizierende Dichtungsmassen, die beim Aushärten die abdichtende Schicht erzeugen. Aus der Baubeschreibung muss eindeutig hervorgehen, welche Art der Abdichtung bei Ihrem Haus zur Anwendung kommt. Achtung: Die Aussage „nach Wahl des Auftragnehmers" ist keine akzeptable Beschreibung!

→ S. 183

Bei der Flachdachabdichtung sind der Dachaufbau, bestehend aus Dampfsperre, Dämmung, Dachabdichtung und Schutzlage, sowie die Anschlüsse an aufgehende oder durchdringende Bauteile zu beschreiben. Dabei ist zu gewährleisten, dass die Anforderungen des Herstellers (Systemanbieter) an die Systemimmanenz erfüllt werden.

Die Regelausführung sieht eine Gefälleausbildung vor. Diese ist (außer bei Gründachaufbauten) notwendig, damit das Wasser komplett ablaufen kann. Die Gefälleausbildung erfolgt entweder durch eine entsprechende konstruktive Ausführung des Unterbaus oder durch Aufbringen einer an das Objekt angepassten Gefälledämmung. Die Gefälleausbildung sollte in der Baubeschreibung zumindest benannt sein. Ansonsten sollten Sie nachfragen. Ausbildungen ohne Gefälle gelten als Sonderkonstruktion und erfordern eine höherwertigere Ausführung der Flachdachabdichtung.

Planung und Kontrolle

Eine Dachabdichtung ist – so steht es in den gängigen Regelwerken wie der Flachdachrichtlinie des deutschen Dachdeckerhandwerks oder der DIN 18531 „Abdichtung von Dächern sowie Balkonen, Loggien und Laubengängen" – sorgfältig zu planen. Sie ist ein komplexes Gebilde, das nur so gut funktioniert wie seine schwächste Stelle. Vieles ist dabei zu berücksichtigen: die Anschlüsse an aufgehende Bauteile, die Anschlüsse an Fenstertüren in Wänden, die Anschlüsse an Durchdringungen wie zum Beispiel Lichtkuppeln, Rohrleitungen oder Schornsteine und vieles andere mehr. Anschlusshöhen sind zu wahren und die Schnittstellen zu anderen Gewerken wie zum Beispiel Fenster- und Rollladenbau kommen komplexitätssteigernd hinzu. Baubeschreibungen gehen nur selten im Detail auf die Ausführungen von Anschlüssen ein, deren tatsächliche Umsetzung sich häufig erst vor Ort ergibt. Auch bei der Koordination der Gewerke vertraut man oft schlicht darauf, dass sich die Handwerker untereinander absprechen, was aber oft nicht geschieht. Da-

Vorsicht bei wärmegedämmten Holzbalkendecken

Flachdachabdichtungen über wärmegedämmten Holzbalkendecken (typisch für Fertighäuser in Holztafelbauweise) haben sich in den vergangenen Jahren als besonders schadensträchtig erwiesen. Die typischen Einbauszenarien sind die Flachdachabdichtung der Hauptdachfläche, der Dachterrasse beziehungsweise Dachloggia oder die Flachdachabdichtung auf Erkervorbauten. Wenn bei Ihrem zukünftigen Haus solche Konstellationen auftreten, holen Sie besser den Rat eines Sachverständigen ein.

mit hier nichts schiefgeht, ist eine baubegleitende Qualitätskontrolle durch den in Ihrem Auftrag tätigen Sachverständigen von großer Bedeutung.

Genutzte Flachdächer

Bei genutzten Flachdächern sind wirksame Schutzmaßnahmen gegen mechanische Beschädigung durch Mobiliar oder Personen vorzusehen. Wenn sich aus der Baubeschreibung nicht ergibt, wie die Anschlüsse der Flachdachabdichtung auf der Dachterrasse oder der Dachloggia vor mechanischen Beschädigungen geschützt werden sollen, sollten Sie unbedingt nachfragen. Versuchen Sie, zu verhandeln, dass die jeweilige Festlegung Bestandteil der Vertragsbaubeschreibung wird.

Begrünte Flachdächer

Bei Flachdächern sind heute vielfach Begrünungsmaßnahmen zur Wasserrückhaltung im Bebauungsplan vorgeschrieben. In diesem Fall ist die ausreichende Wasserrückhaltung auf den Dächern durch konstruktive Rückhaltemaßnahmen zu berücksichtigen. Die erforderlichen Maßnahmen sind in der Baubeschreibung aufzuführen.

Es ist dabei zu unterscheiden zwischen extensiven Begrünungen mit Sedumsprossen, wie sie bei nicht genutzten Dächern üblich sind, und intensiven Begrünungen mit kleineren Büschen und Bäumen. Maßgebend für die erfolgreiche Durchführung einer Begrünung sind wasserstauende Dachaufbauten, damit die Begrünung selbst ohne allzu großen Pflegeaufwand auskommt. Bei langanhaltender Trockenheit und sehr heißen Sommern kommt jedes System an seine Grenzen, sodass die Dachflächen gewässert werden müssen.

Wenn Dachbegrünungen vorgesehen sind, sind die Maßnahmen zur Begrünung und zur Wasserrückhaltungentsprechend zu beschreiben.

Flachdachwartung

Flachdächer müssen zur Sicherstellung ihrer Funktionstauglichkeit regelmäßig kontrolliert und gewartet werden. Aus Gründen der Arbeitssicherheit sind deswegen Anschlagpunkte zu schaffen, damit die Arbeiter, die diese Leistung oder aber Wartungs- und Reparaturarbeiten erbringen, ihre Absturzsicherung dort einhängen können. Diese Anschlagpunkte können an geeigneten Dachaufbauten (statischer Nachweis erforderlich) oder aber als Systembauteil des Dachbahnenherstellers in der Dachfläche (Sekuranten) gesetzt werden. Aus der Baubeschreibung muss die Anordnung von zugelassenen Anschlagpunkten nach Art und Anzahl hervorgehen.

Dachzugang

Um die Dachflächen zu Wartungszwecken erreichen zu können, muss ein Zugang zum Dach möglich sein. Solange es nur darum geht, die Höhendifferenz eines üblichen Wohngeschosses zu überwinden, geht das mit einer Anlegeleiter. Hat das Haus zwei oder mehr Geschosse, ist das jedoch nicht mehr möglich. Dann muss stattdessen ein arbeitssicherer Dachzugang aus dem Gebäudeinneren heraus geschaffen werden. In diesem Fall gehört ein wärmegedämmter Dachausstieg zum Standardleistungsumfang und ist demzufolge auch in der Baubeschreibung zu benennen.

Info Schnee auf dem Flachdach

Bei Flachdächern kann Schnee problematisch werden. Bei starkem Schneeaufkommen muss ein Flachdach, um Schäden und den Eintritt von Wasser bei plötzlich einsetzenden Niederschlägen zu vermeiden, vom Schnee befreit werden. Dazu muss das Dach zugänglich sein. Als Eigentümer sollten Sie darauf achten, das Dach rechtzeitig zu beräumen. Dazu muss der Dachausstieg trotz Schneeauflage noch zu öffnen sein.

Elemente der Dachentwässerung

Dacheinläufe und Notüberläufe werden entweder vom Systemanbieter geliefert oder vom Blechner speziell angefertigt. Im zweiten Fall entsteht ein erhöhter Koordinierungs- und Abstimmungsbedarf. Außerdem ist sicherzustellen, dass zwischen den fremd zugelieferten Teilen und der Dachabdichtung keine Materialunverträglichkeiten bestehen.

Die Dachentwässerung und die Notentwässerung von Flachdächern müssen auch bei Frost funktionstauglich sein und bleiben. Es ist daher ratsam, dass Sie in die Baubeschreibung elektrisch beheizbare Abläufe hineinverhandeln, wenn diese nicht ohnehin schon enthalten sind.

Schallschutz unter genutzten Dachflächen

Unter genutzten Dachflächen liegen sehr häufig die als schützenswert anzusehenden Wohnräume, also die Schlaf- oder Kinderzimmer. Daher ist anzustreben, dass störende Schalleinträge aus der Nutzung des Daches – infolge von Begehen, Verrücken von Möblierung et cetera – möglichst minimiert werden. Dazu bedarf es darauf abgestimmter Dachaufbauten. Die schalldämpfenden Maßnahmen müssen in der Baubeschreibung erwähnt werden.

Balkonabdichtung

Sind Balkone vorhanden, die als auskragendes Bauteil mit dem Hausinneren unmittelbar in Verbindung stehen, sind die Balkonoberseiten am besten unter Herstellung eines geringen Gefälles abzudichten, um den Wasserzutritt ins Haus zu unterbinden.

Bei geschlossenen Balkonbrüstungen sind Balkone wie Flachdächer zu behandeln, ansonsten, das heißt bei offener Brüstung, ist der Wasserablauf über die freien Balkonkanten gewährleistet.

Eigentlich muss die Balkonabdichtung in der Baubeschreibung erwähnt sein. Wenn dem nicht so ist, fragen Sie danach.

Holzbalkone

Holzbalkone, die frei bewittert sind, haben eine eingeschränkte Lebensdauer und müssen nach 10 bis 15 Jahren, manchmal auch früher, erneuert werden. Eine Abdichtung in der Belagsebene als Maßnahme des konstruktiven Holzschutzes kann die Lebensdauer deutlich erhöhen.

BLECHNER-/FLASCHNER-/ KLEMPNERARBEITEN

„Ich bin Klempner von Beruf …" hatte Reinhard Mey vor Jahrzehnten getextet und in diesem Lied das komplette Berufsbild beschrieben. In diesem Kapitel geht es nur um die Baublechnerarbeiten, das heißt um Dachrinnen, Fallrohre, Mauerabdeckungen und kleinflächige Blecheindeckungen an Gauben, sowie um die Blecharbeiten in Verbindung mit Flachdacharbeiten.

S. 185

Die Materialauswahl ist vielfältig. Traditionell kommen Zinkbleche, vorbewitterte Zinkbleche oder Kupferbleche zum Einsatz, aber auch verschiedene Stahllegierungen von glänzend bis matt, Aluminium blank, eloxiert oder farbig pulverbeschichtet sowie Dachrinnen und Fallrohre aus farbigen Kunststoffen sind möglich. Aus der Baubeschreibung muss sich das Material, mit dem die Blechnerarbeiten ausgeführt werden, eindeutig ergeben.

Regenentwässerung

Die Regenentwässerung besteht aus den Dachrinnen, den Rinneneinläufen (Rinnenkesseln) und den Regenfallrohren mit ihren Formstücken sowie den Standrohren als Übergang zur Grundleitung. Je nach Anforderung des Abwasserzweckverbandes müssen unter Umständen noch Schmutzfangeinrichtungen, sogenannte Sandfänge, eingebaut werden, das sind Kästen mit Schmutzfangsieben, um das Eindringen von Sand, Laub und ähnlichen Fremdstoffen ins öffentliche Kanalnetz zu verhüten.

Die Dachrinnen gibt es als vorgehängte Rinnen in halbrund oder eckig oder als innenliegende Rinnen, die für untenstehende Betrachter nicht sichtbar im Dachkasten beziehungsweise im Dach positioniert sind. Zu den Rinnen gehören die Rinnenhalter und Rinnenhaken, die die Rinnen tragen, je nach Anbieterstandard Rinneneinlaufbleche, die das Hinterlaufen der Rinne verhindern, und in schneereichen Regionen zusätzlich die sogenannten Übereisen, die dafür sorgen, dass sich die Rinnen unter Schneelast nicht verformen.

Die Anzahl der Fallrohre richtet sich nach den einzelnen Rinnenabschnitten, die zu entwässern sind.

Auch an Dachaufbauten, wie zum Beispiel Gauben, Quergiebeln und Dachloggien, sollten Rinnen angeordnet werden, um das ansonsten deutlich wahrnehmbare Aufprallgeräusch herunterfallender Tropfen zu vermeiden. Diese Rinnen entwässern direkt auf die angrenzenden Dachflächen.

In der Baubeschreibung sind die Regenentwässerungsanlagen des Hauptdaches und der Tochterdächer an Dachaufbauten, Anbauten und Nebengebäuden zu beschreiben. Es ist eindeutig darzulegen, ob vorgehängte Rinnen oder innenliegende Rinnen vorgesehen sind.

Regenentwässerung von Flachdachbereichen

Je nach Gewerkezuordnung des Hausanbieters werden die Dacheinläufe und Notabläufe an Flachdachbereichen vom Dachdecker oder vom Blechner, Spengler oder Klempner angefertigt und dann vom Dachdecker in die Flachdachabdichtung eingeklebt. Im zweiten Fall bedarf es klarer Festlegungen und Abstimmungen, die Sie als Bauherrn aber nur dann betreffen, wenn Sie eine der Leistungen oder auch beide als Eigenleistung ausführen wollen.

Sind außenliegende Regenfallrohre vorgesehen, werden diese im Regelfall durch den Blechner gefertigt. Innenliegende Flachdachentwässerungen macht der Sanitärinstallateur.

Rund ums Flachdach fallen verschiedene Blecharbeiten an, die entweder durch den Dachdecker beziehungsweise den Flachdachbauer oder durch den Blechner, Spengler oder Klempner erbracht werden. Dazu zählen die Trittschutzbleche als Schutz der Dachabdichtung vor mechanischer Beschädigung bei genutzten Flachdachbereichen auf Dachterrassen und Loggien sowie die Mauer- und Attikaverblechungen als regensichere Abdeckung der Wandkronen.

Unabhängig davon, welchem Gewerk die Arbeiten zugeordnet sind, sollten sie in der Baubeschreibung eindeutig beschrieben sein. Wenn an Ihrem zukünftigen Haus Flachdachbereiche sind, die abgedichtet werden, und Sie finden zu den Blechnerarbeiten rund ums Flachdach keine Angabe in der Baubeschreibung, fragen Sie dezidiert nach.

Balkonentwässerung

Wenn es regnet, wird der Balkon nass. Doch wohin mit dem Wasser? Abtropfen lassen ist eine denkbare Lösung, die allerdings dazu führt, dass der Bereich unter dem Balkon noch lange nach dem Regenguss nicht zum längeren Verweilen einlädt. Eine Balkonrinne schafft Abhilfe und führt das Wasser dorthin, wo es plangemäß hin soll.

Es ist nicht zulässig, die Entwässerung von Balkonen mit geschlossenen Brüstungen in die Dachentwässerung einzuleiten. Durch dieses Verbot soll verhindert werden, dass der Balkon von der Fallrohrseite her eingestaut wird.

In der Baubeschreibung müssen eindeutige Aussagen zur Balkonentwässerung gemacht werden. Wenn dem nicht so ist, dann fragen Sie nach.

Weitere Blechnerarbeiten

Je nach Dachüberstandstiefe und Dachaufbau kann es sinnvoll sein, die bewitterten Holzbauteile an den giebelseitigen Dachrändern zu verblechen oder die Giebelseiten tatsächlich an Blechverkleidungen anzuschließen. Die Ortgangeindeckung gibt diese Ausführung vor. Da dies erhebliche Auswirkungen auf das Erscheinungsbild hat, sollte eine Ortgangverblechung in der Baubeschreibung beschrieben sein.

Wer einen Kamin hat, muss sich damit abfinden, dass dieser an irgendeiner Stelle durch das Dach nach draußen drängt und dort sichtbar ist und bleibt. Aber was macht man mit diesem Bauteil, das aus dem Dach schaut? Ein wasserableitender Blechanschluss, die sogenannte Kaminverwahrung, umkleidet den Kamin und verhindert, dass Wasser an den Übergängen von der Dacheindeckung zum Kamin in den Dachaufbau eindringt. Der Kaminteil oberhalb der Verwahrung kann auch mit Blech umkleidet werden.

Info Metalle kombinieren?

Bei der Kombination verschiedener Metalle muss die sogenannte Spannungsreihe berücksichtigt werden. Das sollte man zumeist dem Fachbetrieb überlassen. Am einfachsten ist es, mit nur einem einzigen Metall zu arbeiten.

FENSTERBAUARBEITEN UND HAUSTÜR

Fenster bringen Tageslicht ins Haus, ermöglichen Ausblicke und Durchblicke – aber auch Einblicke. Auch wenn sich die Dämmwerte der Verglasungen und Rahmenkonstruktionen bereits erheblich verbessert haben, sind Fenster in Neubauten noch immer die, von der Haustür abgesehen, thermisch schlechtesten Bauteile.

Als Rahmenmaterial kommen Kunststoff in unterschiedlichen Oberflächenqualitäten, Holz und Aluminium sowie Holz- und Kunststofffenster mit Aluminiumblenden zum Einsatz. Die Verglasungen sind im Regelfall dreifach, wobei es auch sehr gut dämmende Zweifachverglasungen gibt. Je nach Anforderungsszenario und Sicherheitsbedürfnis der künftigen Bewohner kommen auch durchwurfsicheres Glas, schusssicheres Glas oder Schallschutzverglasung zur Anwendung.

Die Rahmen der Kunststofffenster haben einen Mehrkammeraufbau, der über die Einschlüsse von ruhenden Luftschichten die Wärmedämmwirkung erzielt. Holzfensterrahmen enthalten dagegen eine in der Glasebene liegende Dämmeinlage, etwa aus Kork.

Bei Häusern mit preiswerten Lüftungsanlagen werden häufig die Fenster herangezogen, um die Luftnachströmung von außen sicherzustellen. Dazu werden Löcher in den Rahmen geschnitten, in die Lüftereinsätze eingebaut werden, oder man schneidet Teile der Fensterdichtung heraus und baut sogenannte Fensterfalzlüfter ein.

→ S. 187

In der Baubeschreibung ist die Ausführung der Fenster eindeutig zu beschreiben. Hierbei ist das Rahmenmaterial zu benennen und der U-Wert der vorgesehenen Verglasung anzugeben. Ebenso sollte angegeben werden, ob die Fenster als Bestandteil der Lüftungsanlage vorgesehen sind. Wünschenswert wäre es, wenn die Fenster je Raum nach Größe und Öffnungsart benannt würden.

Fenstereinbau

Der Fenstereinbau muss so erfolgen, dass die auf das Fensterelement einwirkenden Kräfte – Schwerkraft, Windsog und Winddruck – sowie die Kräfte, die beim Öffnen der Fenster durch den dann senkrecht zum Fensterrahmen stehenden Fensterflügel entstehen, sicher aufgenommen werden. Das ist abhängig von der Wandkonstruktion, dem Wandbaustoff, dem Rahmenmaterial und den verwendeten Befestigungselementen.

Zwischen Fensterrahmen und Wandkonstruktion verbleibt eine Bauteilfuge mit mehreren Millimetern Stärke. Diese Fuge ist wärmegedämmt, schlagregendicht, winddicht und luftdicht zu schließen. Dazu bedarf es einer geeigneten Kombination von Fugenfüllstoffen und Folien. Vorkomprimierte Dichtungsbänder, die sich nach dem Einbau entspannen und aufgehen, sind dafür geeignet, wenn der Grad der Expansion des Bandes in den Grenzen bleibt, die der Bandhersteller vorgibt. Bei stark unebenen Fensterlaibungen sind diese vorab zu egalisieren und/oder es muss mit Folien gearbeitet werden.

Es ist sinnvoll, die Fenster und auch die Innentüren spätestens ein Jahr nach Einzug noch einmal einstellen zu lassen. Bis dahin haben sich die Öffnungsbauteile in den Bändern gesetzt und an die raumklimatischen Bedingungen angepasst. Sie sollten also klären, ob ein nachträglicher Einstelldurchgang durch den Fensterlieferanten etwa zwölf Monate nach Einzug Vertragsbestandteil ist.

Einbruchschutz

Der Einbruchschutz, den ein Fenster oder eine Balkontür bietet, hängt mit der Anzahl und der Ausformung der Beschläge, der Einbruchshemmung der Verglasung und der Befestigung am Baukörper zusammen.

Für private Haushalte empfiehlt die Polizei für Fenster, die ohne Aufstiegshilfe erreicht werden können oder die eine Stellfläche außen davor haben (Balkonfenster), die Einbruchswiderstandsklasse RC 2/RC 2 N oder – bei wertvollem Hausrat – RC 3. RC steht für Resistance Class. In Verbindung mit einer gewerblichen Nutzung kann durchaus auch eine höherwertigere Klassifizierung erforderlich sein. Für Fenster, die nur mit Aufstiegshilfe erreichbar sind und von der Aufstiegshilfe aus aufgebrochen werden müssten, reicht unter Umständen die Widerstandsklasse RC 1.

Die Befestigung der Beschläge im Rahmen ist ein weiteres Kriterium für den Einbruchschutz.

Wer auf einen erhöhten Einbruchschutz Wert legt, sollte berücksichtigen, dass für die Einbruchshemmung nicht nur das Fenster- oder das Haustürelement beziehungsweise deren Beschläge, sondern auch die Verankerung in der Wandkonstruktion ein entscheidendes Kriterium ist. Bei Häusern in Holzbauart ist eine RC 2 nur in Verbindung mit einer Verankerung der Elemente in tragenden Bauteilen aus Massivholz gegeben. Die Verankerung in hoch wärmedämmenden monolithischen Wandbaustoffen mit demzufolge niedrigen Rohdichten ist gerade im Hinblick auf die damit verbundenen Einschränkungen der Einbruchshemmung zu prüfen. Was nützt ein einbruchshemmendes Fenster, wenn der Rahmen aus der Wand gedrückt werden kann? Um hier keinen unnötigen Aufwand und vermeidbare Ausgaben zu produzieren, sollte man mit der regional zuständigen Polizeibehörde Kontakt aufnehmen und sich in Sachen Einbruchschutz, Prävention und persönliche Sicherheit beraten lassen.

Aus der Baubeschreibung muss die Klassifizierung der Einbruchshemmung, die RC-Klasse nach DIN 1627, hervorgehen – Mindeststandard ist RC 2 für Fenster im Unter- und Erdgeschoss und auch für Fenster und Fenstertüren an Balkonen oder über angrenzenden Bauten! Ist keine RC-Klasse in der Baubeschreibung angegeben, sollten Sie gezielt nachfragen.

Info: Einbruchshemmung im Sinne der Norm

Die meisten Wohnungseinbrüche werden von Gelegenheitstätern begangen. Einbruchshemmung im Sinne der Norm bemisst sich an der Zeitdauer, die ein Gelegenheitstäter mit einfachen Werkzeugen braucht, um ein Fenster oder eine Balkontür aufzubrechen. Je länger dies dauert, desto höher ist die Einbruchshemmung.

Hochliegende Fenster

Liegen Fenster über Deckenöffnungen oder im Bereich des Treppenhauses, stellt sich immer auch die Frage, wie sie geöffnet/geschlossen und gereinigt werden können. Nicht jeder fühlt sich dazu berufen, auf einer wackligen Leiter in mehreren Metern Höhe die Fenster zu putzen; alternativ muss zwei- bis viermal im Jahr ein Fensterputzunternehmen engagiert werden. Sind die Fenster nicht fest verglast, sollte die Bedienbarkeit über Elektromotoren, Kipphebel oder Stangengetriebe ermöglicht werden.

Fenstergriffe

Das Bedienelement für die Fenster, den Fenstergriff, gibt es in vielen verschiedenen Material- und Farbausführungen. Je nach Auswahl kann man dafür sehr viel zusätzliches Geld ausgeben, wobei die Funktionalität auch beim normgerechten Standardgriff gegeben ist. Außerdem kommen abschließbare oder Sperrgriffe mit Entsperrknopf zur Anwendung. Abschließbare Griffe bringen nur dann ein Mehr an Sicherheit, wenn sie auch wirklich abgeschlossen sind und der Schlüssel nicht aus Bequemlichkeit steckengelassen wurde. Sinnvoll können solche Griffe im Kinderzimmer sein, wenn kleinere Kinder dadurch daran gehindert werden, aus dem Fenster zu krabbeln und abzustürzen. Sind zum Beispiel Badewanne oder Toilette vor dem Fenster angeordnet, sind Sicherheitsgriffe auch im Badezimmer zu empfehlen.

Die Fenstergriffe sind in der Baubeschreibung, am besten je Fenster, eindeutig zu beschreiben.

Schallschutzfenster

Moderne dreifach verglaste Fenster entsprechen der Schallschutzklasse (SSK) 2. Ob eine darüber hinausgehende Schallschutzklasse sinnvoll ist, ist im Einzelfall zu entscheiden. Dabei sollte man bedenken, dass der Schallschutz natürlich nur bei geschlossenem Fenster gegeben ist. Wenn Sie normalerweise bei offenem Fenster schlafen, würden Sie also nicht davon profitieren. Zudem haben Schallschutzfenster schlechtere Wärmedämmwerte als andere Fenster.

Es kann sein, dass Schallschutzfenster aufgrund behördlicher Auflagen, die im Bebauungsplan verankert sind, vorgeschrieben sind, in der Regel aufgrund der Verkehrssituation (zum Beispiel stark frequentierte Bahnlinie, verkehrsreiche Straße). Dann ist diese Ausführung geschuldetes Vertragssoll und in der Baubeschreibung zu erwähnen, entweder für jedes einzelne Fenster oder zumindest unter Nennung der Fassaden, die mit Schallschutzfenstern ausgerüstet werden. Sinngemäßes Textbeispiel: „Die Fenster nach Süden und Osten zur Bahnlinie hin werden als Schallschutzfenster der Schallschutzklasse (SSK) 3 (oder 4, 5 oder 6) ausgeführt."

Fensterrahmenfarbe

Bei direkter Sonneneinstrahlung, die untertags auf der Ost-, Süd- und Westfassade eines Hauses im Regelfall stundenweise vorhanden ist, heizen sich gerade dunkle Oberflächen sehr stark auf. Dabei werden auch mal Oberflächentemperaturen um die 90 bis 100 Grad Celsius erreicht. Damit verbunden sind thermische Längenänderungen. Der Fensterrahmen ist zwar am Bauwerk verankert und dadurch in seiner thermischen Längenänderung behindert, doch die frei beweglichen Fensterflügel strecken sich bei einer derartigen Temperaturbeaufschlagung um mehrere Millimeter. Je höher der Fensterflügel, umso größer die thermische Längenänderung. Das kann zu Bedienproblemen insbesondere der Fenstertüren zu Balkon und Terrasse führen. Wenn Sie nicht ständig den Fenstermonteur im Haus haben möchten, sollten Sie daher besser von einer dunklen Farbe für die Fenster absehen.

Die Rahmenfarbe außen und innen muss aus der Baubeschreibung eindeutig hervorgehen.

Fensterelemente mit Kämpfer

Derartige Fensterelemente sind zumeist als Küchenfenster über der Küchenspüle oder als bodentiefes Element ohne Absturzgeländer vorgesehen. Die Fenster haben dabei eine starre Teilung durch ein horizontal angeordnetes Rahmenteil, den Kämpfer. Der Kämpfer trennt den unteren festverglasten Bereich (das Unterlicht) vom darüberliegenden Fensterflügel. Gerade bei bodentiefen Elementen ist darauf zu achten, dass die Brüstungsverglasung eine Lage aus Sicherheitsglas beinhaltet.

Fenstersprossen sind heute lediglich in den Verglasungsaufbau eingelegte oder auf das Glas aufgeklebte Gestaltungselemente und dienen der optischen Unterteilung, gegebenenfalls zur Angleichung an ein historisches innerstädtisches Ambiente. Sie verschlechtern den Wärmeschutz des Fensters und erschweren, wenn aufgeklebt, die Fensterreinigung.

Eine Fensterteilung mit Kämpfer und feststehendem Unterlicht ist in der Baubeschreibung nach Art und Ausführung zu benennen. Wenn die Fenster mit Sprossen ausgestattet werden, sollten diese nach Teilung und Sprossenvariante benannt sein.

Das Fenster als zweiter Fluchtweg

In höherliegenden Geschossen wird je Wohneinheit und Geschoss mit Aufenthaltsräumen ein zweiter Fluchtweg gefordert, an den die Feuerwehr anleitern kann. Dazu muss das betreffende Fenster bestimmte Mindestgrößen haben und mit dem Bergekorb der Drehleiter oder den Feuerwehrleitern erreichbar sein. Das dafür vorgesehene Fenster sollte in der Baubeschreibung und später in den Plänen eindeutig festgelegt werden.

Insektenschutzgitter

Ein Insektenschutzgitter kann ein wahrer Segen sein. In den Niederungen der Flusstäler und Auen sind diese Gitter sogar eine Notwendigkeit für uneingeschränktes Wohlfühlwohnen. Es gibt sie als starr eingebaute Einbaurahmen (nachrüstbar) und als flexible, in den Rollladenkasten integrierte ausziehbare Gitter, die in Laufschienen geführt sind. Die Qualität und die Farbe des Gittermaterials entscheiden über die Sichtbarkeit der Gitterstruktur und die Beeinträchtigung beim Hinausblicken. Insektenschutzrollos sind weniger windstabil als starre Einbaurahmen. Sind Insektenschutzvorrichtungen vorgesehen, sollte diese Tatsache und auch die Bauform der Vorrichtungen in der Baubeschreibung erwähnt sein.

Glasanbauten

Wintergärten und andere Anbauten mit teilweise über mehrere Geschosse durchgehenden Verglasungen sind auf den ersten Blick nette Extras der Hausanbieter. Die erforderlichen hohen Verglasungen sind teilweise in die lastabtragende Konstruktion aus Pfette und Stützen integriert oder dieser Konstruktion vorgestellt. So schön diese großen lichtdurchfluteten Hausbereiche sind, sie können sich als nachteilig erweisen. Denn der sehr hohe Lichteintrag bedeutet auch einen sehr hohen Wärmeeintrag im Sommer und macht eine Verschattungsanlage erforderlich. Zudem sorgt der vergleichsweise schlechte U-Wert der Glaswände für hohe Transmissionswärmeverluste im Winter. Wenn ein solcher Glasanbau vorgesehen ist, ist er in der Baubeschreibung im Hinblick auf die Konstruktion und den U-Wert eindeutig zu beschreiben.

Außenfensterbänke

Die Fenster erhalten außen im Regelfall immer eine Außenfensterbank aus Aluminium, Natur- oder Kunststein oder in Form einer Rollschicht bei Verblendfassaden. Eine Ausnahme bilden nur bodentiefe Fenstertüren, die sich zu Terrassen oder Dachterrassen hin öffnen, dort werden die Terrassenaufbauten je nach Detailausbildung auch mal bis an das Fensterelement herangeführt.

Die Außenfensterbänke decken den Überstand des Mauerwerks gegenüber den zurückgesetzten Fensterelementen, den sogenannte Fensterbrüstungen, nach oben hin ab und schützen sie vor den Einwirkungen der Witterung, insbesondere vor Niederschlägen. Dazu müssen sie mit Gefälle nach außen eingebaut sein und einen ausreichenden Überstand über die Fassade haben.

Aluminiumfensterbänke haben an beiden Seiten eine Aufkantung. Dabei handelt es sich um zumeist aus Kunststoff oder Aluminium gefertigte Aufsteckprofile, die in die Laibungsausbildung der Fassade hineinlaufen und schlagregendicht anzuschließen sind. Diese Aufkantungen können die thermische Längenänderung der Metallbank schadensfrei aufnehmen, wenn sie richtig eingebaut sind. Außenfensterbänke müssen entweder wasserdicht sein oder – so die Forderungen der Regelwerke für den Fenstereinbau – eine zweite, unter der Fensterbank angeordnete wasserführende Ebene haben, die tropfenweise eindringendes Wasser schadensfrei über die Fassade abführen kann. Bei bodentiefen Fenstertürelementen, die eine Fensterbank haben, kommt die Forderung der Begehbarkeit hinzu. Sie werden beim Hindurchgehen häufig als Stufentritt verwendet und sollten daher ausreichend tragfähig unterbaut und absatzfest (Stilettoabsatz!) sein.

Steinfensterbänke werden aus Granit, Marmor oder gegebenenfalls aus regionaltypisch vorkommenden Gesteinen gefertigt. Steinfensterbänke im Außenbereich sollten mindestens 2 Zentimeter stark sein, Trittbänke sogar mindestens 3 Zentimeter. Sie sollten ein deutliches Gefälle nach außen aufweisen, damit sich kein Regenwasser sammeln kann.

Die Rollschicht, eine Ausführung mit hochkant gestellten Verblendersteinen, stellt eine typische Detailausbildung bei Verblendmauerwerk dar, sie ist auf den Seiten 133 f. näher beschrieben.

Die Ausführung der Außenfensterbänke ist in der Baubeschreibung eindeutig zu definieren und nach Fenster und Fenstertür, gegebenenfalls bei Fenstertüren auch nach Geschossen zu differenzieren.

Haustür

Die Haustür ist die Visitenkarte des Hauses und im Hinblick auf das Sicherheitsempfinden der Bewohner von entscheidender Bedeutung. Aber die Haustür ist auch ein thermisch wirksames Bauteil, das das warme Drinnen vom im Herbst, Winter und Frühjahr kalten Draußen trennt. Die maßgeblichen konstruktiven Eigenschaften einer Haustür sind der Einbruchsschutz (RC-Klasse) und die Wärmedämmeigenschaften.

Die RC-Klasse resultiert aus der Kombination von Verriegelungsmechanismen auf der Schlossseite (die Seite, wo das eigentliche Türschloss sitzt) und der Bandseite. Letztere ist die Seite des Türblatts, wo die Bänder befestigt sind, die das Drehen des Türblatts ermöglichen. Die Gesamtkonstruktion sollte die Einstufung RC 2 haben. Die Einstufung muss aus der Baubeschreibung hervorgehen.

Ein wichtiger Aspekt ist der Wärmeschutz: Schon in normalen Wintern sind zwischen den Innenräumen (20 bis 22 Grad Celsius) und draußen (-10 Grad Celsius) Temperaturunterschiede von 30 Grad und mehr keine Seltenheit. Haustürrahmen und das Türblatt der Haustür müssen diesen Temperaturunterschied auf wenigen Zentimetern Dicke aufnehmen, ohne dass allzu viel Wärme verloren geht. Die Energieeinsparvorordnung (EnEV) macht hierzu entsprechende Mindestvorgaben. Türblatt und Rahmen sollten die Temperaturdifferenz auch noch ohne größere Verformungen überstehen, sonst ließe sich die Haustür wegen der Durchbiegung des Türblatts nicht mehr schließen.

Der U-Wert der Haustür sowie eventuelle sonstige Besonderheiten wie Griffgestaltung, Türdrücker innen, Schließsystem, elektrische Türöffner oder Zugangskontrollgeräte sind, in der Baubeschreibung zu nennen.

Das gilt auch für alle Nebenhaustüren, wobei diese im Hinblick auf den Einbruchschutz vielleicht noch besser ausgestattet sein sollten.

ROLLLADEN/SONNENSCHUTZ

Vor den Fenstern angeordnete Klappläden, Rollläden oder Jalousetten bieten neben der ihnen traditionell zugedachten Funktion des Einbruchsschutzes auch Einblickschutz, Wärmeschutz im Winter und den fast ebenso wichtigen sommerlichen Wärmeschutz.

Zumeist werden nur die rechtwinkligen Fenster beziehungsweise Fenster mit waagerechtem Sturz damit ausgestattet, Fenster mit Abschrägung, die sich an die Dachkonstruktion anpassen, bleiben im Normalfall ohne Sonnenschutz.

→ S. 190

In der Baubeschreibung sind Rollläden oder Klappläden oder andere Verdunklungs- und Sonnenschutzeinrichtungen zu benennen und nach Art, Größe, Material und Bedienungsart eindeutig zu beschreiben. Am besten geschieht das je Fenster beziehungsweise Fenstertür.

Klappläden

Klappläden gibt es aus Holz (Wartungsanstriche erforderlich), Kunststoff und pulverbeschichtetem Aluminium oder Stahl. Sie haben, wenn sie von Hand geöffnet oder geschlossen werden, eine vergleichsweise robuste, nahezu wartungsfreie Mechanik. Eine Fernbedienung über durch die Wand hindurch gebohrte Kurbelantriebe (die allerdings Wärmebrücken darstellen und deutlich wartungsintensiver sind) oder über elektrische Stellantriebe ist auch möglich. Ein Vorteil von Klappläden ist, dass sie auch bei nicht rechtwinkligen Fenstern vergleichsweise einfach anzubringen sind.

Rollläden

Rollläden gibt es für den Einbau in vom Rohbauer gelieferten und versetzten Sturzrollladenkästen, die durch Überputzen quasi in die Hausfassade integriert werden, als auf den Fenstern einsatzfertig montierte Aufbaurollladenkästen mit Panzer und Antriebstechnik (werden auch überputzt) oder als vor dem Fensterelement montierte Vorbau- beziehungsweise Vorsatzrollladenkästen. Diese können bei passender Aufbautiefe überputzt werden oder bleiben als eigenständige Elemente sichtbar.

Bei den Rollläden ist die Anordnung des Rollladenkastens das Unterscheidungskriterium und auch maßgebend für die Größe und Stabilität der Rollladenpanzerprofile. In der Baubeschreibung ist anzugeben, um welche Rollladenkastenanordnung es sich handelt und ob dieser Rollladenkasten als Bauelement in der Fassade sichtbar bleibt oder durch die Fassadengestaltung überdeckt wird.

Die Rollladenpanzer bestehen aus Kunststoff oder Aluminiumlamellenprofilen, entweder als Hohlprofil oder als ausgeschäumte Profile. Bei Vorbaurollläden werden sehr filigrane Profile verwendet, während bei Aufbaurollläden oder bei Sturzrollladenkästen deutlich breitere und daher auch robustere Lamellen zum Einsatz kommen.

Das Material des Panzers ist abhängig von der grundlegenden Entscheidung des Bauherrn oder des Käufers sowie der Behangbreite des einzelnen Rollladens. Hierzu machen die Rollladenhersteller klare Vorgaben. Die Behangbreite bestimmt die Stabilität bei Windeinwirkung und auch im Hinblick auf den Einbruchschutz. Bei breiteren Fenstern kann es sinnvoll sein, den Rollladen in mehrere Behänge zu teilen, die dann aber jeweils einen eigenen Antrieb brauchen.

In der Baubeschreibung ist eindeutig – am besten je Fenster – zu beschreiben, welches Material der Rollladenbehang hat und in welcher Ausführung (hohl oder ausgeschäumt (wärmegedämmt)) er montiert wird. Ebenso, ob die Rollladenanlage am jeweiligen Fenster aus einem Behang besteht oder ob mehrere, geteilte Behänge vorgesehen sind.

Für Fenster ohne waagerechten Fenstersturz gibt es mechanisch sehr aufwändige Lösungen in Form von von unten oder von der hohen Seite her seitlich einziehenden Behängen. Diese sind nur selten in der Baubeschreibung berücksichtigt und im Regelfall nur als Sonderwunsch möglich oder sie müssen im Direktauftrag an die Spezialbetriebe vergeben werden. Hier besteht ein erheblicher Bedarf an Schnittstellenkoordination, da die Boxen, in denen die Behänge aufgerollt werden, in die Fassade und die Fassadengestaltung integriert werden müssen, es sei denn, Sie können und wollen mit scheinbar unmotiviert an der Hausfassade hängenden Kästen leben.

Jalousetten

Jalousetten sind aus Aluminium oder Stahllamellen, je nach Fabrikat und Anforderung mit stabilisierenden Profilierungen.

Die filigranen Standardjalousetten sind windempfindlich und alles andere als sturmfest. Ein elektrischer Antrieb, der über Windwächter gesteuert wird, kann da abhelfen. Allerdings kann es dabei durchaus zu Konflikten kommen, wenn der Wunsch nach sommerlichem Wärmeschutz mit den Einstellungen des Windwächters kollidiert und die Jalousetten trotz Sonneneinstrahlung hochgefahren werden. Die Behangbreite bestimmt maßgeblich über die Windanfälligkeit und das Klappern unter Windeinwirkung.

Es gibt auch sehr robuste, profilierte Lamellen aus Stahl- oder Aluminiumblechtafeln, die sturmfest sind und zudem einen hohen Einbruchschutz bieten. Für Fenster mit nicht waagerechten Stürzen gelten sinngemäß die obigen Ausführungen.

Antriebe

Als Antriebe zum Herunterlassen bzw. Hochziehen kommen der klassische Gurtantrieb, je nach Größe auch mit Übersetzungsgetriebe, das Kurbelgestänge oder elektrische Rollladenmotoren zur Anwendung. Über die mechanischen Antriebe lassen sich die Rollladen- bzw. Jalousettenbehänge jederzeit auf- und abwärtsbewegen, bei den elektrischen Antrieben geht bei Stromausfall erst einmal nichts mehr. Die Antriebstechnologie der einzelnen Anlagen ist in der Baubeschreibung eindeutig, am besten je Fensterelement, zu definieren.

Fluchtwege

Wenn Ihr Haus mehre Geschosse hat, muss – so schreiben es die Bauordnungen der Länder vor – in jedem Geschoss neben der notwendigen Treppe ein zweiter Fluchtweg vorhanden sein. Ausreichend große Fenster und bodentiefe Fenstertüren erfüllen diese Funktion, an diese kann die Feuerwehr im Brandfall anleitern. Ein geschlossener Rollladen, dessen Elektroantrieb wegen Stromausfall nicht mehr ansteuerbar ist, kann die Menschenrettung jedoch be- oder sogar verhindern. Das Zertrümmern eines Rollladenpanzers ist je nach Material und Lamellenstruktur alles andere als einfach, dazu bedarf es geeigneter Werkzeuge und erheblicher Kraft. Für Kinder und ältere Menschen ist das keine denkbare Option. Daher ist es ratsam, dass mindestens einer der Rollläden in jedem höherliegenden Geschoss rein mechanisch bedienbar bleibt oder ein Elektroantrieb mit Notstromversorgung (Akku) eingebaut wird.

INNENFENSTERBÄNKE

Die Innenfensterbänke aus Massivholz, Kunststoff, Betonwerkstein, Kunststein oder Naturstein werden im Bauablauf üblicherweise vor den Innenputzarbeiten eingebaut – das heißt, sie sind in den darauffolgenden Wochen und Monaten den Strapazen der Baustelle ausgesetzt. Bei Massivholzbänken sollte ein möglichst später Einbau angestrebt werden. Sie sind durch geeignete wasserdampfdiffusionsoffene Schutzlagen vor Beschädigungen, Schmutz und unzuträglicher Feuchteanreicherung zu schützen.

→ S. 193

Natursteinfensterbänke auf Brüstungen sollten mindestens 20 Millimeter dick sein, begehbare Sohlbänke vor Fenstertüren mindestens 30 Millimeter. Bei Betonwerksteinbänken sind die Empfehlungen der Herstellerwerke einzuhalten. Massivholzbänke sollten mindestens 30 Millimeter stark sein.

Innenfensterbänke stehen zwischen 30 und 50 Millimeter über die Innenkante des Mauerwerks hinaus; nach Putzauftrag reduziert sich der Überstand dann um ungefähr 15 bis 20 Millimeter auf etwa 15 bis 30 Millimeter. Wenn Sie das wünschen, können die Fensterbänke aber auch mit mehr Überstand in den Raum hinein ausgeführt werden. Dann muss die Fensterbank jedoch dicker ausgeführt werden.

Die Fensterbankbreite richtet sich heute nach der Breite des eingebauten Fensters. Dann bindet die Innenfensterbank an den Fensterlaibungen circa 8 bis 10 Millimeter in den Laibungsputz ein.

Bei Natursteinfensterbänken können entstehungsgeschichtlich bedingte Einschlüsse und innere Brüche vorhanden sein, schließlich handelt es sich um ein Naturprodukt. Wer derartige Einschlüsse nicht akzeptieren möchte, muss auf Betonwerkstein oder Kunststein ausweichen.

Fensterbänke vor Fenstertüren müssen eine ausreichende Dicke aufweisen, um das Begehen zu ermöglichen. Bei Natursteinfensterbänken wird eine Dicke von 3 Zentimetern empfohlen, bei Kunststein reichen unter Umständen 2 Zentimeter aus.

Die Ausführung der Fensterbankköpfe zeigt die Qualität der Bauausführung. Manche Hausersteller liefern die Fensterbänke lediglich mit abgesägten – und entsprechend sägerauen – Stirnflächen, die nicht nachbehandelt wurden. Die hochwertigere und damit auch etwas teurere Ausführung ist die mit geschliffenen und polierten Köpfen, die sich im Bereich des Putzüberstands so anfühlen wie die Vorderkante der Fensterbank.

Info Zustand im Blick behalten

Innenfensterbänke sind eigentlich das unkritischste Gewerk von allen, wäre da nicht der raue, häufig rücksichtslose Umgang auf der Baustelle nach dem Einbau. Da werden Kaffee- und Getränkebecher auf den Fensterbänken abgestellt, Werkzeuge darauf abgelegt. Flüssigkeiten ziehen in den Naturstein ein und sind fast nicht mehr zu entfernen, Kratzer können nur bedingt auspoliert werden. Das muss nicht sein, wenn die Oberflächen nach Einbau durch Abkleben oder Abdecken geschützt werden (Vorsicht: bei Massivholz ist das eher kritisch). Unabhängig davon kann und sollte die zuständige Bauleitung darauf achten, dass diese Unsitte unterbleibt. Massivholzbänke sollten möglichst spät, am besten nach Abschluss der Aufheizphase, eingebaut werden, um eine unzuträgliche Feuchtebelastung für die Holzbänke zu vermeiden. Achten Sie auf jeden Fall auf den Zustand der Fensterbänke, wenn Sie die Baustelle kontrollieren, und machen Sie Fotos!

INNENPUTZARBEITEN (MASSIVBAU)

Mauerwerkswände werden, sofern sie nicht als Sichtmauerwerk vorgesehen sind, zur Raumseite hin verputzt. Dieser Innenwandputz (IWP) bildet die luftdichte Gebäudehülle im Massivbau. Daher sind die Wände von Oberkante (Bodenplatte/Decke) bis Unterkante der auf der Wand aufliegenden Massivdecke beziehungsweise bei Holzbalkendecken auch in die Gefache hinein zu verputzen.

Bei Fertighäusern in Holzbauweise entfallen die normalen Innenputzarbeiten. Hier fallen möglicherweise Finisharbeiten an, die als Putzapplikation ausgeführt werden.

Es ist zu unterscheiden zwischen einem dünnlagigen, 3 bis 5 Millimeter starken Spachtel- oder auch Dünnlagenputz, wie er zum Beispiel bei Betonfertigteilen oder großformatigen Wandbauplatten zur Anwendung kommt, und dem üblichen Innenputz mit 10 bis 12 Millimeter Putzstärke. Aufgrund der Unebenheiten, die allein schon aus den zulässigen Maßabweichungen der Mauersteine resultieren, kann der Putz stellenweise auch mal dünner sein. Die Mindestputzstärke von 8 Millimeter ist aber an allen Stellen einzuhalten.

S. 194

In der Baubeschreibung ist die Ausführung der Innenputzarbeiten auf gemauerten Wänden und gegebenenfalls an örtlich geschalten Betondecken eindeutig zu beschreiben.

Neben der Luftdichtheit auf der Raumseite fungiert der durchgetrocknete Innenputz zusammen mit dem putztragenden trockenen Mauerwerk als Feuchtepuffer für die Raumluft. Das Feuchteabsorptionsverhalten des Innenputzes richtet sich nach dem Ausgangsmaterial und der Putzzusammensetzung.

Putze sind hydraulisch abbindende Baustoffe. Sie werden als sogenannte Werktrockenmörtel in Säcken oder im Silo auf der Baustelle angeliefert. In der Putzmaschine wird so viel Wasser zugesetzt und dem Werktrockenmörtel untergemischt, dass die Masse

Trocknungszeiten nach dem Verputzen

Teils wird das überschüssige Wasser sehr schnell an die Raumluft abgegeben, teils wird es vom Mauerwerk absorbiert, sofern dieses trocken genug ist, und erst im Zuge der Bauwerkstrocknung über die Verdunstung an den Bauteiloberflächen abgegeben. Das restliche Wasser wird als freies Wasser in der Baustoffmatrix eingelagert und trocknet erst über die darauffolgenden Monate über Verdunstung in die Raumluft aus.

Der Putz muss in den ersten Tagen vor einem zu schnellen Wasserentzug geschützt werden, ansonsten kommt es durch den raschen Wasserentzug zu großen, trocknungsbedingten Rissen. Durchzug ist also fehl am Platz. Damit in den folgenden Tagen das Abbinden und Austrocknen ungehindert stattfinden kann, muss der Putz die Wassermenge, die er zum Erhärten abgeben muss, auch an die Raumluft abgeben können. Deswegen muss regelmäßig gelüftet werden, da Raumluft ansonsten keine Aufnahmekapazitäten hat.

Das ist grundsätzlich die Aufgabe und Verantwortung des Hausbaupartners oder, wenn Sie die Putzarbeiten direkt vergeben haben, des Putzers. Das Lüften dient dem Schutz und der Herstellung beziehungsweise Fertigstellung der Leistung. Zumeist sind in den Verträgen oder in der Baubeschreibung jedoch andere Regelungen formuliert, die den Eindruck erwecken, dass die Verantwortung für das Lüften bei Ihnen liegt. Achten Sie darauf und bestehen Sie gegebenenfalls darauf, dass dies richtiggestellt wird.

pumpfähig wird und über die Mörtelpumpe und mehrere Meter Förderschlauch zur Einbaustelle gefördert werden kann. Dort wird der Putz in ausreichender Dicke auf das putztragende Mauerwerk gespritzt und mit Kartätsche und Glättkelle glattgezogen. An der Wand beginnt die Abbindereaktion des Putzes: Der Grundstoff und die Zuschlagstoffe reagieren mit dem Anmachwasser und bilden nach dem Aushärten die Putzmatrix.

Da der Innenwandputz Wasser enthält, sind für die Verarbeitung und die Austrocknungs- und Aushärtungszeit Temperaturen über dem Gefrierpunkt und ein nicht unterkühlter Putzgrund erforderlich. Werden die Innenputzarbeiten in der kalten Jahreszeit ausgeführt, ist es unabdingbar, dass das Bauwerk und seine innenliegenden Bauteile und Bauteiloberflächen ausreichend erwärmt sind und warm bleiben (zur Winterbauheizung s. Seite 50). Temperaturen, die zuverlässig über 5 Grad bis 10 Grad Celsius liegen, sollten angestrebt werden. Kommt es infolge zu niedriger Temperaturen des Mauerwerks oder der Raumluft zu Eisbildungen, führt das zu schalenartigen Ablösungen oder die chemische Reaktion, die zur Aushärtung des Putzes führt, kommt zum Erliegen. Der Putz lässt sich dann, wenn sich wieder höhere Temperaturen eingestellt haben, mit den Fingern zerbröseln.

Putzarten

Man unterscheidet zwischen Gipsputzen, Gipskalk- und Kalkgipsputzen, reinen Kalkputzen, Kalkzement- und Zementputzen sowie Lehmputzen. Die Putze unterscheiden sich in ihrem Feuchteabsorptionsvermögen und im Hinblick auf den Wassergehalt im Gebrauchszustand. Sie sind unterschiedlich hart und reagieren unterschiedlich auf erhöhte Feuchtigkeit, wie sie zum Beispiel im Bad, Duschbad oder Keller auftritt. In aller Regel werden in diesen Räumen Kalkzementputze eingesetzt. Gipshaltige Putze sind hier im häuslichen Bereich zwar ebenfalls zulässig, werden sie verwendet, erhöht sich der Aufwand für die Abdichtung sowie für das Feuchtemanagement während der Bauzeit und während der Nutzung jedoch deutlich.

Aus der Baubeschreibung muss eindeutig hervorgehen, welche Putzmaterialien wo verwendet werden.

Oberflächenqualitäten

Im Hinblick auf die zu vereinbarenden Oberflächenqualitäten kommt es auf das Finish an, das die raumseitigen Oberflächen (Wände, Decken, Dachuntersichten) erhalten sollen. Die auf der folgenden Seite abgebildete Tabelle aus den „Leitlinien für das Verputzen von Mauerwerk und Beton", die vom Verband für Dämmsysteme, Putz und Mörtel e. V. herausgegeben werden, gibt dazu einen Überblick.

Die Qualitätsstufe Q2 ist die übliche Standardqualität, die, auch ohne dass sie explizit in der Baubeschreibung erwähnt ist, erwartet werden kann. Wird die Putzoberfläche geglättet, können Beschädigungen, soweit sie im weiteren Bauablauf passieren, vergleichsweise einfach repariert werden. Wird der Putz hingegen gleich abgefilzt, ist das nicht mehr möglich. Die Reparaturstellen bleiben sichtbar.

Die höheren Oberflächenqualitäten Q3 und Q4, die für fein strukturierte Anstriche, Seiden- oder Vliestapeten erforderlich sind, müssen gesondert vereinbart werden, es sei denn, derartige Finish-Oberflächen sind in der Baubeschreibung bereits von vornherein vorgesehen. Auch dann sollten Sie die Oberflächenqualität jedoch explizit definieren. Sofern raumweise unterschiedliche Anforderungen bestehen, muss die Definition auch raumweise erfolgen.

	Abgezogene Putzoberfläche		Geglättete Putzoberfläche	
Qualitätsstufe[1]	**Beschaffenheit/Eignung der Oberfläche**	**Maßtoleranz**	**Beschaffenheit/Eignung der Oberfläche**	**Maßtoleranz**
Q1	Geschlossene Putzfläche	–	Geschlossene Putzfläche	–
Q2 Standard	Geeignet zum Beispiel für: ▸ Oberputze, Körnung ≥ 2,0 mm ▸ Wandbeläge aus Keramik Natur- und Betonwerkstein etc.	Standardanforderungen an die Ebenheit	Geeignet zum Beispiel für: ▸ Oberputze, Körnung > 1,0 mm ▸ Mittel- bis grobstrukturierte Wandbekleidungen, zum Beispiel Raufasertapeten mit Körnung RM oder RG nach BFS-Info 05-01 ▸ Matte, gefüllte Anstriche/Beschichtungen (zum Beispiel quarzgefüllte Dispersionsbeschichtung), die mit langflorigem Farbroller oder mit Strukturrolle aufgetragen werden	Standardanforderungen an die Ebenheit
Q3	Geeignet zum Beispiel für: ▸ Oberputze, Körnung[2] > 1,0 mm ▸ Wandbeläge aus Feinkeramik, großformatige[3] Fliesen, Glas, Naturwerkstein, etc.	Erhöhte Anforderungen an die Ebenheit	Geeignet zum Beispiel für: ▸ Oberputze, Körnung ≤ 1,0 mm ▸ Fein strukturierte Wandbekleidungen etwa Vlies, Raufasertapeten mit Körnung RF nach BFS-Info 05-01 ▸ Matte, fein strukturierte Anstriche/Beschichtungen	Standardanforderungen an die Ebenheit
Q4	–	–	Geeignet für glatte Wandbekleidungen und Beschichtungen mit Glanz, zum Beispiel: ▸ Metall, Vinyl- oder Seidentapeten ▸ Lasuren oder Anstriche/Beschichtungen bis zum mittleren Glanz ▸ Spachtel- und Glättetechniken	Erhöhte Anforderungen an die Ebenheit
	Abgeriebene Putzoberfläche		**Gefilzte Putzoberfläche**	
Qualitätsstufe[1]	**Beschaffenheit/Eignung der Oberfläche**	**Maßtoleranz**	**Beschaffenheit/Eignung der Oberfläche**	**Maßtoleranz**
Q1	Geschlossene Putzfläche	–	Geschlossene Putzfläche	–
Q2 Standard	Abgeriebene Putzoberflächen sind geeignet zum Beispiel für: ▸ Matte, gefüllte Anstriche/Beschichtungen Abgeriebene Putzoberflächen können auch geeignet sein für: ▸ Grobstrukturierte Wandbekleidungen, zum Beispiel Raufasertapeten mit Körnung RG nach BFS-Info 05–01	Standardanforderungen an die Ebenheit	Gefilzte Putzoberflächen sind geeignet zum Beispiel für: ▸ Matte, gefüllte Anstriche/Beschichtungen	Standardanforderungen an die Ebenheit
Q3	Geeignet zum Beispiel für: ▸ Matte, nicht strukturierte/nicht gefüllte Anstriche/Beschichtungen Oberflächen können auch geeignet sein für: ▸ Grobstrukturierte Wandbekleidungen, etwa Raufasertapeten mit Körnung RG nach BFS-Info 05–01	Standardanforderungen an die Ebenheit	Geeignet zum Beispiel für: ▸ Matte, nicht strukturierte/nicht gefüllte Anstriche/Beschichtungen	Standardanforderungen an die Ebenheit
Q4	Geeignet zum Beispiel für: ▸ Lasuren oder Anstriche/Beschichtungen bis zum mittleren Glanz	Erhöhte Anforderungen an die Ebenheit	Geeignet zum Beispiel für: ▸ Matte, nicht strukturierte/nicht gefüllte Anstriche/Beschichtungen	Erhöhte Anforderungen an die Ebenheit

[1] Bei den Qualitätsstufen muss immer die Ausführungsart „abgezogen oder geglättet oder gerieben oder gefilzt" genannt werden, zum Beispiel „Q2 – geglättet". [2] Für feinere Oberputze siehe Q3 – geglättet [3] Zum Beispiel >1600 cm^2 bei einer Druckfestigkeit von >6N/mm^2 in der Schweiz bzw. über 20x20 cm in Österreich.

Quelle: Bundesverband der Gipsindustrie e.V., Industriegruppe Baugipse, Merkblatt 3, 2011

Info: Hochwertige Putzoberflächen

Sollen besonders hochwertige Putzoberflächen erstellt werden, empfiehlt es sich, diese Finish-Arbeiten erst nach der Erstellung der Bodenbeläge durchführen zu lassen, um Beschädigungen durch die Bodenbelagsarbeiten zu verhindern. Unter Umständen sollte man damit sogar bis nach dem Möbelantransport warten. Schäden an hochwertigen Putzen können auch vom besten Handwerker nicht spurlos repariert werden. Die Ausführung der Finish-Putzarbeiten muss dann natürlich mit adäquaten Schutzmaßnahmen für vorhandene Bodenbeläge und eventuell vorhandene Möblierung erfolgen.

Putzkanten

Außenecken, zum Beispiel an Laibungen oder an Raumecken, sollten fluchtgerade, senkrecht und im Winkel des Wandverlaufs ausgeführt sein. Dazu sind definierte Ecken auszubilden. An Ecken, die im Bereich von Durchgängen liegen und daher mechanisch belastet sind, müssen Kantenschutzprofile eingeputzt werden, an Ecken, die nicht mechanisch beansprucht werden, reichen Anschlagbretter, um die Ecken auszubilden. Die Art der Eckausbildungen zeigt die Sorgfalt der Bauausführung und das handwerkliche Können der Ausführenden, sie sind so etwas wie die Visitenkarte der Stuckateurbetriebe.

In der Baubeschreibung sollte der Einbau von Kantenschutzprofilen in verzinkter Ausführung klar herausgearbeitet sein. Wenn nichts erwähnt ist: Fragen Sie nach!

Putzoberflächen

Fertigputzoberflächen kommen in unterschiedlichen Erscheinungsbildern vor: Von glatten, unstrukturierten Oberflächen, die als erste Abstufung abgerieben werden können und damit rau werden, über verschiedene, nach Kornstruktur (Größtkorn) abgestufte Rauigkeitstufen bis hin zu Kratz- und Strukturputzen sind unzählige Varianten möglich. Eindrücke, was alles möglich gemacht werden kann, bieten die Musterstudios und Ausstellungen der großen Putzhersteller oder gut sortierte Baufachmärkte.

Wände in Spachteltechnik sind eine Sonderform der Wandbeschichtung, die ein mehrfaches Überarbeiten erfordert, da dafür eine nahezu ebene Wandoberfläche nötig ist. Auf diese glatte Oberfläche werden dann in aufwändiger Handarbeit verschiedenste Schichten aufgebracht und ineinander gearbeitet.

Ebenheitstoleranzen

Putzen ist trotz aller eingesetzten Maschinen- und Gerätetechnik und der Materialtechnologie noch immer reine Handarbeit. Dabei haben die ausführenden Handwerker den Nachteil, dass sie ihre Werkleistung direkt vor Augen haben, quasi mit der Nase daran kleben, und dass das verwendete Material bei der Applikation noch feucht und dunkel ist. Die fertige Putzoberfläche wird aber aus der Entfernung und bei abgetrocknetem Material beurteilt. Auch bei besonders hohen Anforderungen sind immer Unebenheiten in den Putzoberflächen vorhanden. Durch mehrmaliges Schleifen und egalisierendes Spachteln lässt sich das verbessern, aber vollständige Planebenheit ist nicht herstellbar. Wenn hohe Anforderungen an die Ebenheit gestellt werden, steigt der Arbeitsaufwand erheblich – und damit auch die Kosten. Das Beurteilungskriterium ist dabei auch das frontale Draufschauen – der Betrachter steht im Winkel von 90 Grad zur betrachteten Fläche im gebrauchsüblichen Abstand ohne Einwirkung von Streiflicht (seitlich einfallendem Licht).

Dünnlagen- oder Spachtelputz

Diese nur wenige Millimeter dick zu applizierenden Putze wurden für den Einsatz auf großformatigen Wandtafeln (Fertigteile) oder großformatigem Mauerwerk entwickelt. Zum einen spart eine dünnere Putzschicht natürlich ein paar Euro an Materialkosten und zum anderen gewinnt man so – wenn auch geringfügig – an Wohnfläche dazu. Sortenrein kommt diese Putzvariante nicht vor, denn an Fenster- und Türlaibungen muss konventionell aufgeputzt werden. Die Qualität der Putzoberfläche hängt stark von der Maßhaltigkeit und Ebenheit der Wandbildner ab, das Fugenbild oder aber die geschosshohen Stoßfugen geschosshoher Wandelemente können durchaus erkennbar bleiben.

Dünnlagenputze haben aufgrund ihrer geringeren Materialstärke zumeist ein geringeres Wasserabsorptionsvermögen als die mehr als doppelt so dick angetragenen konventionellen Innenwandputze. Das kann zu raumklimatischen Nachteilen führen.

Auch bei diesen Putzen sind Putzart und Oberflächenqualitäten in der Baubeschreibung anzugeben.

Putz an Betonflächen

Unabhängig davon, ob es sich um Decken, Wände oder die Unterseite von Treppen oder Rampen handelt: Wenn Betonflächen verputzt werden sollen, ist vorab eine Haftbrücke aufzubringen, die die kraftschlüssige Verbindung von Putz und Putzträgerfläche sicherstellt.

Deckenputz

Deckenputz wird im Wohnungsbau eigentlich nur noch an örtlich geschalten Betondecken ausgeführt, weil die systembedingten Unebenheiten der Deckenschalung zu sehr unschönen welligen Betondeckenuntersichten führen. Hierbei ist von entscheidender Bedeutung, dass der Putz fest an der Deckenuntersicht haftet. Dabei müssen die äußeren Voraussetzungen – die Temperatur, die Luftfeuchtigkeit im Raum und die Sauberkeit der Betonoberfläche – stimmen.

Fugenspachtelung bei Fertigteildecken

Kommen beim Rohbau Fertigteildecken zum Einsatz – das ist die übliche Ausführung –, müssen die Fugen der Fertigteile gespachtelt werden, wenn die Decke nachher eine glatte Untersicht haben soll. Je nach Ablauforganisation wird die Spachtelung der Deckenfugen im Zuge der Innenputzarbeiten mit erledigt. Sie können allerdings auch durch den Maler erbracht werden, was für den Hausbaupartner den Vorteil hat, dass der Maler dann die Malerarbeiten auf seine eigenen Vorleistungen erbringt und sich daher nicht über die Deckenspachtelung beschweren kann.

Davon, die Fugenspachtelung der Decken im Zuge eines Eigenleistungspakets „Malerarbeiten" selbst zu erbringen, wird abgeraten (s. dazu Seite 29).

ESTRICHARBEITEN/ UNTERLAGSBODEN

Der Estrich ist ein im Regelfall aus mehreren Materiallagen bestehendes Bauteil, das auf die lastverteilenden Decken des Gebäudes aufgebracht wird und, wenn die oberste Schicht (der eigentliche Estrich) ausreichend ausgetrocknet und erhärtet ist, die Belegfläche für die Bodenbeläge darstellt. Der Fußbodenaufbau besteht in der Regel aus einer wärmedämmenden Ausgleichsschicht und einer trittschalldämpfenden Dämmschicht. Über den Dämmschichten liegt der Estrich in verschiedenen Ausführungen oder der Heizestrich (bei Fußbodenheizung).

Er besteht aus Estrichmörtel, der ein- oder mehrlagig im direkten Verbund auf den Untergrund oder auf trennenden und gegebenenfalls dämpfenden Zwischenschichten aufgebracht wird. Estriche können nach dem Bindemittel unterschieden werden.

S. 196

Aus der Baubeschreibung muss eindeutig hervorgehen, welcher Estrich aus welchem Grundstoff mit welcher Schichtenfolge und Aufbauhöhe der einzelnen Schichten in den jeweiligen Geschossen beziehungsweise bei raumweise unterschiedlichen Aufbauten in den jeweiligen Räumen vorgesehen ist.

Estrichvarianten

Die folgenden Estrichvarianten sind für den Wohnungsbau typisch:

- Zementestrich (CT)
- Calciumsulfatestrich/Anhydritestrich (CA)
- Trockenestrich
- Gussasphaltestrich

Unter Zementestrich (CT) versteht man Estriche mit Zement als Bindemittel. Es handelt sich hierbei um einen sehr feinkörnigen Beton mit einer auf die Verwendung als Estrich hin optimierten Zusammensetzung und Körnung. Das Mischverhältnis Sand zu Zement beträgt etwa drei zu eins. Zementestrich ist nach dem Aushärten wasserbeständig, kann aber bei langfristiger Einwirkung an Festigkeit verlieren. Das Abbinden erfolgt hydraulisch, das heißt unter Abgabe von überschüssigem Wasser an die Raumluft. Dabei kommt es zu Schwindverformungen, die zu Rissen führen können. Zementestriche werden als konventionell zu verarbeitende Estriche (erdfeucht) oder als nahezu selbstnivellierende Fließestriche eingebaut. Die Fließfähigkeit wird durch Zugabe von Fließmitteln erreicht und nicht über eine zusätzliche Wasserzugabe. Bei Zementestrich sollen die Temperaturen beim Einbau und in der Aushärtephase 5 Grad Celsius nicht unterschreiten.

Calciumsulfatestriche oder Anhydritestriche (CA) sind Estriche mit Bindemitteln aus Calciumsulfathydrat oder Calciumsulfat. Sie liegen nach dem Einbringen „wie tot" und zeigen beim Austrocknen kein Verformungsverhalten. Eine großflächige Verlegung ohne Trennfugen ist möglich. Sie sind nicht wasserbeständig und dürfen keiner dauernden Durchfeuchtung ausgesetzt sein. Auch diese Estriche können als konventionell zu verarbeitende Estriche (erdfeucht) oder durch Zugabe von Fließmitteln als nahezu selbstnivellierende Fließestriche eingebaut werden. Auch wenn CS-Estrich eingebaut wird, kann es sein, dass Ihr Hausanbieter für die Bäder und den Keller eine Ausführung in Zementestrich vorgesehen hat.

Trockenestrich besteht aus plattenartigen Bauteilen, zum Beispiel Gipskartonplatten, Gipsfaserplatten oder Betonplatten, die trocken auf dem Unterbau verlegt werden. Sie werden miteinander verklebt oder mechanisch miteinander verbunden. Gipskarton- und Gipsfaserplatten bestehen aus zwei Lagen bereits miteinander verklebter, leicht gegeneinander versetzter Platten. Durch den sich ergebenden Stufenfalz ist eine leichte Verlegung möglich. Betonplatten werden mittels Klebemörtel verklebt. Der Vorteil dieser Varianten besteht in einer nahezu sofortigen Verlegereife der lastverteilenden Schicht und dem Entfall der bei konventionellen Estrichen erforderlichen Austrocknungszeit.

Gussasphalt ist kein Mörtel, sondern ein feinkörniger, heißer und daher fließfähiger und formbarer Asphalt. Das Bindemittel ist Bitumen, ein petrochemisches Erzeugnis. Das Gemisch aus Sand, Steinmehl, Splitt und Bitumen wird in großen Kochern auf 230 Grad Celsius erhitzt, zur Einbaustelle gebracht und dort als noch gieß- und streichbare Masse eingebaut. Gussasphalt ist wasser- und wasserdampfdicht. Dämmmaterial und im Estrich verlegte Installationen und Einbauten müssen ausreichend temperaturbeständig sein. Nach dem Abkühlen ist Gussasphalt sofort belegbar. Wenn ein Gussasphaltheizestrich eingebaut werden soll, werden Heizleitungen aus Kupferrohren verwendet.

Aus der Baubeschreibung muss klar hervorgehen, welche Estrichvariante in welchen Geschossen und Räumen verwendet wird.

Einbauvarianten

Neben den Grundstoffen des Estrich unterscheidet man nach verschiedenen Einbauvarianten:

- Verbundestrich
- Estrich auf Trennlage
- schwimmender Estrich auf Dämmschichten
- Heizestrich

Beim Verbundestrich wird der Estrich unmittelbar auf dem Untergrund aufgebracht. Der Verbund kommt durch das Verkrallen der beiden Massen in der Kontaktfläche zustande. Bei Trockenestrichen ist diese Einbauvariante nicht möglich.

Bei der Variante Estrich auf Trennlage liegt eine dünne Kunststoffbahn, eine Spinnvliesbahn oder Kraftpapier zwischen Untergrund und Estrichschicht. Ein Verkrallen findet nicht statt. Der Estrich und der Untergrund können sich unabhängig voneinander verformen.

Bei schwimmendem Estrich wird der Estrich auf einer Schicht oder einem Aufbau aus mehreren Schichten verlegt. Diese Schichten bestehen aus einer oder mehreren Lagen Wärmedämmplatten, Trittschalldämmplatten oder Montageplatten für ein Fußbodenheizungssystem.

Erfolgt die Wärmeübertragung in die Räume über eine Fußbodenheizung, sind die Rohrleitungen der Fußbodenheizung in den Estrichaufbau einzubetten. Die Heizleitungen werden auf dem Unterbau fixiert und danach in den Estrich eingebettet. Das Regelwerk schreibt eine ausreichende Überdeckung der Rohre durch den Estrich vor. Bei Zementestrich sollten es mindestens 45 Millimeter sein, bei Calciumsulfatestrich 40 Millimeter. Die oben genannten Estriche sind unabhängig vom Bindemittel für eine schwimmende Verlegung geeignet.

Aus der Baubeschreibung müssen die unterschiedlichen Estrichaufbauten klar und eindeutig hervorgehen.

Einbauten und Leitungen

In dem Aufbau unterhalb des eigentlichen Estrichs werden Rohrleitungen, Elektroleitungen und andere Einbauten verlegt. Die Verlegung richtet sich nach Richtlinien, die der Bundesverband Estrich und Belag e. V. herausgegeben hat, sowie nach der DIN 18015–3. Hierbei sind Randabstände, maximal zulässige Trassenbreiten und die

Rohrleitungsführung zu beachten. Kritisch sind insbesondere Leitungskreuzungen.

Der Trend, auch die Zu- und Abluftleitungen von Lüftungsanlagen im Estrichunterbau zu verlegen, führt oft zu grenzwertigen Erscheinungsbildern. Die Personen, die dann die Dämmplatten in das Rohrleitungsgewimmel einbauen sollen, müssen sich als wahre Dämmplattenkunstschnitzer erweisen. Verbleibende Hohlräume zu den Leitungen müssen mit gebundener Schüttung (zement- oder bitumengebunden) beigefüllt werden, sodass ein hohlraumfreier Unterbau entsteht.

Die Rohrleitungen dürfen auch im Bereich von Leitungskreuzungen nicht in die Trittschalldämmebene hineinragen oder diese gar durchbrechen. Trittgeräusche, die unter Umständen im ganzen Haus zu hören sind, wären sonst die Folge.

Belegreife

Erst nach ausreichender Trocknungszeit (Faustregel: eine Woche pro Zentimeter Estrichdicke) können Bodenbeläge auf den Estrich aufgebracht werden, man spricht von der Belegreife des Estrichs. Diese ist von den Handwerkern zu überprüfen. Zur Prüfung des Feuchtegehalts ist eine sogenannte CM-Messung zwingend vorgeschrieben. Alle anderen Messverfahren mit elektronischen Prüfgeräten sind nicht ausreichend genau.

Bei beheizten Fußbodenkonstruktionen kann der Estrich belegreif geheizt werden. Die Feuchtemessungen zur Feststellung der Belegreife mittels CM-Messung müssen dennoch erfolgen.

Durch die Zugabe von speziellen Zusatzmitteln kann Estrich auf chemischem Wege schneller belegreif werden. Es handelt sich hierbei um eine besondere Bauart des Estrichs, die gesondert vereinbart werden muss.

Trocknungszeiten

Zement und Anhydritestrich müssen das beim Mischvorgang zugegebene Wasser, das nicht zur Abbindereaktion genutzt wurde, wieder abgeben. Das geschieht durch Feuchtigkeitsabgabe an die Raumluft. Damit die Luft ausreichend Feuchtigkeit aufnehmen kann, muss sie regelmäßig (drei- bis fünfmal am Tag) gegen trockenere Luft ausgetauscht werden.

Zementestrich ist zugluftempfindlich, daher muss mit dem Lüften einige Tage gewartet werden, bis er ausgehärtet ist. Beim Anhydritestrich muss man auch zwei Tage warten, um mit dem Lüften beginnen zu können. So lange dauert es unter günstigen Bedingungen, bis er begehbar ist.

Es ist zu klären, wer für die Lüftung verantwortlich ist. Grundsätzlich ist das der Estrichleger oder aber Ihr Hausbaupartner, da die Lüftung technisch erforderlich ist, um die Leistung funktionstauglich zu erbringen und fertigzustellen. Da das aber mit viel Aufwand verbunden ist, wird das in den Musterverträgen gern auf den Bauherrn, also auf Sie, abgewälzt. Prüfen Sie daher genau, was in der Baubeschreibung steht, und lassen Sie das gegebenenfalls ändern.

Ebenheitstoleranzen

Die Anforderungen an die maximal zulässigen Ebenheitstoleranzen der fertigen Estrichoberfläche sind deutlich höher als die an eine betonierte Rohdecke. Aber es sind noch Ebenheitstoleranzen da, es kann daher Unebenheiten geben, die beim Verlegen großformatiger Bodenfliesen (größer als 30 x 30 Zentimeter) als Hohlstellen oder bei dünnen, elastischen Bodenbelägen als Unebenheiten des Fußbodens hörbar werden. Bei hochwertigen Bodenbelägen ist eine Ausgleichsspachtelung durch den Bodenbelagsverleger (Bodenleger, Fliesenleger, Parkettleger) unabdingbar.

WÄRMEDÄMMARBEITEN AM DACH

→ S. 199

Die Wärmedämmarbeiten an der Dachfläche werden entweder vom Zimmereibetrieb mit ausgeführt (bei der Aufdachdämmung immer, s. Seite 81, bei der Zwischensparrendämmung manchmal). Das hat den Vorteil, dass das Bauteil Dach aus einer Hand kommt. Oder der Trockenbauer, der daran anschließend die raumseitige Beplankung der Dachuntersichten und der Kehlbalkenlage durchführt, übernimmt diese Arbeiten. Es kommt auch vor, dass Bauherren die Wärmedämmarbeiten am Dach in Eigenleistung durchführen. Darüber hinaus sind weitere, zum Teil kuriose Konstellationen denkbar.

Die Wärmedämmung soll die Transmissionswärmeverluste über die Dachfläche reduzieren. Sie kann auf dem (Aufdachdämmung) oder im Sparrengefach (Zwischensparrendämmung) angebracht werden; möglich sind auch n Kombinationen von Aufdach-, Zwischensparren- und Untersparrendämmung. Die Anforderungen an die Dämmstoffeigenschaften (U-Wert) und die Dämmstoffdicken ergeben sich aus der Wärmeschutzberechnung. Der Schichtenaufbau ergibt sich aus der U-Wert-Berechnung des Bauteils Dach.

Es stehen verschiedene Wärmedämmmaterialen zur Wahl, die zur Dämmung der Dachfläche genutzt werden können:

Stein-, Mineral- und Glaswolle

Das sind Faserdämmstoffe auf Basis mineralischer Stoffe, die durch energieaufwendige Fertigungsprozesse aufgeschmolzen und zu fadenartigen Strukturen gezogen werden. Es gibt sie als Bahnen- und Plattenware sowie als Flockenware zum Stopfen oder Einblasen. Sie gelten als nicht brennbar. Mineralische Faserdämmstoffe haben neben guten Wärmedämmeigenschaften (niedriger U-Wert) auch ein gutes Schallabsorptionsverhalten, dämpfen also den Schalleintrag aus der Umgebung.

Polystyroldämmstoffe

Hierbei handelt es sich um aufgeschäumte petrochemische Produkte, die vorzugsweise als Plattenware verkauft werden. Polystyroldämmstoffe sind brennbar, sie können durch verschiedene Zusätze bis hin zu schwer entflammbar ertüchtigt werden. In Deutschland dürfen im Bauwesen nur flammgeschützte Polystyroldämmstoffe eingesetzt werden.

Polystyroldämmstoffe haben gute Wärmedämmeigenschaften (niedriger U-Wert). Sie sind schallhart und neigen zu Resonanzphänomenen. Dies kann die Schalldämmeigenschaften einer Gebäudehülle verschlechtern. Wie alle Materialien erfahren auch Polystyroldämmplatten thermische Längenänderungen. Dieses Ausdehnen und Zusammenziehen der Platten in einem Bauteilaufbau ist deutlich zu hören.

Das normale, weiße Polystyrol (EPS = expandiertes Polystyrol) kann – wenn es über längere Zeit befeuchtet beziehungsweise mit Wasser beaufschlagt wird – große Mengen an Wasser aufnehmen. Extrudiertes, im Regelfall farbiges Polystyrol (XPS) ist hingegen geschlossenzellig und nimmt laut Herstellerangaben fast kein Wasser auf.

Polyurethandämmplatten (PUR-Dämmung)

Auch PUR-Dämmung basiert auf einem petrochemischen Ausgangsmaterial. Dieses wird in Verbindung mit wärmereflektierenden

Beschichtungen (Aluminiumfolien) eingesetzt. Hierdurch wird eine deutliche Reduzierung des U-Werts der Dämmung hervorgerufen, was sich rechnerisch in geringeren Dämmstoffdicken niederschlägt. Mit PUR-Dämmung lassen sich bei gleicher Dämmstoffdicke deutlich bessere (niedrigere) U-Werte erzielen als mit Polystyroldämmstoffen. PUR-Dämmung gilt wie der Baustoff Holz als normal entflammbar. Es toleriert sehr viel höhere Temperaturen als Polystyrol.

Vakuumdämmpaneele

Im Hinblick auf den erzielbaren U-Wert ist dieser Dämmstoff derzeit der Spitzenreiter. Es handelt sich hierbei um synthetisch hergestellte Siliziumoxide, die ungiftig und nicht brennbar sind. Diese nanoförmig geschütteten und gepressten Oxide haben von sich aus bereits sehr gute Wärmedämmeigenschaften. Sie werden zusätzlich in einer Aluminiumhülle verpackt, aus der dann die Luft abgesaugt wird. Dadurch entsteht in der Hülle ein Vakuum.

Mit Vakuumdämmpaneelen lassen sich bei geringer Aufbauhöhe hohe Wärmedämmwirkungen erzielen. Diese hervorragenden Dämmeigenschaften gehen allerdings verloren, wenn die Umhüllung beschädigt und das Vakuum gebrochen wird. In Dachaufbauten finden Vakuumdämmpaneele aufgrund der hohen Kosten nur in Ausnahmefällen Verwendung.

Dämmmaterialien aus nachwachsenden Rohstoffen

Da der Primärenergiebedarf und Ressourceneinsatz auch bei der Dämmstoffherstellung und -verarbeitung eine zunehmende Rolle spielt, fördert der Bund Dämmstoffe aus nachwachsenden Rohstoffen, die teurer sind als die konventionellen Dämmstoffe aus Mineralwolle und Polystyrol. Die Innovationsfreude kennt kaum Grenzen. An dieser Stelle wird nur auf die am Markt eingeführten, gängigsten Dämmstoffe eingegangen:

- Holzfaserdämmstoffe
- Hanf-, Flachs-, Schilfdämmung
- Baumwolle
- Schafwolle
- Zellulose

Um Holzfaserdämmstoffe herzustellen, werden Abfallhölzer aus Schreinereien, Zimmereien, Sägewerken und Abbundzentren aufgefasert und zu Bahnen- oder Plattenwaren geformt. Hierbei macht man sich die natürliche Bindung durch das im Holz enthaltene Lignin zunutze, das für die Platten als Bindemittel dient. Aus der reinen Nutzung von Spanabfällen ist die Holzdämmstoffindustrie jedoch längst heraus, denn die Nachfrage nach Holzfaserdämmung übersteigt das Spanaufkommen zwischenzeitlich bei Weitem, sodass Holz aus Schwachholzeinschlägen und Sturmholzberäumungen verarbeitet wird.

Holzfaserdämmstoffe werden als Platten- oder Bahnenware oder als Einblasdämmung (gegebenenfalls mit Lehm gemischt) angeboten. Vorsicht: In feuchtem Zustand (bei undichter Dampfbremse/-sperre oder einem kaputten Dach) bieten Holzfaserdämmstoffe eine gute Nahrungsgrundlage für mikrobielles Leben wie Schimmelpilze und holzzerstörende Pilze.

Eine Alternative ist die Hanf-, Flachs- oder Schilfdämmung. Hierbei werden Faserdämmstoffe – vorwiegend Dämmplatten – aus getrockneten Pflanzenstengeln hergestellt. Auch andere Gräser und Gewächse (zum Beispiel Rohrkolben) werden erprobt. Allerdings macht das Energieharvesting und der Hunger der Biogasanlagen nach vergärbarer Biomasse den großflächigen Anbau von Dämmstoffgräsern wirtschaftlich eher unattraktiv. Die Dämmwirkung ist von der Plattenstruktur und dem Feuchtegehalt der Fasern abhängig. Einige der Ausgangsprodukte zeigen sich sehr verrottungsfest und enthalten natürliche Abwehrsubstanzen, die das Ansiedeln mikrobiellen Lebens hinauszögern.

Baumwolle wurde ebenfalls zur Dämmung eingesetzt, allerdings wurde sie aufgrund der zu geringen Nachfrage 2001 vom Markt genommen. Mittlerweile gibt es auch Anbieter für Dämmstoffe aus Recyclingbaumwolle.

Schafwolle ist ein tierischer Faserdämmstoff. Sie besteht aus Kreatin (Eiweiß) und muss daher gegen kreatinverstoffwechselnde Organismen (Insekten, zum Beispiel Mottenlarven, Teppichkäfer) geschützt werden. Es gibt Produkte mit und solche ohne Beimengung synthetischer Fasern. Durch die Faserbeimengung wird die Eigensteifigkeit erhöht. Geliefert wird das Material in Form von Dämmplatten und als Stopfwolle. Die Schafwolle muss gewaschen werden, um die tierischen Fette zu entfernen. Die früher übliche nicht gewaschene Wolle war und ist je nach Luftfeuchtigkeit geruchlich deutlich wahrnehmbar.

Zuletzt ist Zellulose als Dämmstoff zu nennen. Zellulose ist in der Verwendungsform zwar kein nachwachsender Rohstoff, basiert aber – da Holz das Ausgangsmaterial für die Papierproduktion ist – auf nachwachsenden Rohstoffen. Das Ausgangsmaterial des Dämmstoffs besteht aus sortierten Druckerzeugnissen, zum Beispiel aus recycelten Tageszeitungen.

Dampfbremse/-sperre, Luftdichtheit

Die Wärmedämmung wird ergänzt um eine raumseitig der Wärmedämmung angeordnete Schicht, die den wärmegedämmten Aufbau vor einströmender, feuchtwarmer Luft schützen soll. Diese wird gemeinhin als „Dampfsperre" oder „Dampfbremse" bezeichnet.

Aufgabe der Dampfsperre oder -bremse ist es in erster Linie, den wärmedämmenden Aufbau vor Feuchtigkeitseinträgen aus dem Hausinneren zu schützen und so zu verhindern, dass die Dämmung selbst feucht oder gar nass wird, was die Dämmeigenschaften deutlich verschlechtern würde und letztlich zu Schimmelpilzwachstum führen kann.

Feuchtigkeitseinträge können von außen kommen, etwa durch eine beschädigte oder undichte Dacheindeckung oder infolge von Schlagregen. Zumeist kommen sie aber von innen, weil die Dampfbremse oder -sperre nicht ausreichend konvektionsdicht verklebt oder beschädigt wurde.

Auf den Punkt gebracht

Aus der Baubeschreibung müssen der thermische Aufbau des Daches und die Lagen der Dämmschichten hervorgehen. Dazu gehört insbesondere der rechnerische U-Wert der Dachkonstruktion als gemittelter Wert von Balkenlage und Gefach nach Flächenanteilen. Auch der verwendete Dämmstoff, das heißt das Material, die Schichtstärke und die Wärmeleitgruppe, müssen eindeutig in der Baubeschreibung benannt sein. Die Formulierung „nach den Erfordernissen der Wärmeschutzberechnung" ist hier nicht ausreichend. Zudem sind die Lage, der S_d-Wert und das Material der Dampfsperre beziehungsweise Dampfbremse in der Baubeschreibung eindeutig zu definieren.

Info Der S_d-Wert

Der Unterschied zwischen Dampfbremse und -sperre liegt im sogenannten S_d-Wert, der diffusionsäquivalenten Luftschichtdicke. Bei der Dampfbremse ist dieser rechnerische Wert kleiner als 100 Meter, bei einer Dampfsperre größer als 100 Meter. Der S_d-Wert liefert eine Vergleichszahl, die aussagt, um wie viel höher der Diffusionswiderstand eines Stoffes gegenüber der Diffusion durch Luft ist. Ein S_d-Wert von 100 Metern bedeutet, dass die Luftdichtheitsschicht, die nur wenige Zehntelmillimeter stark ist, den gleichen (äquivalenten) Dampfdiffusionswiderstand hat wie eine 100 Meter dicke Luftschicht.

Der Gesetzgeber hat dieser Problematik mit der Energieeinsparverordnung Rechnung getragen. Im § 6 „Dichtheit, Mindestluftwechsel" findet sich dazu folgende Forderung: „Zu errichtende Gebäude sind so auszuführen, dass die wärmeübertragende Umfassungsfläche einschließlich der Fugen dauerhaft luftundurchlässig entsprechend den anerkannten Regeln der Technik abgedichtet ist." Luftundurchlässig zu bauen ist demnach Pflicht!

Es ist heute möglich, Dampfbremsen oder -sperren luftundurchlässig einzubauen und auch die Fugen an Überlappungen, Anschlüssen, Durchdringungen luftundurchlässig zu verkleben. Dazu bedarf es einer geeigneten Planungsvorgabe (Luftdichtheitskonzept, s. Seite 155) und einer sorgfältigen, gewissenhaften Ausführung beim Einbau.

TROCKENBAUARBEITEN UND SPACHTELARBEITEN AN WÄNDEN UND DECKEN

Als Trockenbau bezeichnet man die Arbeiten, die mit geringen Wassereinträgen ins Gebäude verbunden sind. Im Wohnungsbau zählt dazu die Beplankung von Wänden, Decken und Dachschrägen mit Gipskarton- oder Gipsfaserplatten. Fertighäuser in Holzbauweise bestehen, was die raumseitigen Bauteilschichten angeht, zu einem großen Teil aus Trockenbauleistungen. Im Massivbau beschränken sich die Trockenbauarbeiten auf nichttragende Trennwände und die Beplankung der raumseitigen Dach- und Deckenuntersichten.

Nichttragende Trennwände werden entweder aus Vollgipsplatten/Gipsdielen oder aus Ständerkonstruktionen (Metall- oder Holzständer) mit raumseitigen Beplankungen aus Gipskarton- oder Gipsfaserplatten, manchmal auch Holzhartfaserplatten, erstellt. „Nichttragend" bedeutet hier, dass die Wände nicht planmäßig durch eine Decke belastet werden. Das ist bei ihrer Erstellung zu beachten.

→ S. 201

Die Ausführung der in Trockenbauweise erstellten nichttragenden Raumtrennwände und Schichtumkleidungen ist in der Baubeschreibung nach Konstruktionsart, Wanddicke, Dämmstoff und Aufbau der Beplankung eindeutig zu beschreiben.

Gipsdielenwände/Vollgipsplattenwände

Die Wände bestehen aus 8, 10 oder 12 Zentimeter starken Vollgipsplatten beziehungsweise Gipsdielen. Die Wandbauplatten sind sehr schwer, die Wände bestehen nur aus dieser einen Schicht. Die Sturzausbildung über Türöffnungen erfolgt durch das Ausklinken der Gipsplatten im Verband. Sie werden nach dem Abbinden des Klebers glatt verspachtelt. Die Gipsdielen geben im Verlauf der Nutzungszeit freies, nicht in der Baustoffmatrix gebundenes Wasser ab und verlieren dabei an Volumen, sie schwinden. Hierdurch können deutlich erkennbare Risse entstehen, die auch mal 3 Millimeter breit sein können. Die Anschlussfugen zur Decke öffnen sich auch, wenn die darunter befindlichen Gipsplatten infolge des Schwindens über die Höhe verkürzen. An freien Kanten und an freien Ecken werden Spachtelschienen eingespachtelt, um saubere, lotrechte Kanten zu erhalten.

Die Vollgipsplatten gibt es in weißer Ausführung oder in grüner Ausführung. Die grünen Platten sind hydrophobiert, ein Verfahren, das vor Feuchteaufnahme schützt oder diese zumindest reduziert. Daher werden diese Platten in der Regel als unterste Schicht und in Nassräumen vollflächig eingebaut. Gegenüber anderen Bauteilen werden die Gipsdielenwände durch den Einbau von Entkopplungsstreifen freigestellt, damit das Schwinden der Wände keine Auswirkungen auf die anderen Bauteile hat.

Werden Wände aus Gipsdielen erstellt, ist das in der Baubeschreibung entweder bei den Rohbauarbeiten oder bei den Trockenbauarbeiten anzugeben. Die Textpassage in der Baubeschreibung sollte sinngemäß lauten: „Nichttragende Trennwände aus Vollgipsplatten/Gipsdielen in den Stärken 8/10/12 Zentimeter, malerfertig gespachtelt".

Ständerwände

Die Ständerwände bestehen aus einer Konstruktion aus Metallständern, die durch blecherne U-Profile am Boden und an der Decke in vertikaler Position gehalten werden, vorausgesetzt, Boden- und Deckenprofil sitzen lotrecht fluchtend übereinander. Dabei sind die Ständer etwas kürzer, als der Raum hoch ist, um einen Lasteintrag durch die Decke auszuschließen. Als Alternative zum Metallständerwerk gibt es das Ständerwerk auch in hölzerner Ausführung. Das Ständerwerk wird durch Moosgummistreifen schalltechnisch gegenüber der Decke, auf der es steht, und gegenüber den Massivwänden, an die die Ständerwand anschließt, entkoppelt.

Gute Schalldämmung

Aufgrund der Konstruktion und des Wandaufbaus erbringen Ständerwände trotz des niedrigen Flächengewichts erstaunlich hohe Schalldämmwirkungen. Für besonders sensible Räume für vertrauliche Besprechungen, zum Beispiel Arztzimmer oder Anwaltszimmer, kann mit einem mehrlagigen Ständerwerk, womit die beiden Bekleidungen der Wand gegeneinander schallentkoppelt werden, und hohlraumbedämpfenden Fasermatteneinlagen eine sehr gute Schalldämmwirkung erzielt werden.

Nach der Erstellung des Ständerwerks wird dieses einseitig beplankt. Zur Erzielung einer ausreichend steifen raumseitigen Schale sind entweder enge Ständerabstände oder eine zweilagige Beplankung mit Gipskartonplatten (12,5 Millimeter stark) oder Gipsfaserplatten (10 Millimeter oder 12 Millimeter stark) erforderlich. Die Platten werden dabei nur am Bodenprofil und an den Ständern verschraubt. Ein Verschrauben mit den Deckenprofilen sollte unterbleiben, damit die Wände wirklich nichttragend bleiben.

Die Zwischenräume zwischen den Ständern nehmen Elektro- und andere haustechnische Installationen ein. Die Metallständer haben Ausstanzungen, um Leitungen hindurchfädeln zu können. Sind die Installationen eingebaut, werden Faserdämmmatten in die Gefache eingestellt. Diese Faserdämmmatten sind dünner, als das Ständerwerk breit ist. Die Zielsetzung dabei: Die Matten sollen Schall absorbieren, der auf die Wand einwirkt, und hohlraumbedingte Resonanzphänomene (Geigenkasteneffekt) vermeiden. Im Grunde handelt es sich um eine Hohlraumbedämpfung.

Mit Metallständerwänden lassen sich Wände unterschiedlicher Wandstärke erstellen. Die Wanddicke richtet sich nach der Profilbreite der Ständer und der Dicke der jeweiligen Beplankung.

Beplankung

Die Beplankung der Ständerwände erfolgt mit Gipskarton- oder Gipsfaserplatten. Gipskartonplatten sind Plattenwerkstoffe, die zwischen zwei Kartonlagen einen mineralischen plattenförmigen Kern aus Gips beziehungsweise Calciumsulfat haben. Diese Papplagen stabilisieren den mineralischen Kernbereich und nehmen Zugspannungen auf. Die Gipsplatten gibt es in Normalausführung und als hydrophobierte Feuchtraumplatten. Aber Achtung, bei letzteren ist nur die Papplage hydrophobiert. An Schnittkanten ist der Gipskern nicht hydrophobiert.

Gipsfaserplatten sind Plattenwerkstoffe, die aus einem Gemisch aus Gips und Zellulosefasern bestehen. Diese Platten werden unter hohem Druck gepresst. Sie sind deutlich härter als die Gipskartonplatten und schwerer zu bearbeiten. Auch bei den Gipsfaserplatten gibt es normale Standardplatten und hydrophobierte Feuchtraumplatten. Diese sind im Gegensatz zu den Gipskartonplatten über den vollen Querschnitt hydrophobiert (wasserabweisend eingestellt).

Info **Vorsicht bei hoher Luftfeuchtigkeit!**

Gipskartonplatten und auch Gipsplatten reagieren sensibel auf eine längerfristige Beaufschlagung mit hoher Luftfeuchtigkeit, wie das zum Beispiel in der Austrocknungsphase und auch der Aufheizphase des Estrichs der Fall ist. Die Plattenoberflächen stellen in aufgefeuchtetem Zustand einen optimalen Ansiedlungs- und Lebensraum für Schimmelpilze dar.

Gipskarton- und Gipsfaserplatten gibt es auch in Brandschutzausführung als Feuerschutzplatten.

Werden die Wände durch das Aufhängen von Hängeschränken belastet, empfiehlt es sich, lastverteilende Bohlen hinter den Bekleidungen zu montieren, die die Lasten der Aufhängungen aufnehmen und durch eingebohrte Schrauben auf Zug belastet werden können. Alternativ könnte man eine Lage Gipskarton- oder Gipsfaserplatte durch eine Lage aus Holzhartfaserplatten ersetzen.

Unterkonstruktion

Bei den Ständerwänden bildet die Ständerkonstruktion aus Holzprofilen oder aus gekanteten Blechprofilen die Unterkonstruktion, an Dachschrägen und Decken kommt eine Unterkonstruktion aus Latten oder aus Blechprofilen zum Einsatz.

Oberflächenqualitäten

Die zwischen den Platten vorhandenen Stoßfugen der Trockenbaubekleidungen aus Gipskarton- oder Gipsfaserplatten werden, nachdem die Platten montiert wurden, verspachtelt. Diese Verspachtelung bestimmt im Wesentlichen das Erscheinungsbild der Oberflächen. Um hierbei klare Anforderungskriterien zu haben, wurden, wie schon bei den Innenputzarbeiten, verschiedene Oberflächenqualitäten definiert. Einen Überblick über die vier Qualitätsstufen und ihre Anforderungen bietet die nachfolgende Tabelle.

Die Standardausführung ist die Qualitätsstufe Q2 für Flächen mit dekorativen Oberflächen. Werden Flächen mit einem Belag versehen, zum Beispiel Fliesen, genügt die Oberflächenqualität Q1. Die Fugen sind aber immer zu verspachteln, entweder mit der Fugenmasse des Plattenherstellers oder indem sie in einem vorweglaufenden Durchgang mit Fliesenkleber aufgefüllt werden, sodass eine ebene Oberfläche entsteht.

Anschlussfugen zu anderen Bauteilen sollten konstruktiv so gestaltet werden, dass mögliche Bewegungen der Bauteile schadensfrei, das heißt ohne Aufreißen von Fugen, stattfinden können. Eine Verfugung mit plastischen Massen ist dazu nur bedingt oder gar nicht geeignet.

In der Baubeschreibung ist die Oberflächenqualität der fertig erstellten und gespachtelten Wände nach den Qualitätsstufen Q1 bis Q4 eindeutig zu definieren. Falls Sie keine entsprechende Angabe finden können, fragen Sie danach!

Eigenleistungspotenzial

Trockenbauarbeiten sind sowohl aus konstruktiven wie auch aus gestalterischen Gründen eine komplexe Gesamtleistung. Mit entsprechender Fachkenntnis und dem notwendigen handwerklichen Geschick können Sie die Trockenbauarbeiten auch in Eigenleistung ausführen. Prüfen Sie jedoch genau, welchem Gewerk die Spachtelarbeiten zugeordnet sind, damit Sie nicht überraschend damit konfrontiert werden, die Spachtelarbeiten im Zuge der Malerarbeiten durchführen zu müssen.

Qualitätsstufen von Trockenbauoberflächen

Qualitätsstufe	Q1	Q2	Q3	Q4
Abschließend bearbeitete Oberfläche	Grundverspachtelung	Standardverspachtelung	Sonderverspachtelung für erhöhte Anforderungen	Sonderverspachtelung für höchste Anforderungen
Geeignet für	▸ Erste Beplankungslage bei mehrlagigen Beplankungen ▸ Geflieste Oberflächen	▸ Mittel und grob strukturierte Wandbekleidungen, zum Beispiel Raufasertapeten ▸ Matte füllende, von Hand angetragene Anstriche ▸ Oberputze mit Größtkorn > 1 mm	▸ Fein strukturierte Wandbekleidungen ▸ Matte, nicht strukturierte Anstriche/Beschichtungen ▸ Oberputze mit Größtkorn < 1 mm	▸ Glatte und strukturierte Wandbekleidungen mit Glanz ▸ Lasuren und Anstriche bis zu mittlerem Glanz ▸ Stuccolustro und andere hochwertige Glätttechniken
Arbeitsgänge	▸ Füllen der Stoßfugen ▸ Überziehen der sichtbaren Befestigungsmittel ▸ Abstoßen von überstehendem Spachtelmaterial ▸ Werkzeugbedingte Markierungen, Riefen, Grate sind zulässig. ▸ Einlegen von Fugendeckstreifen	▸ Grundverspachtelung Q1 ▸ Nachspachteln/Feinspachteln bis zum Erreichen eines stufenlosen Übergangs ▸ Es dürfen keine Bearbeitungsabdrücke/Spachtelgrate sichtbar bleiben. ▸ Wenn erforderlich, Schleifen der gespachtelten Bereiche. Abzeichnungen, insbesondere bei Streiflicht, sind nicht auszuschließen. ▸ Verringerung der Abzeichnungen mit Q3 erreichbar	▸ Grundverspachtelung Q2 ▸ Breiteres Ausspachteln der Fugen ▸ Scharfes Abziehen der restlichen Oberfläche zum Porenverschluss mit Spachtelmaterial ▸ Schleifen der gespachtelten Platten bei Bedarf ▸ Abzeichnungen bei Streiflicht sind nicht völlig auszuschließen.	▸ Grundverspachtelung Q2 ▸ Breiteres Ausspachteln der Fugen ▸ Vollflächiges Überziehen und Glätten der gesamten Oberfläche bis etwa 3 mm Schichtdicke ▸ Schleifen der gespachtelten Platten bei Bedarf. Minimierte Abzeichnungen bei Streiflicht sind nicht völlig auszuschließen. ▸ Gegebenenfalls weitere Arbeiten für die Schlussbeschichtung erforderlich

FLIESENARBEITEN: WC UND BÄDER

Die Differenzierung zwischen den Fliesenarbeiten – WC und Bäder einerseits und Fliesenarbeiten bezogen auf Bodenbeläge in Wohnräumen andererseits – hat mit der Raumnutzung und den daraus resultierenden Wassereinwirkungen zu tun. Das reine WC ohne Duschmöglichkeit ist kein Raum, dessen Wand- und Bodenflächen bestimmungsgemäß mit Wasser belastet werden. In Duschbädern und Bädern ist das anders. Insbesondere beim Duschen und Baden kommt es zur Wasserbeaufschlagung von Wand und Bodenflächen. Grund dafür sind die hohe Luftfeuchtigkeit, die an kühlen Fliesenoberflächen kondensiert, Spritzwasser, Planschwasser, Wasser, das vom Körper abtropft, und natürlich das Wasser, das gerade beim Duschen direkt oder indirekt auf die Wandoberflächen und bei bodengleichen Duschen auch auf die Bodenfläche wirkt.

Info **Ebenheit sicherstellen**

Bei großformatigen Fliesen müssen die Boden- und Wandoberflächen erhöhte Ebenheitstoleranzen aufweisen, das heißt, sie sollten weniger uneben sein. Das kann man entweder durch erhöhte Ebenheitsanforderungen bei den Vorgewerken oder durch zusätzliche, vor der Fliesenverlegung ausgeführte, egalisierende Spachtelarbeiten erreichen. Beides ist mit kostenpflichtigem Mehraufwand verbunden. Hat der Hausbaupartner allerdings großformatige Fliesen als preisgleiche Auswahloption angegeben, hat er auch die dementsprechende Ebenheit zu gewährleisten.

Die für die Bäder beziehungsweise Duschbäder vorgesehenen Fliesenformate der Boden- und der Wandfliesen sind in der Baubeschreibung eindeutig anzugeben. Dies gilt auch für die Preisgruppe oder das Fabrikat der laut Baubeschreibung vorgesehenen Fliesen.

Feuchtigkeitsabdichtung in Duschbad und Bad

In vielen Baubeschreibungen findet sich zu diesem Thema gar nichts, aber die Abdichtung der Boden- und Wandflächen ist eine elementare Bauleistung, die die langfristige Funktionstauglichkeit Ihres Eigenheims sicherstellt. Werden diese Abdichtungsarbeiten nicht oder aber nicht sorgfältig und unvollständig durchgeführt, kommt es zum Wassereintritt in den Bodenaufbau, und ausgehend von dieser Stelle kann sich das Wasser nahezu beliebig verteilen.

Diese Abdichtung in Bädern und Duschbädern erfolgt in vielen Fällen mit streichbaren Abdichtungsmassen und Abdichtungsbändern in den Raumecken und den Übergängen von Boden und Wand. Abdichtungsmasse und Bänder müssen sich mit dem verwendeten Fliesenkleber vertragen, deshalb fordern die Kleberhersteller die Systemkonformität ein. Nur so ist sichergestellt, dass es nicht zu Materialunverträglichkeiten kommt. Die Hersteller schreiben Mindesttrockenschichtdicken vor, das heißt, die Abdichtung muss in der Fläche im trockenen Zustand mindestens die vom Hersteller angegebene Dicke haben. Sie muss mehrlagig aufgebracht werden, um sicherzustellen, dass an jedem Punkt mindestens eine Lage funktionsfähige Abdichtung vorhanden ist. Die flexiblen Bänder werden über Gewebestrukturen in die Flächenabdichtung eingebunden und überbrücken die Übergänge vom Boden zu den Wandflächen und dem 5 bis 10 Zentimeter hohen Sockel, der an den Wänden mit Ausnahme der wasserbeaufschlagten Wandflächen (diese müssen vollflächig abgedichtet werden) anzuordnen ist.

Die Bodenflächen unter Badewannen und Duschwannen sind ebenfalls vollflächig unter wasserdichter Anarbeitung an dort vorhandene Rohrleitungen abzudichten. Bei bodengleichen Duschen muss besonders sorgfältig gearbeitet werden, denn hierbei können viele Ausführungsfehler gemacht werden, weshalb es oft zu Schadensfällen kommt.

Die wasserbeaufschlagten Wandflächen in der Dusche und an der Badewanne sowie die Spritzwasserzonen hinter dem Waschbecken und, wenn vorhanden, einem Bidet sind vollflächig abzudichten. Die dort vorhandenen Durchdringungen, zum Beispiel für die Bedienarmaturen, die Eckventile und die Wasserabläufe, sind unter Verwendung von auf das Abdichtungs-/Klebersystem abgestimmten Komponenten, zum Beispiel Dichtkragen, einzudichten.

Mut zur Lücke ist bei der Feuchtigkeitsabdichtung definitiv der falsche Ansatz, sowohl in der Fläche als auch bei den Anschlüssen.

Eigenleistungspotenzial

Natürlich kann ein gelernter Fliesenleger oder auch ein sehr sorgfältig und gewissenhaft arbeitender Bauherr die Abdichtungs- und Fliesenarbeiten im Bad selbst machen. Die Folgen eines Ausführungsfehlers können jedoch umfassend sein und erhebliche Mangelbeseitigungs- und Mangelfolgekosten hervorrufen. Aus Gewährleistungsgründen sollte derjenige, der die Fliesenarbeiten in Bädern und Duschbädern durchführt, auch die Abdichtungsarbeiten erledigen. Ansonsten ist bei Eintritt eines Schadens nur schwer bis gar nicht zuzuordnen, wer den Schaden zu verantworten hat.

Info Hohe Sorgfalt bei Fliesenarbeiten

Die Fliesenarbeiten in Bädern, Duschbädern und WC müssen so ausgeführt werden, dass die Abdichtung nicht beschädigt wird. Die räumliche Wirkung wird durch die Flieseneinteilung bestimmt. Schmale, über einen Teil des Wandanschlusses durchlaufende Fliesenstreifen sollten vermieden werden. Die Flieseneinteilung ist in Abhängigkeit des gewählten Fliesenformats vor Ort festzulegen. Es wird empfohlen, das Ergebnis zu protokollieren.

→ S. 203 Aus der Baubeschreibung muss eindeutig hervorgehen, dass in den Bädern und Duschbädern eine Abdichtung nach DIN 18534 „Abdichtung von Innenräumen" vorgesehen ist.

Bodengleiche, ausgeflieste Dusche

Die bodengleich ausgeflieste Dusche ist ein Bauteil, an dem mindestens zwei Gewerke – Fliesenleger und Sanitärinstallateur – beteiligt sind. Beide sind für die Dichtheit des Gesamtsystems verantwortlich. Wenn eine derartige Dusche vorgesehen ist, sollten Sie darauf achten, dass dies in der Baubeschreibung eindeutig benannt und mit Leistungsanteilen (Wer macht was?) beschrieben ist.

Bei bodengleichen, ausgefliesten Duschen ist auf die Gefälleausbildung im Unterbau zu achten. Der Unterbau wird entweder als Fertigteilplatte vom Installateur eingebaut oder vom Fliesenleger unter Verwendung von Ausgleichsmörtel selbst erstellt. Die Gefälleausbildung führt dazu, dass die Dusche im Bereich des Wasserablaufs tiefer ist als der sonstige Fliesenboden. Tritt diese Absenkung in der Bodenfläche auf, gibt es eine Kante oder Stufe. Dieser Bereich ist im Hinblick auf die Flächenabdichtung, aber auch hinsichtlich der Belegung mit besonderer Sorgfalt zu behandeln.

Je nach Ablaufsituation (Ablaufrinne, Punktablauf) und Lage des Ablaufs ist das Gefälle als schwach geneigte Rampe, als Pyramidenstumpf oder trichterförmig auszubilden. Die Verlegung der Bodenfliesen muss sich dem vorhandenen Gefälle anpassen. Bei großformatigen Bodenfliesen sollte ein Belagwechsel auf einen kleinformatigen Belag oder gar ein Fliesenmosaik ins Auge gefasst werden, um die Übergänge und Kanten besser ausmodellieren zu können. Das Bauteil, das den Ablauf sicherstellt, sollte im Unterbau fest und starr verankert sein. Es muss sorgfältig mit eingedichtet werden. Wenn es sich bewegen kann, kann es zum Abreißen der Abdichtung kommen.

Verfugung

Die Verfugung erfolgt unter Verwendung steinmehlhaltiger Fugenmörtel. Diese Mörtelfugen härten – wie alle hydraulisch abbindenden Mörtel – unter Wasserabgabe aus und schwinden dabei geringfügig. Wie sich dieses Schwinden bemerkbar macht, ist nicht vorhersagbar. Manchmal reißen die Mörtelflanken an den Fliesen ab. Kunststoffmodifizierte Mörtel haften besser. Cremes, Lotionen, Pflegeöle, aber auch Urintropfen können zu dauerhaften punktuellen Verfärbungen der Fliesenfugen führen, wenn sie beziehungsweise ihre reaktiven Inhaltsstoffe die Mörtelmatrix penetrieren. Es gibt besonders vergütete Mörtel, die gegen diese Substanzen resistent sind und nicht penetriert werden. Eine Verwendung derartiger Spezialmörtel ist gesondert zu vereinbaren und in aller Regel mit Mehrkosten verbunden.

Die Farbgebung der Standardverfugung muss aus der Baubeschreibung eindeutig hervorgehen.

Plastische Fugen im Sanitärbereich werden im Regelfall als Silikonfugen ausgeführt. Silikonfugen sind Wartungsfugen, sie sollten regelmäßig überprüft und gegebenenfalls erneuert werden. Achtung: Silikonfugen haben keine Abdichtungsfunktion! Diese ist ausschließlich durch die Abdichtungsarbeiten zu erbringen.

Info: Nachbarschaftlicher Schallschutz

Ist Ihr Haus ein Reihenhaus oder eine Doppelhaushälfte, müssen bei den Fliesenarbeiten die Belange des nachbarschaftlichen Schallschutzes sorgfältig beachtet werden. Die Randfuge darf auch punktuell nicht kraftschlüssig mit Fliesenkleber oder Spachtelmasse volllaufen.

Kantenschutzprofile

Die Ausbildung offener Ecken und Kanten mit Fliesen ist problematisch, da die Glasur in aller Regel nicht um die gesamte Fliesenkante geführt ist. Praktisch kann das so gemacht werden, dass die Fliesen auf Gehrung geschnitten werden und an der Kante auf Fliesenfugenbreite nebeneinander liegen. Das ist jedoch handwerklich aufwendig und je nach Fliesenqualität, zum Beispiel bei brüchiger Glasur, gar nicht machbar. Ansonsten werden Kantenschutzprofile eingebaut, an die die Fliesen über Eck anstoßen. Diese Kantenschutzprofile aus farbigem Kunststoff (Jolly-Kante), Aluminium oder Edelstahl sollten so eingebaut werden, dass keine scharfe Kante entsteht, da eine solche Kante sonst bei Reinigungsarbeiten zu Verletzungen führen könnte.

Die vorgesehene Verwendung von Kantenschutzprofilen muss sich nach Typ und Werkstoff eindeutig aus der Baubeschreibung ergeben.

FLIESENARBEITEN: BODENBELÄGE IN WOHNRÄUMEN

Gegenüber den Fliesenarbeiten in Bad und WC sind die Fliesenarbeiten als Bodenbelagsarbeiten in den sonstigen Räumen vergleichsweise unproblematisch. Bei großformatigen Fliesen gilt – wie schon auf S. 113 erwähnt – das Erfordernis eines besonders ebenen Untergrundes. Hierzu sind entweder erhöhte Ebenheitstoleranzen des Estrichs oder eine nivellierende vorweglaufende Spachtelung durch den Fliesenleger erforderlich.

Das Fugenbild (Kreuzverband, Halbverband, Drittelverband oder wilder Verband) und die Verlegerichtung (gerade, diagonal, Fischgrätmuster und bei rechteckigen Fliesen die Ausrichtung der langen Kante) sollten vor Ort besprochen werden. Die Anordnung der langen Kante macht als optische Bezugslinie einen Raum gefühlt breiter oder länger.

→ S. 205

Die Fliesenarbeiten sind nach Fliesenformat und Auswahlkriterium für die Fliesen – zumeist der Bruttolistenpreis des Fliesengroßhändlers – in der Baubeschreibung zu definieren. Ebenso sind die Verlegeweise und der Fliesenverband klar anzugeben.

Fliesensockel

Ein Fliesensockel ist eine von mehreren Möglichkeiten, den Übergang vom Boden zu den Wänden auszubilden. Es gibt spezielle Sockelfliesen oder die Fliesensockel werden durch Schneiden aus den normalen Verlegefliesen beziehungsweise dem Verlegeverschnitt produziert. Eine derartige Ausführung kann bei sehr teuren Fliesen ziemlich ins Geld gehen.

Der Fliesensockel ist so anzubringen, dass kein Kontakt zum Bodenbelag vorhanden ist. Er muss aus Schallschutzgründen (Trittschallschutz) mehrere Millimeter über den Bodenfliesen schwebend an die Wand gebracht werden. Das lässt sich über einen entsprechenden Überstand des beim Estricheinbau verlegten Randstreifens normalerweise problemlos erreichen – vorausgesetzt, es wird von vornherein vorgesehen. Wird der Estrichrandstreifen aber, wie es häufig geschieht, mit der Oberkante des Estrichs bündig abgeschnitten, hat sich der arbeitserleichternde Überstand ein für alle Mal erledigt.

Nach Anbringung und Verfugung des Fliesensockels mit dem gleichen Fugenmörtel, der auch für die Bodenfliesen verwendet wurde, muss die offene Fuge zwischen Bodenbelag und Fliesensockel verfugt werden. Dies erfolgt mit dauerplastischer Dichtungsmasse, die die beim Begehen auftretenden Schwingungen des Estrichs wie auch die Rückverformung von beim Austrocknen aufschüsselnden Zementestrichen (teilweise) wieder aufnehmen kann. Treten allerdings sehr starke Aufschüsselungen auf, sollte das Anbringen des Fliesensockels verschoben werden, bis die sich zwangsläufig einstellenden Rückverformungen abgeklungen sind.

Ob Holzsockelleisten, Kunststoffleisten oder andere leistenartige Sockelbauteile – auch die Montage dieser Sockel sollte bis zum weitgehenden Abklingen der Rückverformung zurückgestellt werden. Das erspart bei Zementestrichen das Nachsetzen des Sockels und wirkt sich bei allen hydraulisch abbindenden Estrichen positiv auf das Nachtrocknen des Estrichs aus, das durch montierte Sockelleisten behindert wird.

Die Ausführung des Sockels bei Fliesenbelägen ist in der Baubeschreibung klar zu definieren.

Treppenfliesen

Wenn die Fliesen auf den Geschosstreppen verlegt werden, kommt es gerade bei Treppen mit verzogenen Stufen auf die Fugenanordnung an. Das Fugenbild kann das Begehen einer Treppe erheblich erleichtern, aber auch erheblich beinträchtigen. Maßgebend ist hierbei die Lauflinie, die bei im Wohnungsbau üblichen Treppengeometrien im Normalfall in der Stufenmitte liegt. Bei geradläufigen Treppen ist das kein Problem, da sind alle Stufen gleich breit. Bei Treppen, die abknicken und die Richtungsänderung mit verzogenen Stufen ausführen, verändert sich hingegen die Stufenbreite. Die verzogenen Stufen sind deutlich länger und von oben gesehen nicht mehr rechtwinklig, sondern sie nehmen Trapez- bis fast Dreiecksform an.

Die Treppenfugen dienen, auch wenn sie nicht bewusst betrachtet werden, als Bauernlineal, an dem wir uns beim Treppensteigen orientieren. Eine durchlaufende Fuge taugt dazu, springende Fugen sind wegen des Hin-und-her-Zackens dafür gänzlich ungeeignet. Das Begehen einer Treppe mit springenden Fugen erfordert erhöhte Aufmerksamkeit, daher sollte ein derartiger Fugenverlauf vermieden werden.

Werden die Geschosstreppen mit Fliesen verlegt, sollte dies in der Baubeschreibung entsprechend definiert sein. Die Sockelausbildung an angrenzenden Wänden sollte explizit erwähnt werden.

Natur- und Kunststeinbodenbeläge

Neben Fliesen kann ein Bodenbelag auch mit Natursteinplatten, Natursteinfliesen oder mit Kunststein, sogenanntem Betonwerkstein, ausgeführt werden. Hierbei kommen verschiedene Gesteinsarten in ganz unterschiedlichen Preisgefügen zum Einsatz. Verlegt werden sie entweder auf einem Dickmörtelbett, das der Verleger anstelle des Estrichmörtels einbaut, oder als Steinfliese, ähnlich den Fliesenarbeiten, mit auf den Stein abgestimmten Klebern.

Natursteinbeläge sind empfindlich gegen Flüssigkeiten. Wird etwas verschüttet, bleiben je nach Inhaltsstoffen und Gesteinsart dauerhafte Verfärbungen zurück.

Werden Naturstein oder Kunststeinbeläge verlegt, sind diese in der Baubeschreibung eindeutig zu beschreiben.

Natürlich können auch Stahlbetontreppen mit Natursteinbelägen belegt werden. Dabei werden Platten für die Treppen maßgefertigt. Die Trittstufen sind mindestens 30 Millimeter stark.

Freitragende Steinstufen auf Stahltreppenwangen müssen Biegeverformungen durch das Betreten aufnehmen können. Dazu müssen die Stufen ausreichend dick sein.

Eigenleistungspotenzial

Das Verlegen von Fliesen als Bodenbelag können Sie mit ein bisschen Übung und handwerklichem Geschick durchaus in Eigenleistung ausführen. Es ist sinnvoll, die verschiedenen Verlegevarianten durch Trockenverlegung (lose, ohne Fliesenkleber) zu überprüfen. Vor der Verlegung der Bodenfliesen muss unbedingt die Restfeuchte des Estrichs fachgerecht gemessen werden. Klären Sie rechtzeitig, wer das macht!

MALERARBEITEN

Durch die Malerarbeiten erhalten die Innenraumoberflächen an Wänden beziehungsweise Dachschrägen und Decken sowie Metalloberflächen ihre finale Behandlung. Hinzu kommen die Außenmalerarbeiten an den Holzüberständen des Dachs sowie den Betonoberflächen von Balkonen und Attikaaufkantungen und der Fassadenanstrich.

Innenräume

Das Malerhandwerk ist vielfältig und hält ein breites Variantenspektrum für die Oberflächengestaltung in Innenräumen bereit. Dies umfasst viel mehr, als nur Tapete oder Farbe an die Flächen zu bringen. Spachtel- und Putzarbeiten, Lackieren, Lasieren, Tupfen, Stempeln, Wischen, um nur einige Gestaltungsvarianten zu nennen, kommen hinzu. Ein guter Maler ist ein Allrounder, der in verschiedenen Spezialdisziplinen seines Tätigkeitsfeldes besondere Fähigkeiten hat.

Wie die verschiedenen Oberflächen gestaltet werden, ergibt sich aus der Baubeschreibung. Raumseitige Oberflächen gibt es eine Menge: Wände, Decken, Dachschrägen in Wohnräumen, in Nassräumen, in Nebenräumen, aber auch Metalloberflächen an Treppenkonstruktionen, Stahltüren, Geländern und sonstigen Stahlteilen im Haus und Holzoberflächen an Dachüberständen. Manchmal sind auch hochgelegene Arbeitsplätze dabei, die einen speziellen Gerüstbau oder das Arbeiten auf hohen Leitern erfordern.

Bei besonders hochwertigen Oberflächen sollte man die finale Bearbeitung unter Umständen sogar bis nach dem Möbelantransport verschieben, was zusätzliche Abdeckarbeiten und Schutzmaßnahmen erfordert. Generell sollten die Malerarbeiten im Innenbereich erst erfolgen, wenn die Restfeuchte aus dem Einbringen von Innenputz und Estrich weitgehend abgetrocknet ist.

→ S. 207

Wenn die Malerarbeiten Vertragsbestandteil sind, ist die Ausführung auf den verschiedenen Oberflächen klar und eindeutig darzustellen.

Info: Schimmelpilzbeseitigung durch den Maler?

Maler werden auch gerne einmal zur Schimmelbeseitigung herangezogen. Dabei handelt es sich jedoch um spezielle Arbeiten, die mit den Malerarbeiten zunächst einmal gar nichts zu tun haben. Je nach Umfang des Schimmelbefalls muss die Schimmelbeseitigung daher durch zertifizierte Fachbetriebe erfolgen.

Außenbereich

→ S. 210

Malerarbeiten im Außenbereich, wie zum Beispiel das Streichen der Holzoberflächen an den Dachüberständen, müssen erfolgen, solange das Gerüst noch steht und die Witterungsbedingungen es zulassen. Dabei sind die tieferliegenden Flächen vor Beeinträchtigungen durch abtropfendes Material durch Abkleben oder Abdecken zu schützen.

Innenraumfarben

Ebenso vielfältig wie das Malerhandwerk selbst sind die Materialien, mit denen die Maler umgehen. Die folgenden Erläuterungen beschränken sich auf Innenraumfarben und Innenlacke.

Hier ist zwischen kunststoffvergüteten (Dispersions-)Farben und rein mineralischen Farben sowie Kunstharzfarben zu unterscheiden. Organische Farben sind eher die Ausnahme. Sie sind in speziellen Fachgeschäften erhältlich.

Bei der Auswahl gilt: Qualität zahlt sich aus! Die im Fachhandel erhältlichen Farben in Handwerkerqualität enthalten viel Pigment und haben daher eine hohe Deckkraft. Derartige Qualitäten gibt es auch in gut sortierten Heimwerkerfachmärkten, aber diese Farben sind im Regelfall nicht bei den Sonderangeboten in Kassennähe oder den Tiefstpreis-Aktionszonen zu finden. Dort werden hingegen Farben mit klangvollen Markennamen angeboten, die aber im Regelfall nicht die Deckkraft der hochpreisigen Farben erreichen. Statt zweimal muss eine Fläche dann drei-, vier- oder gar fünfmal gestrichen werden, um die gewünschte Deckung und Farbsättigung zu erreichen. Der Mehrverbrauch an Farbe gleicht die Preisdifferenz zwischen den Supersonderangeboten und den Handwerkerqualitäten wieder aus. Ausführliche Informationen zur Farbauswahl finden Sie im Internet unter test.de/thema/wandfarbe.

Die Baubeschreibung muss klar und eindeutig darlegen, mit welchen Farb- und Lackqualitäten die Arbeiten durchgeführt werden. Eine Formulierung wie „nach Wahl des Auftragnehmers" ist hierzu nicht ausreichend!

Dispersionsfarben

Die meisten Farben werden heute mit Wasser als Verdünnungsmittel hergestellt. Durch Beigabe von Pigmenten und Zusatzstoffen wird aus dem transparenten Wasser eine farbgesättigte Lösung, mit der Flächen gestrichen werden können. Bei Dispersionsfarben werden mineralölhaltige Harze oder bei Naturdispersionsfarben Pflanzenöle als Bindemittel eingefügt. Die Farbgebung erfolgt durch Zugabe farbiger Pigmente oder durch Farbstoffe. Dispersionsfarben bilden Farbschichten, die unter äußeren Witterungseinwirkungen nur eine begrenzte Haltbarkeit aufweisen und daher regelmäßig erneuert werden müssen.

Gesundheitsgefährdungen

Dispersionsfarben können Talkum enthalten, in dem wiederum gesundheitsschädliche Asbestbestandteile vorhanden sein können. Außerdem enthalten diese Farben häufig Konservierungsmittel und Biozide, da ihre organischen Bestandteile die Lebensgrundlage für mikrobielle Organismen (Bakterien und Schimmelpilze) darstellen. Diese Inhaltsstoffe können allergische Reaktionen hervorrufen. Es ist darauf zu achten, dass im Innenbereich ausschließlich Farben verwendet werden, die gesundheitlich unbedenklich sind. Farben, die das Umweltzeichen mit dem Blauen Engel tragen, erfüllen diesen Anspruch.

Mineralfarben

Mineralfarben enthalten die mineralischen Bindemittel Kalk oder Silikat. Die farbgebende Substanz kann mineralisch sein, muss es aber nicht. Das Bindemittel Kalk (Kalkfarben) carbonatisiert unter der Einwirkung von Kohlendioxyd (CO_2) und Wasser. Das silikatische Bindemittel (Silikatfarben) Kaliwasserglas bindet unter Einwirkung von Kohlendioxyd (CO_2) ab und bildet Calciumsilikathydrate.

Kalkfarben sind nur bedingt witterungsstabil und daher eher für den Innenbereich geeignet. Anstriche mit Silikatfarben hingegen sind sehr dauerhaft und können daher auch im Außenbereich verwendet werden. Sie sind aufgrund ihrer mineralischen Farbpigmente sehr farbtonstabil, da die Pigmente unter UV-Einfluss nicht ausbleichen.

Mineralfarben bilden keine Farbschicht, sondern verbinden sich unlösbar mit dem Untergrund. Vorteilhaft: Diese Farben sind durch

Ihr alkalisches Milieu für Schimmelpilze eher unattraktiv.

Im Neubaubereich kommen einkomponentige Silikatfarben zum Einsatz. Die in diesen Farben enthaltenen bis zu 5 Masseprozent organische Bindemittel vereinfachen die Handhabung und Verarbeitung der Farbe und erweitern das Anwendungsspektrum.

Vorsicht: Im Handel werden unter dem Begriff „Mineralfarbe" auch Farben angeboten, die zwar überwiegend aus mineralischen Bestandteilen bestehen, aber Acrylharz oder ein anderes nichtmineralisches Bindemittel enthalten – es handelt sich eigentlich um Dispersionsfarben. Wie die anderen Dispersionsfarben auch bilden diese Farben eine Farbschicht.

Vorleistungen

Bevor es richtig losgehen kann, müssen die Maler neben den Abdeckarbeiten die zu bearbeitenden Oberflächen herrichten. Die Deckenspachtelung als Fugenspachtelung (bei Fertigteildecken) oder Vollspachtelung (bei Ortbetondecken) ist gängiger Standard. Wird die Deckenspachtelung durch den Maler ausgeführt, sollte diese Leistung in der Baubeschreibung auch bei den Malerarbeiten aufgeführt sein.

Bei hölzernen Dachstühlen bewegen sich die Dachflächen unter Windeinwirkung und unter Schneelast. Die Fugengestaltung zwischen Gipsplatten- beziehungsweise Gipskartonbekleidung der Dachschräge und den Wänden sollte daher so sein, dass diese unvermeidbaren Bewegungen aufgenommen werden können, ohne dass es zu unschönen Abrissen kommt.

Bei besonders hochwertig gewünschten Oberflächen mit Vliestapeten oder Mustertapeten müssen die Oberflächen separat bearbeitet und mehrfach geschliffen und gespachtelt werden, um eine nahezu ebene Oberfläche zu erzielen.

Eigenleistungspotenzial

Ob es für Sie sinnvoll ist, die Malerarbeiten in Eigenleistung durchzuführen, hängt in erster Linie von dem Umfang der unter den Begriff fallenden Arbeiten ab, den Sie unbedingt vorab klären sollten. Hierbei kann es sich um die Innenmalerarbeiten, die Außenmalerarbeiten oder um beides handeln. Möglicherweise gehören auch die Spachtelarbeiten und die finalen Putzarbeiten mit dazu. Wenn Sie die Malerarbeiten selbst machen wollen, sollten Sie längere Zeit über Kopf arbeiten können und da Sie auch auf der Leiter arbeiten müssen, sollten Sie schwindelfrei sein.

Lackierarbeiten

Stahl und Metallteile werden üblicherweise lackiert. Unter Umständen müssen sie vorher noch grundiert werden oder eine vorhandene Grundierung ist zu überarbeiten. Lacke gibt es mit oder ohne Lösungsmittel, für den Innenbereich sind Lacke auf Wasserbasis zu empfehlen. Die Anstriche an Metallteilen werden zumeist mit Pinsel oder Rolle vorgenommen. Die fertigen Oberflächen sollten glatt, eben und frei von Lacknasen und Farbläufern sein.

Werden Metallteile lackiert, ist die Art des Lacks in der Baubeschreibung zu benennen.

Malerarbeiten im Außenbereich

Bei den Malerarbeiten im Außenbereich handelt es sich im Regelfall um den Anstrich der Holzbauteile an den Dachüberständen, um den farbigen Anstrich der Fassade oder das Lackieren von Metallteilen.

Beschichtungen auf Holz folgen nach den gängigen Regelwerken immer einem grundlegenden Aufbau: Grundierung, erste Beschichtung, gegebenenfalls mehrere Zwischenschichten, Endbeschichtung. Der Farbauswahl sind fast keine Grenzen gesetzt, vor allzu dunklen Farben ist wegen der Aufheizung bei Sonneneinstrahlung jedoch eher abzuraten. Erfolgt der Farbantrag am Bauwerk, ist sicherzustellen, dass die nicht zu streichenden Bauteile (zum Beispiel Fassadenflächen, Fenster und Fensterbänke) vor Farbanträgen und -spritzern geschützt werden.

Achtung: Die Bauhölzer sind nur bedingt maßhaltig, das heißt, sie können sich verformen und Risse bilden. Je heller die Beschichtung, umso auffälliger zeichnen sich derartige Risse ab. Gerade bei Holzbauteilen wird die Verwendung diffusionsoffener Farben empfohlen. Diese Farben lassen eingedrungene oder die im Holz vorhandene Restfeuchte hindurchwandern, ähnlich wie die modernen „atmungsaktiven" Regenschutzbekleidungen mit sogenannten Klimamembranen. Diffusionsdichte Farben hingegen lassen das nicht zu, die Feuchtigkeit kann nicht abtrocknen und es kommt zu Blasenbildung und zum Abplatzen des Anstrichs.

INNENTÜRARBEITEN

Innentüren unterscheiden sich in Material und Türblattaufbau, Bauform und Montageweise. Zu den Innentüren gehören auch immer die Türbeschläge. Türen verschließen den Zugang zu den einzelnen Räumen und bieten, wenn sie nicht gerade aus transparentem Klarglas sind, zudem Schutz vor unerwünschten Einblicken. Bei einem entsprechenden Türblattaufbau können sie auch das Mithören von im dahinterliegenden Raum geführten Gesprächen verhindern.

Info

Türen als Teil der thermischen Hülle

Manche Türen trennen auch beheizte von unbeheizten Bereichen. Sie sind dann Bestandteil der thermischen Hülle und müssen mit den Temperaturunterschieden zwischen den beiden Bereichen zurechtkommen, ohne dass sie sich allzu sehr verformen und aufwölben, was bedeutet, dass die kalte Seite des Türblatts geringfügig kürzer ist als die warme Seite.

→ S. 211

Aus der Baubeschreibung muss die Qualität der verwendeten Türblätter im Hinblick auf Türblattaufbau und Klimaklasse, wenn erforderlich raumweise, klar hervorgehen. Füllen Sie für einen besseren Überblick die Türübersicht auf Seite 212 aus, die Sie für jeden Raum kopieren können.

Türen im klimaneutralen Bereich

Für Türblätter im klimaneutralen Bereich (keine Temperaturunterschiede zwischen den durch die Tür getrennten Räumen) unterscheidet man Türblattaufbauten mit Wabenmittellage, Röhrenspankern und Vollspankern.

Die Wabenmittellage ist eine Wabenstruktur aus starkem Papier oder Pappe zwischen zwei Trägerlagen aus Furniersperrholz oder Holzfaserplatten. Diese sind außenseitig mit einer beliebigen Dekorlage beschichtet. Diese Türen bieten lediglich Sichtschutz. Die Wahrnehmung von Geräuschen wird durch das Türblatt kaum gemildert.

Beim Röhrenspansteg besteht das Türblatt aus einzelnen Stegen aus Holzfaserwerkstoffen, die viele runde Öffnungen quer zur Steglängsachse aufweisen. Derartige Türblätter sind etwas schwerer als Türblätter mit Wabenmittellage und bieten einen etwas besseren Schallschutz.

Bei den Röhrenspanplattentüren besteht der Kern des Türblatts aus ganzen Holzfaserplatten, die röhrenförmige Ausbohrungen aufweisen. Sie sind deutlich stabiler als Türen mit Wabenmittellage und bieten besseren Schallschutz als diese.

Eine Vollspantür besteht aus einem Kern aus einer massiven Holzfaserplatte mit einer Beplankung aus Trägerlagen mit Dekor. Derartige Türen sind sehr stabil und bieten ein gewisses Maß an Vertraulichkeit durch den schweren, luftschalldämpfenden Türblattaufbau.

Massivholztüren

Neben den Türen aus Holzfaserplatten gibt es auch Türen in Massivholzausführung. Aufgrund der Risse, die bei Massivholztüren häufig auftreten, werden heute mit Masse schichtverleimte oder stabverleimte Massivholztüren vertrieben und eingebaut.

Stahlblechtüren

Stahlblechtüren sind Türen mit Türblättern, die aus grundiertem oder auch pulverbeschichtetem Stahlblech bestehen. Sie werden vorwiegend für nicht repräsentative Nebenräume, wie zum Beispiel Kellerräume, eingesetzt.

Brandschutztüren

Brandschutztüren werden aufgrund von Anforderungen der jeweils gültigen Bauordnung des Bundeslandes oder aufgrund ergänzender Forderungen der zuständigen Baubehörde zum Beispiel zwischen Garagen und Keller oder zwischen Öllagerräumen und Keller eingebaut. Sie bestehen sehr häufig aus Stahl, es gibt sie aber auch mit hochwertigem Dekor. Sie sind selbstschließend und haben ein Türblattaufbau und eine Zargenkonstruktion, die der jeweils erforderlichen Feuerwiderstandsklasse entspricht. Eine Brandschutztür soll es den Bewohnern eines Hauses ermöglichen, im Brandfall auf der hausabgewandten Seite das Haus geordnet zu verlassen.

Vorsicht bei Bädern und Toiletten

Schiebetüren sind im geschlossenen Zustand zwar blickdicht, aber nicht schalldicht und auch nicht dampfdicht. Der Einbau bei Bädern und Toiletten ist daher sowohl in schalltechnischer als auch in olfaktorischer Hinsicht nicht ratsam. Dabei ist auch zu bedenken, dass die erhöhte Luftfeuchte, die beim Baden oder Duschen erzeugt wird, eigentlich durch die jeweiligen Fenster oder über die Lüftungsanlage abgelüftet werden und nicht in die Wohnräume entweichen sollte, was bei einer Schiebetür aber durchaus passieren kann.

Ganzglastüren

Eine besondere Ausführung des Türblatts ist das gläserne Türblatt. Auch wenn es für den Innenbereich noch nicht vorgeschrieben ist: Zur eigenen Sicherheit und zur Sicherheit Ihrer Kinder sollten Ganzglastüren als Schutz vor Verletzungen infolge von Glasbruch beim Dagegenlaufen oder -fallen aus Einscheibensicherheitsglas (ESG) oder Verbundsicherheitsglas (VSG) sein.

Bauform der Türen

Auch die Bauform der Türen muss in der Baubeschreibung, gegebenenfalls raumweise, klar benannt werden. Hier ist zwischen folgenden Varianten zu unterscheiden:

- Flügeltür
- Schwingtür/Pendeltür
- Schiebetür
- Durchgangszarge

Bei einer Flügeltür ist das Türblatt an Türbändern aufgehängt und wird durch Aufschwenken um den Drehpunkt, der durch die Türbänder gebildet wird, geöffnet und geschlossen. Das ist die klassische Türform. Es sollte darauf geachtet werden, dass das Türblatt um 90 Grad oder mehr zur Einbaurichtung geöffnet werden kann. Nur so ist die Türenbreite auch die Durchgangsbreite. Kommen Türblätter oder Türdrücker beim Öffnen mit Raumecken oder Wandflächen in Kontakt, sollten Sie zum Schutz vor Beschädigungen Türstopper oder Anprallpuffer vorsehen.

Flügeltüren öffnen nur nach einer Seite hin. Es gibt ein- und zweiflügelige Varianten, wobei die Flügelteilung auch exzentrisch (außerhalb der Mitte liegend) sein kann.

Schwingtüren sind eine Sonderform der Flügeltür. Wie man es von den Saloontüren aus Wildwest-Filmen kennt, schwingt das Türblatt nach beiden Seiten hin auf und pendelt hin und her, wenn die Tür sich schließt.

Schiebetüren kosten deutlich mehr als Flügeltüren. Sie werden dort eingeplant, wo das Öffnen einer Flügeltür zu Durchgangsproblemen führen oder das Türblatt mit anderen Türen oder Einrichtungsgegenständen kollidieren würde.

Eine Schiebetür wird durch seitliches Verschieben des Türblatts geöffnet und auch wieder geschlossen. Dabei ist das Türblatt oben in einer Laufschiene aufgehängt. Diese Laufschiene muss hin und wieder gewartet (gereinigt und geschmiert) werden. Unten am Fußboden läuft das Türblatt in einer kleinen Führung, damit es von der Vertikalen her gesehen in der richtigen Lage bleibt.

Schiebetüren gibt es vor der Wand laufend oder in der Wand laufend. Bei vor der Wand laufenden Türen ist die Verschiebemechanik auf der Wand montiert und das Türblatt wird sichtbar vor der Wand, in der die Türöffnung angeordnet ist, verschoben.

Bei in der Wand laufenden Türen wird das Türblatt in eine Wandtasche geschoben und ist im geöffneten Zustand nicht sichtbar. Die Türöffnung, die für eine Tür mit Wandtasche hergestellt werden muss, ist doppelt so breit wie die eigentlich verbleibende Tür. Danach sind die beiden Flächen, die die Wandtasche bilden, herzustellen. Es empfiehlt sich, die Wandtasche revisionierbar zu machen, das heißt, eine Seite ist durch Abnehmen der Verkleidung zu öffnen.

Eine weitere Bauform ist die Durchgangszarge, wobei diese im Grunde genommen mangels planmäßigen Türblatts gar keine Tür ist. Ein solcher Durchgang markiert die Grenze zwischen einem Bereich und dem angrenzenden Bereich, mehr aber auch nicht.

Montageweise

Zimmertüren werden üblicherweise mit einer das Türblatt tragenden Zarge montiert. Die Standardausführung sind Umfassungszargen, die die Wand, in der die Tür montiert wird, klammerartig (maulartig) umfassen. Diese Zarge ist auf beiden Seiten der Wand als erhabenes Bauelement sichtbar. Die Montage erfolgt durch Einschäumen mit Klebeschaum (Mehrpunktfixierung) und Füllschaum zum Ausfüllen der verbleibenden Hohlräume.

Bei einer hochwertigen Innenausstattung kommen Türen mit Blockzargen zum Einsatz. Dabei wird die Blockzarge, das tragende Element für das Türblatt, einseitig mit der Wandoberfläche bündig eingebaut. Die beidseitigen Futterbretter der Blockzarge sind dabei so breit, wie die Wand im endfertigen Zustand dick sein wird. Das Türblatt ist gegenüber der Wandoberfläche erhaben.

Es gibt Blockzargenvarianten, bei denen auch das Türblatt oberflächenbündig mit der Wandoberfläche montiert wird. Dazu braucht es dann sehr aufwendige, verdeckt montierte Bandkonstruktionen und hohe handwerkliche Präzision. Derartige Ausführungen sind architektonische wie handwerkliche Highend-Lösungen und haben ihren Preis.

In jedem Fall muss die Ausführung der Türzargen aus der Baubeschreibung hervorgehen.

Türbeschläge

Türbeschläge gibt es in jeder beliebigen Preislage und unzähligen Ausführungsvarianten. Die Auswahl ist eine Frage des persönlichen Geschmacks und gegebenenfalls der Bereitschaft, den entsprechenden Aufpreis für eine exklusivere Ausführung zu zahlen.

Die Funktionalitäten sind immer gleich: Türdrücker müssen langfristig funktionieren, Schließmechanismen müssen langfristig schließen und verschließbar sein.

Info WC-Beschläge

Für WC und Nassräume empfehlen sich WC-Beschläge, die von außen zu öffnen sind. Wer schon einmal vor einer abgeschlossenen Badezimmertür gestanden hat, hinter der sich das eigene Kind oder, schlimmer noch, eine Person in einer Notsituation befand, kann den Grund dafür ohne Weiteres nachvollziehen.

Aus der Baubeschreibung müssen die Ausführung der Türbeschläge nach Material, Bauform und Modellangabe klar hervorgehen. Eine Aussage zu den Beschlägen der WC- und Badezimmertüren als WC-Beschlag sollte ebenfalls erfolgen. Wenn Schiebetüren eingebaut werden, sind auch die Schiebetürbeschläge zu beschreiben.

Neben den Türgriffen oder Türdrückern gibt es die Türbänder. Das sind die Bauteile, die das Öffnen und Schließen einer Tür durch das Verschwenken des Türblatts überhaupt erst ermöglichen. Sie liegen auf der dem Türdrücker gegenüberliegenden Seite der Tür angeordnet und tragen das Türblatt. Es gibt sie sichtbar als Topfband oder mehrteiliges Band (bei Wohnungseingangstüren) oder verdeckt im Türblatteinschlag.

Die Türbänder sind in der Baubeschreibung eindeutig zu beschreiben.

Aufschlagrichtung von Flügeltüren

Flügeltüren schlagen normalerweise in die Wohn- und Schlafräume hinein auf. Würden sie in den Verkehrsweg hinein aufschlagen, könnten sie einer vorbeilaufenden Person in die Quere kommen. In den jeweiligen Räumen schlagen sie dann im Regelfall in Richtung der nächstgelegenen Wand auf. Das Festlegen der Aufschlagrichtungen ist wichtig für die Anordnung des oder der Lichtschalter

Eigenleistungspotenzial

Der Einbau von Türen verlangt Übung und Spezialwerkzeug, da die Umfassungszargen vor den Klebeschäumen beim Einbau gegen den Spreizdruck des Schaums ausgesteift werden müssen. Ein schiefer Einbau lässt sich nur durch Aus- und Wiedereinbau korrigieren. Auch das Hantieren mit dem Montageschaum erfordert Übung. Das sollten Sie bedenken, wenn Sie in Erwägung ziehen, den Türeinbau in Eigenleistung zu bringen. Hilfreich ist es, wenn Sie mit untergeordneten Räumen anfangen können und dadurch Zeit zum Ausprobieren, Lernen und Üben haben.

und der zugehörigen Steckdose bei der Elektroinstallation.

Bei kleineren Räumen wie beispielsweise dem Gäste-WC, der Speisekammer oder dem Abstellraum kann das Aufschlagen in den Flur aus Platzgründen geboten sein, weil ansonsten die Bereiche hinter der Tür nicht zugänglich sind, während die Tür zugleich auch nicht wieder geschlossen werden kann, wenn eine Person im Raum ist. Auch das vorerwähnte Notfallszenario könnte ein Argument für eine nach außen öffnende Tür sein: Liegt eine bewusstlose Person hinter einer Tür, ist die Tür ansonsten nur noch schwer oder gar nicht mehr zu öffnen.

Türbreite und Türhöhe

Wenn Sie Ihr Haus bis ins hohe Alter bewohnen wollen, aber auch angesichts der ganz normalen Lebensrisiken in Beruf und Freizeit sollten Sie zeitlich befristete (Rehabilitation nach Unfall) oder dauerhafte Mobilitätseinschränkungen bei der Festlegung von Türbreiten berücksichtigen. Übliche Zimmertüren mit einer lichten Türöffnungsbreite noch ohne Zarge von 88,5 Zentimetern sind für das Passieren mit Rollator oder Zimmerrollstuhl gerade noch geeignet. Für Besucher, die zur Aufrechterhaltung ihrer Mobilität auf einen Straßenrollstuhl angewiesen sind, wird es für die Finger und Arme dann jedoch schon mal eng. Im Besucherbereich, also bei der Haustür und von Flur bis Küche, Wohnzimmer und Gäste-WC, sollten die Türöffnungen daher eher breiter sein als 88,5 Zentimeter.

Ist die Türöffnung 2,01 Meter hoch, verbleiben nach Einbau der Zarge lediglich 1,98 Meter als lichtes Durchgangsmaß. Das ist für Personen mit einer Körpergröße ab 1,95 Meter gefühlt oder auch effektiv zu niedrig. Wenn möglich, sollte man daher auf die ebenfalls verfügbare Höhe von 2,10 Meter wechseln. Kleinere Personen kommen mit 2,01 Meter hohen Türen problemlos zurecht.

Die Abmessungen – Breite und Höhe – der einzelnen Türen ergeben sich im Normalfall aus der Planung, die ebenfalls Vertragsbestandteil wird. Doch Planlesen will gelernt sein. Für Sie als Verbraucher ist eine generelle Aussage zu den vorgesehenen Türabmessungen in der Baubeschreibung daher sehr von Vorteil.

BODENBELAGSARBEITEN

Unter Bodenbelägen werden hier alle Bodenbelagsvarianten verstanden, die nicht Fliesen, Kunst- oder Natursteinbeläge sind. Es geht also um Teppichboden als Bahnenware und als Teppichfliesen, um flexible Böden aus Vinyl, Kautschuk, Kunststoff, Laminat und Korkparkett und um Parkettböden sowie um Dielenböden.

→ S. 213

Aus der Baubeschreibung muss klar hervorgehen, welcher Raum welchen Bodenbelag erhält, welche Qualitäten/Preisklassen vorgesehen sind und wie Verlegung (lose oder verklebt) und Sockelausführung erfolgen.

Bei allen Bodenbelägen ist es wichtig, die Belegreife des Estrichs zu prüfen. Die Anforderungen an die maximal zulässige Restfeuchte des Estrichs (s. Seite 103) sind je nach zu verlegendem Boden einzuhalten.

Bei den flexiblen und dünnen Vinyl- oder Kunststoffböden zeichnen sich Unebenheiten in der Estrichoberfläche je nach Lichteinfall auch dann noch sehr deutlich ab, wenn die Mindestanforderungen an die Ebenheitstoleranzen eingehalten werden. Abhilfe schafft hier nur eine vollflächige Ausgleichsspachtelung durch den Bodenleger.

Teppichböden, Teppichfliesen, Vinylböden oder Kunststoffböden können mit punktuellen Befestigungen mit doppelseitigem Klebeband lose verlegt oder vollflächig mit dem Estrich verklebt werden. Die lose Verlegung erleichtert die Erneuerung eines durch Haustiere oder spielende Kinder besonders strapazierten Bodens. Eine Verklebung ist eigentlich nur erforderlich, wenn parallel zur Oberfläche einwirkende Kräfte durch Beschleunigen oder Abbremsen, zum Beispiel durch das Verschieben von rollbaren Möblierungen wie Bürostühlen, aufgenommen werden müssen. Wird kein Kleber verwendet, muss auch kein Kleber ausdünsten, was sich positiv auf die Raumluftqualität auswirkt. Werden Kleber verwendet, sollten Produkte verwendet werden, die das Umweltzeichen Blauer Engel tragen.

Bodenbeläge aus Holz oder Holzwerkstoffen (Parkett, Fertigparkett, Laminat, Kork oder Korkparkett) sollten vor dem Verlegen mehrere Tage auf der Baustelle gelagert werden, damit sich die Materialfeuchte an die herrschende Raumluftfeuchte angleichen kann. Auch bei diesen Bodenbelägen ist eine vorweglaufende Egalisationsspachtelung durch den Bodenleger nahezu unumgänglich.

Parkett und Kork müssen geklebt werden, Fertigparkett, Laminat und Korkfertigparkett können auch lose verlegt werden. Wenn sie lose verlegt werden, sollte die Verlegung auf einer trittschalldämpfenden Unterlage erfolgen.

Info Parkett ölen oder versiegeln?

Das ist Geschmacksache. Ein versiegelter Parkettboden ist pflegeleicht, Abnutzungsspuren können nach einigen Jahren durch Abschleifen und Neuversiegeln vergleichsweise einfach, wenn auch nicht ganz ohne Aufwand repariert werden. Ein geölter Parkettboden wird hingegen durch Nachölen aufgefrischt. Das Nachölen sollte bei intensiv genutzten Böden, wie beispielsweise in Küchen, alle zwölf Monate, bei normal genutzten Böden wie zum Beispiel Wohnzimmer und Diele alle 24 Monate erfolgen. Die weniger stark beanspruchten Flächen können nach Bedarf nachgeölt werden. Manche Hölzer und Pflegeöle haben einen sehr starken, lang anhaltenden Eigengeruch, der auch nach Monaten noch deutlich wahrnehmbar sein kann. Dieser Eigengeruch kann zu Unbehagen oder gar zu Befindlichkeitsstörungen bei geruchssensiblen Bewohnern führen.

Dielenboden auf Lagerhölzern kommt als Bodenbelag häufig beim ökologischen Holzbau zur Ausführung . Dabei werden anstelle eines Estrichs unter Berücksichtigung der Leitungsführung auf der Decke Lagerhölzer verlegt und in der Höhe justiert. Die Zwischenräume werden ähnlich wie bei Dachsparren mit Dämmung aufgefüllt. Als Bodenbelag werden Bodendielen, die durch Nut und Feder miteinander verbunden sind, eingebaut. Diese Bodendielen können den fertigen Belag bilden oder einen weiteren Oberboden aufnehmen.

Wenn die Betoninnentreppe mit demselben Bodenbelag belegt werden soll, der auch

Eigenleistungspotenzial

Bodenbelagsarbeiten können Sie, wenn Sie handwerklich geschickt sind, durchaus in Eigenleistung ausführen. Fachhandel und Baumärkte bieten Workshops für Selbermacher an, in denen das grundsätzliche Know-how vermittelt wird. Die Werkzeuge und Kleinmaschinen – Kreissäge, Kappsäge und Stichsäge – kann man leihen oder in unterschiedlichen Qualitäten und Preisklassen in Bau- und Heimwerkermärkten kaufen.

Wichtig: Klären Sie rechtzeitig, wer die fachgerechte Prüfung des Estrichs auf Belegreife übernimmt!

für die Flurbereiche vorgesehenen ist, muss dies aus der Baubeschreibung klar hervorgehen. Dabei ist dann auch die Ausführung der Stufenkante und die Sockelausbildung zu beschreiben.

Höhenversatz bei Bodenbelag

Wenn dünne Bodenbeläge an Parkett oder Fliesenböden anschließen, stellen sich aufgrund der unterschiedlichen Stärken der Beläge deutlich erkennbare Höhenversätze ein. Diese sind unvermeidbar. Sie durch Anspachteln ausgleichen zu wollen, führt zumeist zu einem eher unschönen optischen Ergebnis und zu schräg (im Gefälle) verlaufenden Anschlussbereichen. Abhilfe schaffen die sogenannten Übergangsprofile. Das sind Aluminiumschienen, die an der Kontaktstelle montiert werden. Dennoch bleibt der Höhenunterschied. Wer keinen Höhenunterschied haben möchte, muss die Estrichdicken unterschiedlich ausführen lassen.

DIE INNENTREPPE

Die Treppenanlage erschließt das Haus in der Vertikalen. Sie ist Zugangsweg und erster Fluchtweg aus den höherliegenden oder tieferliegenden Geschossen. Sie ist Transportweg für Möbel, Einkäufe und sperrige Gegenstände und sie ist ein Rettungsweg, über den die Einsatzkräfte der Rettungsdienste Kranke und Verletzte transportieren. Zugleich ist sie aber auch ein Gliederungs- und Gestaltungselement und kann das prägende Design- und Stilelement des Hauses sein. Bei Treppen sind mannigfaltige Varianten und Gestaltungsformen denkbar, die natürlich auch entsprechende Preisunterschiede aufweisen.

§ 34 der Musterbauordnung (MBO) fordert: „Jedes nicht zu ebener Erde liegende Geschoss und der benutzbare Dachraum eines Gebäudes müssen über mindestens eine Treppe zugänglich sein (notwendige Treppe) …"

→ S. 216

Die Bauordnungen der Länder stellen darüber hinaus weitere Anforderungen im Hinblick auf die Treppenbreite und die Brennbarkeit der Treppenkonstruktion.

Wendelung

Die Wendelung einer Treppe beschreibt die Figur des Treppenlaufs: Wie oft ändert der Treppenlauf seine Richtung? Und wenn er sie ändert, um wie viele Teile eines Kreises ändert er sie?

Geradläufige Treppen laufen ohne Richtungsänderung von einem Geschoss zum anderen.

Podesttreppen haben im Regelfall zwei Treppenläufe und ein Zwischenpodest. Der eine Treppenlauf führt vom Startgeschoss zum Podest, der andere Treppenlauf vom Podest ins darüberliegende Geschoss.

Viertelgewendelte Treppen ändern ihre Laufrichtung einmal und knicken um 90 Grad ab. Der Austritt im darüberliegenden Geschoss ist weit weg vom Antritt.

Zweimal viertelgewendelte Treppen ändern ihre Laufrichtung zweimal und knicken jeweils um 90 Grad ab, der Austritt im darüberliegenden Geschoss ist dabei oberhalb und seitlich zum Antritt der Treppe im Startgeschoss verschoben.

Halbgewendelte Treppen ändern ihre Laufrichtung einmal um 180 Grad. Der Austritt im darüberliegenden Geschoss ist dabei oberhalb und seitlich zum Antritt der Treppe im Startgeschoss verschoben.

Spindeltreppen oder gewendelte Treppen schrauben sich um eine reale oder fiktive Achse (die Seele) von einem Geschoss zum anderen.

Polygonale Treppen schmiegen sich an die nicht rechtwinklig zueinanderstehenden Wände eines vieleckigen Treppenraums an.

Podesttreppen, zweimal viertelgewendelte Treppen, halbgewendelte Treppen und Wendeltreppen haben in den Richtungsänderungen ein sogenanntes Treppenauge, um das herum sie konstruiert sind.

Stufen mit Durchblick

Die beschriebenen Treppen haben mit Ausnahme der Falttreppe in der Regel nur Trittstufen, bei denen man beim Hochlaufen durch den Stufenzwischenraum hindurchschauen kann. Das mag nicht jeder – auch Hunde tun sich damit schwer. Beträgt die Höhendifferenz zwischen Oberkante unterer Stufe und Unterkante oberer Stufe mehr als 12 Zentimeter, können Krabbelkinder zwischen den Stufen hindurchkrabbeln. Bei steilen Treppen sollte dann über eine Babyleiste unter den Stufen nachgedacht werden. Generell ist bei unbeaufsichtigten Kleinkindern eine Kindersicherung an den Treppen in Erwägung zu ziehen.

Viele Treppenhersteller bieten darüber hinaus die Option, in den Stufenzwischenräumen Setzstufen einzubauen, die die Zwischenräume schließen. Das ist im Regelfall eine aufpreispflichtige Sonderwunschposition.

Aufbau der Treppe

Bei den Treppen ist zwischen der eigentlichen Tragkonstruktion, der oder den Treppenwangen und den Treppenstufen zu unterscheiden.

Bei sehr hochwertigen Treppen arbeiten die Treppenbauer mit tragenden Treppenwangen. Die Lastabtragung erfolgt über die freitragende, von der Wand abgerückte Wange, die sich zwischen den beiden Geschossdecken spannt, und die an der Wand befestigte Wandwange. Die Ausführung kann als echte Wangentreppe oder als Zweiholmtreppe erfolgen.

Eine Sonderform stellen die Einholmtreppen dar. Hierbei verläuft ein mittig angeordneter gerader oder auch abknickender Träger aus Beton, Stahl oder Holz von Geschossdecke zu Geschossdecke, und die Stufen liegen auf diesem Träger auf.

Bei den geländergetragenen Treppen sind die einzelnen Treppenstufen an der Wand befestigt. An der wandabgerückten Seite trägt die kraftschlüssige Verbindung von Stufen, Geländer, Handlauf und Auflagerpunkten auf den Decken als Fachwerkträger. So sind sehr filigrane Treppenkonstruktionen möglich.

Bei Harfentreppen steht im Treppenauge eine zwischen den Geschossdecken fixierte Stahlkonstruktion, an der die Wangen befestigt sind, auf der die Stufen aufliegen.

Je nach Bauart liegen die Treppenstufen auf den Wangen, man spricht dann von „aufgesattelten Stufen" oder „zwischen den Wangen".

Eine Sonderform der Treppe ist die sogenannte Falttreppe. Diese besteht nur aus den waagerechten Auftritten (Trittstufen) und den senkrechten Treppenflächen (Setzstufen). Tritt- und Setzstufen sind dabei starr und biegesteif miteinander verbunden. Dieser Treppentyp scheint sich als „Nurstufentreppe" scheinbar schwerelos zwischen den Geschossen aufzuspannen

Die Ausführung der Treppenwangen kann in Holz oder in Stahl erfolgen. Die Ausführung der Treppenstufen erfolgt zumeist in Holz, möglich sind aber auch Natur- oder Kunststein sowie Stahltrogstufen mit beliebigen Trogfüllungen.

Treppengeländer

Das Treppengeländer ist in vielfältigen Ausführungen und Materialkombinationen denkbar. Die Checkliste auf S. 217 gibt dazu einige Anhaltspunkte, wobei der Variantenreichtum nicht abbildbar ist. Die Treppengeländeranlage sollte für Kinder nicht überkletterbar sein. Am besten verzichtet man auf horizontale oder mitlaufende Geländerstäbe. Das Treppengeländer zieht sich auch entlang der vorhandenen Absturzkanten in den Geschossen, zum Beispiel am Treppenauge oder an der obersten über die Treppe erreichbaren Geschossebene, wenn dort keine Wände stehen.

Das Treppenauge ist zunächst ein mehr oder weniger großes Loch mitten im Haus. Um zu vermeiden, dass dadurch nutzbare Wohnfläche verlorengeht, und um den verfügbaren Platz auszunutzen, kann entweder die Geschossdecke ins Treppenloch hineinlaufen oder es könnte ein Holzpodest in die Stahlkonstruktion der Harfentreppen eingelegt werden. Die Ausführung der Treppenanlage – Wendelung, Treppentyp, Tragkonstruktion, Materialität von Trittstufen, Setzstufen (wenn vorhanden) und Treppenwangen, Ausführung sowie Material und Korrosionsschutz von Geländer und Handlauf – muss in der Baubeschreibung eindeutig beschrieben sein.

FASSADENAUSFÜHRUNG UND -GESTALTUNG

Die Fassade eines Hauses hat in allererster Linie eine Schutzfunktion: Sie soll im Zusammenwirken mit der Dacheindeckung das Haus vor Witterungseinflüssen schützen. Hinzu kommt die dekorative Funktion der Fassade, zu der Gestaltung und Farbgebung beitragen.

Die Fassadenausführung und -gestaltung unterliegt neben architektonischen Trends in vielerlei Hinsicht regionalen Einflüssen. Während sich im Norden der Republik die Klinkerfassade durchgesetzt hat, dominiert im Süden und im Südwesten Deutschlands die Putzfassade. Hinzu kommen eine große Vielfalt an vorgehängten Fassadenvarianten aus Holz, Metall, Kunststoffplatten, Glas und vollflächigen Trägersystemen für Fassadenbegrünungen, um nur einige zu nennen.

→ S. 218 Aus der Baubeschreibung muss die Ausführung der Fassade klar hervorgehen.

Putzfassade

Die Putzfassade kommt in zwei grundsätzlichen Varianten vor:

- als konventioneller Außenputz auf dem wärmedämmenden Außenmauerwerk des Hauses und auf den nicht wärmegedämmten Außenwänden der gemauerten, unbeheizten Nebengebäude sowie
- als Außenputz auf einer Wärmedämmschicht aus Polystyrol, Mineralwolle und Holzfaserdämmplatten; diese Variante wird als Wärmedämmverbundsystem (WDVS) bezeichnet.

Der konventionelle Außenputz auf Mauerwerk besteht aus drei Schichten oder Lagen: dem Grundputz, der Gewebespachtelung und dem Oberputz. Der Grundputz wird direkt auf das vorbereitete Außenmauerwerk aufgebracht. Die Vorbereitung des Mauerwerks besteht dabei aus dem vorweg erfolgten Ausmörteln breiter Stoßfugen und Schlitze, die

System und Systemgarantien

Bei Wärmedämmverbundsystemen handelt es sich um Aufbauten, die als System geprüft und zugelassen sind. System bedeutet hierbei insbesondere, dass alle Komponenten, die zur Erstellung der Leistung erforderlich sind – Kleber, Dämmplatten, Putze, Gewebe, Gewebeeckwinkel, Dübel, Farben –, vom Systemhersteller kommen oder zumindest von diesem zur Verwendung freigegeben sein müssen. Das Mischen von Systemkomponenten unterschiedlicher Hersteller ist unzulässig und führt zum Verlust der von den Herstellern ausgesprochenen Systemgarantien.

bereits trocken sein sollten, dem Anbringen und Setzen von Eckschutzschienen an Gebäudeecken und Laibungskanten sowie dem Überspannen von Dämmstoffeinlagen und Materialwechseln mit Armierungsgewebe oder Putzträgermatten, um die sich ansonsten zwangsläufige einstellende Rissbildung an diesen Übergängen zu vermeiden. Das Mauerwerk muss zum Putzauftrag ausreichend trocken sein, das hat der Stuckateur beziehungsweise Gipser vor dem Putzauftrag zu prüfen.

Der Putz ist auf die Härte und Festigkeit des Außenmauerwerks abzustimmen. Für das heute übliche, hoch wärmedämmende Mauerwerk werden entsprechend den Vorgaben der Steinhersteller leichte, mit Kunststofffasern versetzte (faserarmierte) Putze verwendet. Je nach Zielvorgabe für den Wärmedämmwert der Außenwand verwendet man einen konventionellen Leichtputz oder auch einen Wärmedämmputz, der dann unter Umständen mehrere Zentimeter stark in mehreren Lagen angetragen wird.

Bei den heute verwendeten Leichtputzen, die für hochdämmendes Mauerwerk benötigt werden, fordert das Regelwerk eine vollflächige Gewebespachtelung auf den bewitterten Fassadenflächen. Im Regelfall sind das die Süd-/Südwest- und Westfassade eines Hauses, im Norden an der Küste auch die Nordwest-, Nord- und Nordostfassade. Je nach Lage und Windanströmung könnten aber auch die nach Osten hin ausgerichteten Fassaden als bewittert anzusehen sein. Manche Putzhersteller gehen darüber hinaus und verlangen eine allseitige Gewebespachtelung. Diese Gewebespachtelung ist eine Zwischenlage, die auf den trockenen und ausgehärteten Grundputz aufgetragen wird, bestehend aus einer mineralischen oder kunststoffmodifizierten Kleberschicht, in die im noch feuchten Zustand ein Glasgittergewebe eingebettet wird.

Info Geduld beim Durchtrocknen!

Wenn der Grundputzauftrag abgeschlossen und geglättet ist, muss der Grundputz erst einmal durchtrocknen. Das dauert mehrere Tage. Als Faustformel – trockene Witterung und ausreichend hohe Außenlufttemperaturen vorausgesetzt – kann man pro Millimeter Putzdicke etwa einen Tag ansetzen. Bei ungünstigen Witterungsverhältnissen dauert es auch mal länger. Trocknung lässt sich nicht erzwingen. Es ist nicht zielführend, den Oberputz auf einen noch nicht durchgetrockneten Außenputz zu applizieren.

Auf diese Gewebespachtelung wird dann der Oberputz aufgetragen und die vereinbarte Oberflächenstruktur erstellt. Für den Oberputzauftrag müssen eine ausreichende Anzahl erfahrener Stuckateure beziehungsweise Gipser vor Ort sein. Auf jeder Gerüstlage arbeiten ein bis zwei Leute. Die Kolonne arbeitet dabei gleichzeitig auf allen Gerüstebenen übereinander und bewegt sich mit dem Arbeitsfortschritt kreisförmig um das Gebäude herum. Durch dieses Übereinanderarbeiten gehen die bearbeiteten Putzflächen im Bereich der Gerüstbeläge ineinander über, sodass weiche, nur geringfügig sichtbare Übergangszonen

Algenbildung

Algen sind uralte Organismen mit einer sehr erfolgreichen Überlebensstrategie. In den Nachkriegsjahren war Algenwachstum an Fassaden wegen des sauren Regens kein Thema, zumal die Algen an den durch die Luftverschmutzung grau getönten Fassaden kaum sichtbar waren. Mit der zunehmenden Luftreinhaltung kommt es heute jedoch wieder zu deutlich sichtbarem Algenwachstum an Fassaden. Die Putzhersteller haben darauf reagiert und ihre Putze und Farben zunächst wasserabweisend gemacht. Dies führt zum Lotoseffekt: Die größeren Wassertropfen perlen einfach ab. Dennoch bleiben unzählige mikroskopisch kleine Wassertropfen auf den Fassaden haften und bieten den vom Wind vertragenen einzelligen Algen optimale Ansiedlungs- und Lebensbedingungen. Daher rüstete man die Putze und Farben zusätzlich algizid aus. Die Wirkung dieser Substanzen ist jedoch zeitlich beschränkt, denn sie werden ausgewaschen und reichern sich dann vor den Gebäuden im Boden an oder gelangen über die Kanalisation in Flüsse und Seen. Ein erfolgversprechender Ansatz sind hingegen Oberflächen, die die Feuchtigkeit absorbieren und nach dem Abklingen der Niederschläge durch Verdunstung wieder an die Luft zurückgeben. Da so kein freies Wasser an der Oberfläche vorhanden ist, finden die Algen keine attraktiven Ansiedlungsflächen.

Algenwachstum auf Fassaden ist ein Thema, dem sich die Haushersteller stellen sollten. Sie haben nachher die Beanstandungen. Wenn in der Baubeschreibung nichts zum Schutz vor Algen gesagt wird, fragen Sie dezidiert nach.

entstehen. Dabei läuft man der Sonne vorweg, um im Schatten arbeiten zu können.

Der Oberputz ist während und nach dem Antragen durch geeignete Schutzmaßnahmen vor schädigenden Witterungseinflüssen – Sonne, Regen, Wind – zu schützen. Nachdem der 2 bis 3 Millimeter starke Oberputz durchgetrocknet ist, erfolgt der Egalisierungsanstrich. Dieser soll die einheitliche Farbgebung sicherstellen.

Kommt eine Putzfassade zur Ausführung, sind der grundlegende Aufbau des Putzes, einschließlich der Gewebeeinlagen und der Gewebespachtelung, die verwendete Materialqualität für Unter- und Oberputz sowie die vorgesehene Farbgebung in der Baubeschreibung darzustellen.

Wärmedämmverbundsystem (WDVS)

Beim Wärmedämmverbundsystem werden Wärmedämmplatten aus Polystyrol, Mineralwolle oder Holzweichfaserplatten auf das Mauerwerk oder beim Fertighaus in Holztafelbauweise auf die außenliegende Beplankung des Holztragwerks aufgebracht. Beim Mauerwerk geschieht das durch Kleben im Wulst-Punkt-Verfahren (Kontaktklebefläche mindestens 40 Prozent der Plattenfläche) oder durch vollflächiges Aufkleben, bei den Außenwänden in Holztafelbauweise durch vollflächiges Kleben und die mechanische Befestigung mit Klammern.

Wie beim Mauerwerk sind die Platten im Verband zu verlegen, das heißt, die vertikalen Plattenstöße müssen um ein Drittel bis die Hälfte der Plattenlänge gegeneinander versetzt angeordnet sein. Die Plattenstöße, die infolge der Maßtoleranzen des Mauerwerks oder der Dämmplatten selbst leichte Versätze zueinander haben können, werden zur Oberflächenegalisierung geschliffen. Offene Fugen sind auszuschäumen. Danach werden die Dämmplatten vollflächig mit einer Gewebespachtelung überzogen und die Gewebeeckwinkel an Gebäudeecken und Laibungskanten angebracht. Zum Schluss folgen der Oberputzauftrag und nach dessen Durchtrocknung der Egalisierungsanstrich.

Bei einer WDVS-Fassade muss sich der Aufbau einschließlich Angaben zur Dämmstoffart, der Dämmschichtdicke, der Wärmeleitgruppe und des U-Wertes der Außenwand (kann auch schon bei den Rohbauarbeiten genannt worden sein) aus der Baubeschreibung ergeben. Beachten Sie dabei: Die Aussage „nach den Erfordernissen der Wärmeschutzberechnung" ist für die Vertragsbaubeschreibung nicht ausreichend.

Putzarten beim Oberputz

Grundsätzlich wird beim Putz unterschieden zwischen mineralischen Oberputzen, Kunstharzputzen, Silikonharzputzen sowie Silikatputzen.

Bei mineralischen Oberputzen sind die Bindemittel mineralisch (im Regelfall entweder Kalk oder Zement), die farbgebende Substanz muss nicht zwingend mineralisch sein. Mineralische Putze sind normalerweise dampfdiffusionsoffen, aber aufgrund der starren mineralischen Bindung sensibel im Hinblick auf Formänderungen des Untergrundes. Sie nehmen Feuchtigkeit durch Absorption auf.

Bei Kunstharzputzen ist das Bindemittel Kunstharz, ein Kunststoff, der im Putz als Dispersion vorhanden ist. Kunstharzputze sind dampfdiffusionsdicht und lassen kaum Feuchtigkeit ins Material hinein, aber auch keine Feuchtigkeit mehr hinaus. Sie sind elastisch und können bis zu einem gewissen Grad Formänderungen des Untergrundes aufnehmen, ohne dass es zur Rissbildung kommt. Sie sind feuchtigkeitsabweisend.

Silikonharzputze sind Kunstharzputze, deren Bindemittel aus einer Mischung aus einer Silikonharzemulsion und einer Polymerdispersion besteht. Sie sind deutlich diffusionsoffener als die vorerwähnten Kunstharzputze, aber feuchtigkeitsabweisend.

Silikatputze sind mineralische Putze, deren Bindemittel aus Kaliwasserglas mit einer Zugabe von bis zu fünf Prozent organischer Kunstharzanteile besteht. Das Aushärten des feucht angetragenen Putzes vollzieht sich unter Reaktion mit dem Kohlendioxid der Luft als Verkieselung. Silikatputze sind hoch wasserbeständig und farbstabil und dabei sehr dampfdiffusionsoffen. Sie nehmen Feuchtigkeit durch Absorption auf.

Egalisationsanstrich

Nach dem Austrocknen der Oberputze empfiehlt es sich, die Putzoberflächen unabhängig von der Farbgebung – bei Farbgebungen ist es zwingend erforderlich – mit einer passenden Egalisationsfarbe zu streichen.

Die Farbgebung der Putze

Sowohl durchgefärbter Oberputz als auch weißer Oberputz mit farbigem Anstrich sind möglich. Durchgefärbte Putze haben einen höheren Grundpreis, weil die farbgebenden Substanzen, die zugesetzt werden müssen, verhältnismäßig teuer sind. Ein weißer Oberputz kann auch farbig gestrichen werden. Bei entsprechenden Farbqualitäten kann bei einem zweimaligen Anstrich ein deckender Farbauftrag erreicht werden. Wird die Oberfläche eines nicht durchgefärbten Putzes beschädigt, tritt der unter der Farbe verborgene weiße Oberputz zutage.

Zu beachten ist bei der Farbauswahl für den Außenputz Ihres Hauses: Dunkle Flächen heizen sich deutlich mehr auf als helle Oberflächen. Die Oberflächentemperaturen differieren hierbei um mehrere 10 Grad. Diese hohe oberflächennahe Aufheizung kann zu thermischen Spannungen führen, die sich unter Umständen in Form von Rissbildungen entspannen. Die Hersteller haben für die verschiedenen Putzsysteme und Oberflächenstrukturen Vorgaben zu den zulässigen Hellbezugswerten gemacht. Daran sollten Sie sich orientieren. Üblicherweise sind die als Standard ausgeführten Putzfassaden weiß oder hell getönt, farbige Putzausführungen kosten einen Aufpreis.

Aus der Baubeschreibung muss die Materialqualität der Putze klar hervorgehen, ebenso die vom Hausersteller vorgegebene Reichweite der Farbgebung, das Spektrum der auswählbaren Standardfarben.

Sockel

Der Sockel ist der Fassadenbereich am Übergang des Gebäudes zum Baugrund. Er ist neben den üblichen Niederschlägen durch vom Boden aufstiebendes Spritzwasser und durch mechanische Beanspruchungen belastet.

Der Sockelputz bei geputzten Fassaden reicht etwa 10 bis 15 Zentimeter unter das fertige Gelände. Dieser Bodeneinstand wird durch die im Boden enthaltene Feuchtigkeit zusätzlich belastet. Daher muss der Sockelputz durch geeignete Maßnahmen gegen einen Feuchtigkeitszutritt aus dem Baugrund geschützt werden. Unterbleibt dies, kommt es zu Ausblühungen und Abplatzungen von Sockelputz und Sockelanstrich.

Info Wer ist zuständig?

Ob normale Putz- oder WDVS-Fassade: Der Bodeneinstand des Putzes ist durch einen Hinterfeuchtungsschutz vor Feuchte aus dem Baugrund zu schützen. Häufig wird versucht, die Verantwortung dafür dem Gärtner oder Außenanlagenbauer zuzuschieben, sprich: den Schutz nachträglich auf Ihre Kosten vornehmen zu lassen. Es handelt sich aber um eine Leistung des Fassadenerstellers, denn der Hinterfeuchtungsschutz muss zum Fassadensystem passen.

In der Baubeschreibung ist die Ausführung des Fassadensockels klar darzustellen. Die Maßnahmen zum Feuchteschutz sollten explizit erwähnt sein.

Eigenleistungspotenzial

Die Planung und Durchführung der Fassadenarbeiten erfordern ein hohes Maß an Fachkenntnis und handwerklichem Können und es werden viele gewerkespezifische Spezialwerkzeuge gebraucht. Bei der Anbringung des Außenputzes bedarf es vieler helfender Hände, um das Werk ohne Ansätze binnen einem Tag zu vollenden. Sie sollten diese Arbeiten also den Profis überlassen, als Eigenleistung sind sie nicht geeignet.

Verblender-/Klinkerfassade

Die robusten und dauerhaften Klinkerfassaden sind für Mittel- und Norddeutschland typisch. Sie werden aus hochgebrannten Verblendern aus Ton oder aus speziellen Verblendersteinen aus Kalksandstein erstellt. Das ausgemörtelte Fugenbild aus Lager- und Stoßfugen ist sorgfältig glattgezogen. Auch wenn es so aussieht, handelt es sich dabei nicht um Sichtmauerwerk, sondern lediglich um eine vor den eigentlichen Außenwänden auf Lücke vorgestellte Schicht in der typischen Mauerwerksstärke von 10 oder auch 11,5 Zentimetern. Diese Schicht oder besser Schale wird durch Drahtanker, die am Gebäude befestigt und in den Fugen des Verblendmauerwerks eingebettet werden, in Position gehalten. Die Lücke zwischen dem eigentlichen Außenmauerwerk und der Verblendschale kann zur Wärmedämmung des Gebäudes herangezogen werden. Die Dämmung erfolgt üblicherweise mit Mineralwolle.

Für die Funktionstauglichkeit der Verblendfassade ist eine funktionierende Hinterlüftung der Verblendschale unabdingbar. Die Verblendschale selbst ist nicht schlagregendicht. Bei einer Schlagregenbelastung (die immer dann gegeben ist, wenn Regen und Wind gleichzeitig auftreten) tritt Wasser durch die Fugen der Verblendschale hindurch und läuft auf der dem Baukörper zugewandten Seite des Verblendmauerwerks ab. Dieses ablaufende Wasser muss durch entsprechende Öffnungen und Abdichtungslagen (Z-Folie) schadensfrei nach außen abgeleitet werden. Bei einer funktionierenden Hinterlüftung trocknen das Mauerwerk und der Fugenspalt danach wieder ab, ohne dass das Bauwerk Schaden nimmt. Die dauerhafte Funktionsfähigkeit der Hinterlüftung ist durch entsprechende konstruktive Maßnahmen und durch regelmäßige Revision sicherzustellen.

Die verschiedenen Erscheinungsbilder der Klinkerfassaden – hervorgerufen durch Beimengungen in das Tongemisch oder Modulation des Brennvorgangs – sind ähnlich vielfältig wie die Farb- und Strukturvarianten der Putze. Besondere Effekte bieten senkrecht stehende Sturzausbildungen oder die liegend ausgeführten Rollschichten anstelle von Außenfensterbänken. Die Anschlüsse an Öffnungsbauteile (Fenster, Fenstertüren, Hauszugangstüren) bedürfen einer besonders sorgfältigen Ausführung.

Kommt eine Verblender- oder Klinkerfassade zur Ausführung, ist der konstruktive Aufbau unter Angabe der Dämmstoffdicke und der Luftspaltabmessungen in der Baubeschreibung darzustellen. Die Angabe des U-Wertes der Außenwand ist zur Beschreibung der thermischen Eigenschaften der Außenwand ebenfalls erforderlich. Die Aussage „nach den Erfordernissen der Wärmeschutzberechnung" ist für die Vertragsbaubeschreibung nicht ausreichend.

Aus der Baubeschreibung müssen die Qualität (Preiskategorie der Verblender) und die Farbgebung der Klinker sowie die Farbgebung des Fugenmörtels klar hervorgehen. Sind Sturzausbildungen, Rollschichten oder Mauerfriese vorgesehen, sind diese in der Baubeschreibung ebenfalls zu benennen.

Vorgehängte Fassaden

Grundsätzlich handelt es sich hierbei um Fassadenbekleidungen aus unterschiedlichsten Materialien, die auf einer vor der eigentlichen tragenden Außenwand auf Abstand (Hinterlüftung) angeordneten Unterkonstruktion montiert werden. Der Abstand zwischen der vorgehängten Fassade und der eigentlichen Außenwand kann dabei so gewählt werden, dass die Dämmung der Außenwand allein in dieser Dämmschicht erfolgen kann. Die Hinterlüftung und die Wasserableitung hinter der Fassade müssen dabei so erfolgen, dass die Dämmung nicht durch eindringendes Wasser beeinträchtigt wird.

Bei Holzfassaden sollte bedacht werden, dass eine Holzfassade je nach Ausführung nur eine begrenzte Lebensdauer hat und dann erneuert werden muss.

Kommt eine vorgehängte Fassade zur Ausführung, ist diese vom Aufbau her und unter Angabe der Baumaterialien und Schichtdicken zu beschreiben. Die thermische Qualität des Außenwandaufbaus, der U-Wert, ist ebenfalls in der Baubeschreibung anzugeben. Die Aussage „nach den Erfordernissen der Wärmeschutzberechnung" ist für die Vertragsbaubeschreibung nicht ausreichend.

HEIZUNGSINSTALLATION

Die Heizungsanlage eines Gebäudes gliedert sich in drei beziehungsweise vier Hauptkomponenten: Wärmeerzeugung und Speicherung, regenerative Anteile, Wärmeverteilung und Wärmeübertragung. Diese Hauptkomponenten werden in dieser Reihenfolge auch im Folgenden behandelt.

→ S. 232

Die Wärmeerzeugung hängt vom zur Verfügung stehenden beziehungsweise genutzten Energieträger ab. Sie erfolgt entweder durch die Verbrennung fossiler oder nachwachsender Rohstoffe, wobei Kohlendioxyd (CO_2) und Feinstaub entstehen und freigesetzt werden, oder unter Nutzung elektrischer Energie, die direkt oder indirekt zur Wärmeerzeugung eingesetzt wird. Eine weitere Möglichkeit ist die Nutzung von Nah- oder Fernwärme aus kommunalen oder privat betriebenen Wärmenetzen.

Wärmeerzeugung durch Verbrennung

Für die Wärmeerzeugung durch Verbrennung stehen die fossilen Rohstoffe Erdöl, Erdgas sowie Flüssiggas zur Verfügung. Steinkohle als Eierkohle oder als Briketts sowie Braunkohle sind für den Neubau heutzutage nicht mehr relevant. Die Alternative sind nachwachsende Rohstoffe. Dazu zählen Holz als Scheitholz, Holzhackschnitzel, Holzpellets und Biomasse.

Aus der Baubeschreibung muss klar hervorgehen, welcher Wärmeerzeuger beziehungsweise welche Kombination an Wärmeerzeugern vertraglich geschuldet werden und welche Energieträger angesetzt sind.

Info: Umweltbelastung durch Verbrennung

Bei jeder Verbrennung entstehen – unabhängig, ob es sich um fossile oder um nachwachsende Rohstoffe handelt – das als klimaschädlich eingestufte Rauchgas CO_2 und in Abhängigkeit von der verwendeten Verbrennungs- und Filtertechnologie kleinere oder größere Mengen an Feinstaub. Allerdings wird auch die elektrische Energie, sofern sie nicht in Windkraftanlagen, Biogasanlagen oder PV-Anlagen erzeugt wird, in großindustriellen Anlagen teilweise unter Verbrennung fossiler Energieträger oder zwar CO_2-neutral, aber trotzdem umweltkritisch durch Nutzung von Atomenergie gewonnen.

Während Erdgas aus dem öffentlichen Versorgungsnetz bezogen werden kann, wenn die jeweilige Kommune ein Gasnetz hat, ist für alle anderen Brennstoffe eine Anlage zur Bevorratung des Brennstoffs und gegebenenfalls zur Förderung des Brennstoffs vom Vorratsbehältnis zum Ort der Verbrennung notwendig. Derartige Vorratsbehältnisse und Fördereinrichtungen, wie auch die Räumlichkeiten, die von ihnen in Anspruch genommen werden, kosten Geld. Hinzu kommen der Verschleiß und die regelmäßige Wartung der Fördereinrichtungen.

In der Baubeschreibung sind die Bevorratungsanlagen und die Förderanlagen für den Brennstoff aus dem Bevorratungsbehälter zum Wärmeerzeuger darzustellen. Sofern nicht ausdrücklich etwas anderes vereinbart ist, zum Beispiel eine Tankmiete für einen Flüssiggastank, sind die Bevorratungsbehältnisse und die Förderanlage Bestandteil der Gesamtbauleistung.

Wird die Wärme durch Verbrennung fossiler Energieträger erzeugt, muss – so der politische Wille und die gesetzliche Forderung – ein bestimmter Anteil der rechnerisch aufgewendeten Primärenergie durch regenerative Maßnahmen, zum Beispiel durch thermische Solaranlagen zur Brauchwassererwärmung und/oder Heizungsunterstützung, durch Lüftungsanlagen mit Wärmerückgewinnung oder durch Photovoltaik gewonnen werden. Diese regenerativen Anteile sind nachzuweisen. Die Kosten für die Gewinnung der regenerativen Energieanteile kommen zu den Investitionskosten für den Wärmeerzeuger und für die Bevorratungs- und Förderanlagen hinzu.

Zu den Wärmeerzeugern mit Verbrennung zählen Gasbrennwertthermen, Gasbrennwertkessel, Ölbrennwertthermen, Ölkessel, Stückholzkessel, Pelletheizungen und Hackschnitzelheizungen. Die Erstinvestitionskosten, die erforderlichen Bevorratungsbehältnisse und die Förderanlagen unterscheiden sich sehr deutlich voneinander.

Wärmeerzeugung mittels elektrischer Energie

Noch immer gibt es die Option, Strom mithilfe einer Stromwiderstandsheizung unmittelbar in Wärme umzuwandeln. Die durch den Stromfluss erzeugte Wärme geht entweder direkt in vorhandene Heizflächen, wird in sogenannten Nachtspeicheröfen gepuffert oder wird zur Erwärmung von Wasser benutzt, das in Pufferspeichern bevorratet und an Übertragungsflächen im Gebäude verteilt wird. Ein Vorteil dieser Technologie ist die nahezu komplette Wartungsfreiheit.

Über den Durchflusswiderstand des Stroms erwärmte Direktheizkörper sind eine weitere Variante. Sie gleichen in Form und Aussehen den Plattenheizkörpern.

Nachtspeicherheizungen, seit langen Jahren verpönt, könnten im Zuge der stark schwankenden regenerativen Stromerzeugung aus Wind und Sonne zur dezentralen Energiespeicherung beitragen und dabei ein Revival erleben. Diese Heizkörper werden über Stromdurchflusswiderstand in den Schwachlastzeiten (Zeiten des geringen Stromverbrauchs durch die Haushalte) der Netze thermisch aufgeladen und beheizen als gebläsegestützte Heizungen zu anderen Tageszeiten das Haus.

Aktuell auch immer wieder gern genommen werden Infrarotheizflächen. Das sind flache Metalloberflächen, die ebenfalls durch elektrischen Durchflusswiderstand erwärmt werden und diese Wärme in Form von Infrarotstrahlung (= Wärmestrahlung) abgeben. Dabei erwärmen sich nur Körper, die von der Strahlung getroffen werden, die Raumluft wird über die Abwärme erwärmt.

Energetisch günstiger als die Direktumwandlung ist die Nutzung des elektrischen Stroms zum Betreiben einer Wärmepumpe. Diese macht aus einer Kilowattstunde Strom mehrere Kilowattstunden an Wärmeenergie. Die Wärmepumpen nutzen die in der Umwelt vorhandenen Temperaturen, um das Wärmeübertragungsmedium im Heizkreislauf zu erwärmen. Die Wärme wird hierbei aus der Außenluft, dem Erdreich, der Abluft oder dem Grundwasser gewonnen. Wird die Wärmepumpe in Verbindung mit einer gut dimensionierten Fotovoltaikanlage betrieben, könnte dies sogar aufwandsneutral – im Hinblick auf den Stromverbrauch – erfolgen.

In direkter Umkehrung des Kühlschrankprinzips gewinnen die Luftwärmepumpen ihre Energie aus der Temperatur der Außenluft. Es gibt grundsätzlich zwei Gerätevarianten: einmal die Wärmepumpe mit Außengerät, dem sogenannten Splitgerät, das außerhalb des Hauses positioniert wird. Die Aufstellung erfolgt entweder freistehend auf Betonfundamente oder wie bei den preiswerten Anlagen, die auf Stahlkonsolen an die Hauswand montiert werden. Wer sich für so eine Anlage entscheidet, sollte im Interesse guter nachbarschaftlicher Verhältnisse die Schallemissionen, die beim Lüfterbetrieb der Anlagen auftreten und insbesondere bei Nacht als sehr störend empfunden werden könnten, beachten.

Die andere, teurere Variante der Luftwärmepumpe ist ein Innengerät, das lediglich Zu- und Abluftleitungen nach außen aufweist.

In den Wärmepumpen ist als Unterstützung des Wärmepumpenkreislaufs eine Möglichkeit zur Direkterwärmung des Wärmeübertragungsmediums vorhanden. Diese Heizstäbe oder Heizschwerter kommen dann zum Einsatz, wenn die Energiequelle der Wärmepumpe nicht mehr ausreichend Wärmeenergie liefert, sprich: wenn es zu kalt ist. Das ist zum Beispiel bei der Außenluft relativ schnell der Fall. In den höheren Mittelgebirgslagen oder der Voralpenregion ist eine Luftwärmepumpe aufgrund der langen Niedrigtemperaturperioden daher nicht energieeffizient zu betreiben.

Grundsätzlich wäre zu überlegen, den Stromverbrauch der Heizstäbe zumindest über einen Zwischenzähler zu erfassen. Das reduziert zwar den eigentlichen Stromverbrauch nicht, kann aber Anstoß zur Anlagenoptimierung geben oder noch in der Gewährleistungszeit den Hinweis liefern, dass die Anlage falsch dimensioniert wurde.

Die Nutzung der im Erdreich vorhandenen Wärmeenergie ist hingegen mit sehr aufwendigen Maßnahmen zur Energiegewinnung verbunden: Entweder müssen mehrere Bohrungen bis in Tiefen von 80 bis 100 Meter niedergebracht werden (Tiefenbohrung), in die dann die Anlagenteile versenkt werden, die zum Entziehen der Erdwärme dienen, oder es werden oberflächennah in 2 bis 3 Meter Tiefe verlegte Kollektorleitungen verwendet, die Erdwärme sammeln (Erdwärmekollektor), was ebenfalls sehr aufwendig und infolge der großflächig erforderlichen Grabarbeiten auch kostenintensiv ist. Wichtig dabei ist, dass die Sonden auf ganzer Länge den thermischen Anschluss zum sie umgebenden Erdreich haben und alle Sonden den gleichen Durchflusswiderstand aufweisen. Sie müssen (!) hydraulisch abgeglichen werden, ansonsten kommt es zu einem punktuellen Wärmeentzug und an dieser Stelle zum Gefrieren des Erdkörpers. Der dabei entstehende Eisblock nimmt im Laufe der Zeit enorme Ausmaße an und kann (durch Volumenzunahme des Wassers beim Gefrieren) ganze Gebäude anheben. Hinzu kommen weitere nicht unerhebliche Haftungsrisiken für den Anlagenbetreiber.

Die Nutzung der in der Abluft enthaltenen Wärmemenge als Energieträger ist eine weitere Möglichkeit der Wärmeerzeugung mittels Wärmepumpe. Dabei wird der Abluft die Wärme entzogen, die ansonsten ohne Wärmepumpenbetrieb im Freien verpuffen würde. Diese Anlagen bedingen aber den Einbau einer kompletten Lüftungsanlage zur kontrollierten Be- und Entlüftung ohne den bei solchen Lüftungsanlagen ansonsten vorhandenen Wärmetauscher. Voraussetzung für den Betrieb ist das Vorhandensein hausinterner Wärmequellen, die ihre Wärme an die Raumluft abgeben. Das sind zum einen die Bewoh-

Ein knallhartes Geschäft

Die Bereitstellung von Wärme oder von Energieträgern zur Wärmeerzeugung ist ein knallhartes Geschäft. Dessen sollte man sich angesichts der vonseiten der Politik vielfach betonten guten Absichten bewusst sein. Der Preis der Kilowattstunde (kWh) Wärmeenergie unterscheidet sich je nach der Art der Wärmeerzeugung sehr deutlich. Regenerativ ist nicht zwangsläufig billiger als fossil, bei den aktuellen Preisen für Erdöl und Erdgas ist eher das Gegenteil der Fall. Wenn Ihnen Nachhaltigkeit und Klimaschutz am Herzen liegen, sollten Sie sich auch immer bewusst machen, dass Energiesparen und damit auch CO_2-Reduzieren und Kostensparen im Kopf beginnen und in Ihrem eigenen Verhalten im Alltag realisiert werden.

ner, wenn sie zu Hause sind, und zum anderen die Haushaltsgeräte, wenn sie in Betrieb sind. (Die Beleuchtung scheidet aus, da die wärmeabgebenden 75- und 100-Watt-Glühlampen verboten wurden.) Wenn die Raumluft außer über die mit niedriger Vorlauftemperatur laufende Heizung nicht zusätzlich erwärmt wird, kann durch die Wärmepumpe auch nicht ausreichend Wärme erzeugt werden. Abhilfe leistet hier immer die Direktbeheizung des Wärmeübertragungsmediums durch die strombefeuerten Heizschwerter.

Der Heizschwertbetrieb ist – vom Wärmepumpentyp unabhängig – als Ausnahme gedacht und sollte nicht den Regelbetrieb abbilden. Ansonsten sinkt die Energieeffizienz einer Wärmepumpe bis weit unter die Förderanforderungen.

Info Auf den Standort abstimmen!

Wärmepumpen sind sowohl im Hinblick auf die Energiequelle als auch im Hinblick auf die Auslegung auf den Standort des Hauses abzustimmen. Dieser Schritt unterbleibt bei vielen Standardkonfigurationen und führt im Endeffekt zu überhöhten Betriebskosten. Das maßgebende Kriterium ist hierbei eben nicht die Einhaltung der Erfordernisse der Energieeinsparverordnung (für die Klimaregion Potsdam, siehe Seite 35), sondern das Realklima am Standort des Hauses.

Sieht die Baubeschreibung den Einbau einer Wärmepumpenanlage vor, ist klar anzugeben, welcher Wärmepumpentyp zur Ausführung kommen soll.

Die Kombination von Wärmepumpe und Fotovoltaik mit Eigenverbrauch und Batterie kann maßgeblich zur Senkung der Betriebskosten beitragen.

Kraft-Wärme-Kopplung

Kraft-Wärme-Kopplung ist die Kombination eines mit fossilen Energieträgern (Erdgas oder Heizöl) betriebenen Verbrennungsmotors mit einem Generator zur Stromerzeugung. Die beim Motorbetrieb entstehende Abwärme wird zur Speisung des Heizkreislaufs und/oder zur Warmwasserbereitung benutzt. Zusatzfeatures wie Abgaswärmenutzung können den Wirkungsgrad steigern. Die Idee dahinter ist es, den Strom entweder zum Eigenverbrauch zu nutzen oder gegen eine Einspeisevergütung ins öffentliche Stromnetz einzuspeichern. Die Anlagenrentabilität steigt mit den Laufzeitstunden, da hierbei Strom produziert wird und Einspeisevergütungen generiert werden können. Aber wohin mit der Abwärme, wenn es – wie in der warmen Jahreszeit üblich – keinen oder nur geringen Wärmebedarf gibt? In größeren Wohnanlagen und in Nahwärmenetzen ist Kraft-Wärme-Kopplung als Grundlastwärmeerzeuger ein durchaus vielsprechender Ansatz; im Einfamilienhaus sinkt die Rentabilitätsrate aufgrund der vorgenannten Laufzeitbeschränkung allerdings deutlich ab.

Nah- und Fernwärmenetze

Grundlage dieser Netze ist eine zentrale, ausreichend dimensionierte Wärmequelle, die große Mengen ungenutzter Abwärme produziert. Mit dieser Abwärme wird Wasser erhitzt und mit hoher Temperatur durch ein im Boden verlegtes Leitungssystem zu den einzelnen Verbrauchern geführt. Dort wird in Wärmetauscherstationen ein Teil der Wärmemenge an das hauseigene Heizsystem übertragen, danach wird das abgekühlte Wasser im Rücklauf wieder zur Wärmequelle zurückgeführt, um erneut erhitzt zu werden.

Die Differenzierung zwischen Nah- und Fernwärmenetz ist vor allem sprachlicher Natur, sie hat aber auch mit der Größenordnung der Netze zu tun. Bei großindustriellen Wärmequellen wie zum Beispiel Gas-, Öl-, Atom- oder Kohlekraftwerken sowie großen chemischen oder petrochemischen Anlagen, die ganze Städte oder Stadtteile versorgen, spricht man von Fernwärme. Bei den kleinen, wohngebietsbezogenen Netzen mit einer im Nahumfeld gelegenen Wärmequelle spricht man von Nahwärmenetzen. Mittlerweile ist es unter dem Stichwort „energieautarke Kommune" fast schon Mode geworden, neue Bebauungsgebiete mit Nahwärmenetzen zu bestücken und den Erwerbern im Grundstückskaufvertrag eine Anschlussverpflichtung aufzuerlegen.

Die Wirtschaftlichkeit und Effizienz eines Nahwärmenetzes hängt an der Zahl der Verbraucher in Relation zur Leitungslänge des Netzes. Jedes Wärmenetz verliert durch den reinen Betrieb eine erhebliche Menge der durch die Wärmequelle produzierten Wärme. Diese Abwärmeverluste müssen die Abnehmer mitbezahlen. Hinzu kommen die Betriebskosten, der Messpreis und die bei der Verwendung regenerativer Energieträger aktuell hohen Kosten für die Energieträger. Als Erstinvestition sind zum Teil ganz erhebliche Anschlussgebühren oder Baukostenzuschüsse zu zahlen, mit denen die Betreiber zumindest einen Teil der Baukosten für das Netz refinanzieren.

Ist bei Ihrem Bauvorhaben als Primärbeheizung der Anschluss an ein Wärmenetz vorgesehen, muss dies unter Benennung von Fabrikat und Modell des Wärmetauschers aus der Baubeschreibung klar hervorgehen. In einem derartigen Fall besteht Anschlusszwang, der bereits im Grundstückkaufvertrag oder als Baulast im Grundbuch hinterlegt ist.

Biogas

Mit Biogas bezeichnet man die Produktion brennbarer Gase durch Vergärung von Biomasse. Mit diesem Gas wird durch Verbrennung Strom und Abwärme produziert, die ins Stromnetz und, wenn vorhanden, in ein Nahwärmenetz eingespeist werden können. Ist kein Nahwärmenetz vorhanden, muss aus Gründen der Wirtschaftlichkeit über eine andere Nutzung der Abwärme nachgedacht werden, zum Beispiel kann man sie zur Trocknung von Holzhackschnitzeln oder Holzspänen (Grundstoff für die Pelletherstellung) verwenden.

Brennstoffbevorratung

Brennstoffe brauchen Platz, für Erdöl und Flüssiggas sind das gasdichte oder flüssigkeitsdichte Tankanlagen. Flüssiggastanks dürfen nur im Freien aufgestellt oder außerhalb des Hauses vergraben werden. Öltanks können innerhalb oder außerhalb des Hauses aufgestellt werden. Holzpellets können in Silosäcken oder in Pelletbunkern bevorratet werden. Zwischenzeitlich gibt es auch Betonschachtsilos für eine Pelletbevorratung außerhalb des Hauses.

Hackschnitzel benötigen im Allgemeinen einen frostsicheren Spänebunker, um sicherzustellen, dass eventuell mit Restfeuchte angelieferte Späne bei Minusgraden nicht zusammenfrieren. Auch Brennholz braucht entsprechenden Lagerplatz.

Alle Vorratsvolumina sind mit zum Teil erheblichen Investitionskosten verbunden. Auch wenn zur Lagerung innerhalb des Hauses liegende Räumlichkeiten genutzt werden, kostet schon die Errichtung dieser zusätzlichen Raumflächen Ihr Geld. Hinzu kommen die Kosten für die Speicherbehältnisse selbst.

Brennstoffzuführung und -förderung

Während Gas und Strom praktisch von allein durch die Gasleitung oder das Stromkabel fließen, brauchen Flüssigkeiten und Feststoffe mechanische Unterstützung, um von der Bevorratung zur Verbrennungsstelle zu gelangen. Bei Heizöl geschieht das über eine vergleichsweise preiswerte Pumpe, aber die Fördertechnologie für Holz- oder Biomassepellets und Holzhackschnitzel erfordert Investitionen in vier- bis fünfstelliger Größenordnung. Die regelmäßig erforderliche Wartung und die sich im Laufe der Zeit häufenden Verschleißreparaturen können das Budget zusätzlich belasten.

Die Zuführung von Brennholz erfordert dagegen nur persönliche Anstrengungen der Nutzer.

Wärmeverteilung

Ist die Wärme erzeugt, geht es darum, sie übergangsweise zu speichern und bedarfsgerecht zu verteilen. Die Speicherung erfolgt in Pufferspeichern, wärmegedämmten Wassertanks, deren Größe auf die Hausgröße abgestimmt sein sollte. Um die Wärmeverluste während der Bevorratungszeit möglichst gering zu halten, müssen die Speicherbehälter entsprechend gedämmt werden. Die Verteilung erfolgt über Leitungen aus Verbundkunststoffen oder Metall. Auch diese müssen wärmegedämmt sein, wenn sie im unbeheizten Bereich oder auf einer Bodenplatte verlegt sind. Ein Mehr an Rohrleitungsdämmung, das über die geforderte Mindestdämmung hinausgeht, schadet nicht.

In modernen Heizungsanlagen enden die Verteilleitungen in Stockwerksverteilern, über die das Wärmeübertragungsmedium dann an die verschiedenen Heizflächen verteilt wird.

Aus der Baubeschreibung sollte das verwendete Rohrmaterial klar hervorgehen. Die Anzahl der Heizkreise und die Anzahl der Stockwerksverteilungen ist anzugeben.

Als Wärmeübertragungsflüssigkeit kommen normales Leitungswasser oder mittlerweile bei einigen Wärmepumpensystemen speziell aufbereitetes entmineralisiertes Wasser in Betracht. Auch dazu sollte die Baubeschreibung Aussagen machen.

Info Klare Angaben verlangen

Aktuell räumen sich die Hausanbieter beim Thema Wärmeverteilung ein Wahlrecht für die Ausführung ein, das sich im Wesentlichen auf die Vorlieben des Nachunternehmers stützt, der den Auftrag erhält. Das ist jedoch nicht zulässig. Bestehen Sie daher auf eindeutige Angaben in der Baubeschreibung. Dies gilt in erster Linie für das zu verwendende Rohrmaterial (Mehrschichtverbundrohr, PE-Rohr, Kupferrohr, Schwarzrohr – Stahlrohr – oder Edelstahlrohr) und die Fügetechnologie der Rohre (Löten, Schweißen, Kleben, Thermoschweißen, Press- und Einpressfittingsysteme).

Wärmeübertragung

Unter der Wärmeübertragung ist die gezielte und gewünschte Wärmeabgabe zu verstehen. Dadurch wird dem Heizsystem Wärme entzogen und über die Wärmeübertragungsflächen an die jeweiligen Räume abgegeben. Als Wärmeübertragungsflächen im Wohnungsbau kommen Heizkörper oder Flächenheizsysteme wie zum Beispiel Fußboden-, Wand- oder Deckenheizung infrage.

Heizkörper sind eher bei Wärmeerzeugern mit Verbrennung zu finden, da sie mit höheren Temperaturen beschickt werden. Wenn sie beliebig groß ausgeführt werden können, sind sie aber auch im Niedertemperaturbereich anwendbar. Flächenheizsysteme arbeiten auf einem deutlich niedrigeren Temperaturniveau als Heizkörperanlagen. Sie sind daher für die Verbindung mit Wärmepumpen prädestiniert.

Der Hauptunterschied zwischen Heizkörpern und Flächenheizsystem besteht in der Art der Wärmeabgabe: Heizkörper erwärmen

Besonderheiten der Flächenheizsysteme

Flächenheizsysteme reagieren sehr träge, da sie erst das Bauteil, in das sie eingebettet sind (die Estrichschicht, die Putzschicht oder die Unterseite der Geschossdecke), erwärmen müssen. Gleiches gilt beim Herunterregeln, hier müssen die erwärmten Bauteile die Wärme erst wieder abgeben. Das muss beim Heizungsbetrieb berücksichtigt werden.

In Räumen mit sehr kleinen Wärmeübertragungsflächen, wie zum Beispiel in kleinen Bädern oder Duschbädern, sind die Übertragungsflächen oftmals nicht ausreichend, um den geschuldeten Wärmebedarf zu decken. Dann sind zusätzliche Wärmequellen, zum Beispiel Handtuchheizkörper, zu installieren, die dann auch rein elektrisch beheizbar sein können.

in erster Linie die Raumluft, die die Wärme über Konvektionsvorgänge (Luftströmung) im Raum verteilt. Flächenheizsysteme verteilen die Wärme durch einen hohen Anteil infraroter Strahlung (Wärmestrahlung) und nur geringfügig durch Konvektion.

Heizungssteuerung

Die Regelung und Steuerung der Heizkörper erfolgt in erster Linie über Thermostatventile, die an den einzelnen Heizkörpern angebracht sind.

Flächenheizsysteme – Fußboden- oder Wandheizung – werden über elektronische Raumthermostate gesteuert, die die Raumlufttemperatur messen und je nach Anforderungen die Stellantriebe der Raumheizkreise im Heizungsverteiler. Gebäudesystemtechniksteuerungen oder Smart-Home-Systeme bedienen sich ebenfalls der Raumthermostate, können diese aber nach externen Vorgaben manipulieren.

Aus der Baubeschreibung muss klar hervorgehen, wie die Wärmeübertragung aufgebaut ist. Sind Heizkörper oder eine Fußbodenheizung, Wandheizung oder Deckenheizung vorgesehen? Erforderlich sind zudem Angaben zur Frage, wie die Wärmeabgabe raumweise reguliert wird. Werden Zusatzheizkörper eingebaut, sind diese in der Baubeschreibung zu benennen.

Die Dimensionierung der Wärmeübertragungsflächen wird in der Heizlastberechnung vorgenommen. Maßgeblich dafür sind die Klimabedingungen am konkreten Bauort, die sich sehr deutlich vom Ansatz in der Wärmeschutzberechnung (Klimaregion Potsdam, s. Seite 35) unterscheiden können. Diese Berechnung muss individuell für jedes Haus angestellt werden. Weitere Kenngrößen sind die Wärmedämmeigenschaften der Bauteile der thermischen Hülle und ihre raumbezogenen Flächenanteile.

Über evaluierte Programme werden die Größen der Heizkörper oder die erforderlichen Leitungslängen der Flächenheizungen berechnet, aus denen sich dann die Verlegeabstände je Raum ergeben.

Gartenanschluss

Die früher noch zulässige Verlegung des Gartenanschlusses als Stichleitung ist heute verboten, da das Wasser bei längerer Nichtnutzung des Anschlusses in diesen Leitungsbereichen stagniert und verkeimen kann. Das Wasser ist auf eine andere Entnahmestelle durchzuschleifen. Es ist empfehlenswert, das Durchschleifen auf einen Geräteanschluss, zum Beispiel der Spülmaschine, der Waschmaschine oder des Spülkastens des Gäste-WCs, vorzunehmen. Die Trinkwasserentnahmestellen sollten auf möglichst kurzem Weg angefahren werden. Es ist wünschenswert, dass aus der Baubeschreibung hervorgeht, auf welchen Anschluss der Gartenhahn durchgeschleift ist.

Beheizung hochwertig ausgebauter Kellerräume

Wohnraumähnlich genutzte, hochwertig ausgebaute Kellerräume wie auch Lagerräume von hochwertigen Sachgütern oder Dokumenten benötigen, da sie die kühlsten Räume des im Sommer unbeheizten Hauses sind, Wärmeübertragungsflächen, die auch im Sommer, wenn die Heizungsanlage im Sommerbetrieb ist, Wärme abgeben. Hierbei geht es allein um den inneren Schutz gegenüber überhöhten Luftfeuchtewerten für Einrichtung und Lagergüter und somit um das Vermeiden von Schimmelpilzwachstum.

Mit zusätzlichen, stromgeführten Heizkörpern lässt sich das sicherstellen.

Hydraulischer Abgleich und Druckprüfung

Im Zuge der Heizlastberechnung wird auch eine Festlegung der Ventileinstellungen vorgenommen. Ziel ist es, die unterschiedlichen hydraulischen Widerstände der Heizkreise, die abhängig von der Leitungslänge sind, zu nivellieren, sodass in allen Heizkreisen ein annähernd gleicher hydraulischer Durchflusswiderstand vorhanden ist. Nur so ist gewährleistet, dass alle Heizkreise gleichmäßig durchströmt werden und eine auslegungsgerechte Wärmeabgabe stattfinden kann. Die Durchführung des hydraulischen Abgleichs ist durch ein Protokoll zu bestätigen.

Vor Inbetriebnahme ist die Dichtheit des Heizungssystems durch eine zu protokollierende Druckprüfung nachzuweisen.

Feuerstätten

Kaminofen, Kachelofen, Holzherd ermöglichen nicht nur ein gesteigertes Wohnerlebnis, sie bieten auch eine redundante Wärmequelle bei längeren Stromausfällen. Da bei der Verbrennung Rauchgase entstehen, müssen diese durch Schornsteine abgeführt werden. Hier gibt es im Zuge der Hauserrichtung eingebaute Kaminanlagen namhafter Hersteller oder als Alternative Edelstahlkamine, die vor die Außenwand gehängt werden.

Warmwasserbereitung

Wenn Sie im Haus einen Wärmeerzeuger haben, können Sie diesen – wenn er gerade nicht zur Erzeugung von Heizwärme gebraucht wird – auch zur Erzeugung von Warmwasser verwenden. Bei Verbrennungskesseln ist das unproblematisch, da sie die erforderlichen Temperaturen für den Trinkwasserschutz problemlos bereitstellen. Wärmepumpen kommen hingegen bei einem hohen Warmwasserverbrauch, etwa bei der Verwendung von Regenduschen, an ihre Leistungsgrenzen. Je nach Personenzahl und Verbrauchsverhalten (Entnahmemengen) sind dann Zusatzmaßnahmen erforderlich.

Die Bevorratung erfolgt in einem Pufferspeicher, der eine auf das Verbrauchsverhalten abgestimmte Größe haben sollte.

Thermische Solaranlage

Eine thermische Solaranlage erzeugt warmes beziehungsweise heißes Wasser, indem sie eine Wärmeträgerflüssigkeit der Einwirkung auftreffenden Sonnenlichts aussetzt. Verwendet werden hierzu Flachkollektoren oder, wenn höhere Temperaturen erforderlich werden, Vakuumröhrenkollektoren. Je länger der Leitungsweg und je geringer die Fließgeschwindigkeit sind, desto länger ist die Verweilzeit der Flüssigkeit und umso stärker wird dementsprechend die Flüssigkeit erwärmt. Die Wärmeübertragung von der Wärmeübertragungsflüssigkeit an das Brauchwasser erfolgt über einen Wärmetauscher im Pufferspeicher.

Info Dachneigung und -ausrichtung

Die Installation einer thermischen Solaranlage ist nur sinnvoll, wenn sich die Dachneigung und die Ausrichtung der Dachfläche für eine effiziente Nutzung eignen. Dies ist bereits in der Konzeptionsphase durch den Hausanbieter zu prüfen. Erfolgt diese Prüfung nicht, werden möglicherweise Anlagenkomponenten installiert, die keinen Beitrag zur Deckung des regenerativen Anteils liefern.

Die Anlage ist nach dem Einsatzziel – Warmwasserbereitung oder Heizungsunterstützung – zu dimensionieren. Dabei spielen die Anzahl der im Haushalt lebenden Personen und die Verbrauchsgewohnheiten eine große Rolle.

→ S. 225

Sieht die Baubeschreibung die Installation einer thermischen Solaranlage vor, müssen der Einsatzzweck (Trinkwassererwärmung oder Heizungsunterstützung) und die Anlagengröße samt Speichervolumen klar definiert und beschrieben sein.

SANITÄRINSTALLATION

→ S. 226

Die Sanitärinstallation gliedert sich in die Bereiche Abwasserinstallation, Frischwasserinstallation, Grauwasserinstallation und Sanitärobjekte samt Unterbauten.

Abwasserinstallation

Im Einfamilienhausbau werden Kunststoffrohrleitungen aus heißwasserbeständigem Polypropylen (PP), auch als HT-Rohr bezeichnet, oder aus heißwasserbeständigem, zumeist schwarzem Polyethylen (PE) verwendet. Die Rohre müssen nicht nur heißwasserbeständig sein, sondern auch beständig gegen die in Haushalten üblichen Laugen, Säuren, Salze, Öle und Fette. Es gibt sie auch in Schallschutzausführung mit mehrschichtigem Aufbau. Die Rohrleitungsdimensionierung richtet sich nach der Abwassermenge, die die jeweiligen Rohrabschnitte aufnehmen müssen. Die Rohre sind in gestaffelten Größen erhältlich. Es ist zu empfehlen, die Rohre mit einer schallentkoppelnden Umhüllung zu versehen. Die Befestigung der Rohre erfolgt mit schallentkoppelten Rohrschellen, die eine Gummieinlage haben.

In der Baubeschreibung muss das verwendete Rohrmaterial eindeutig definiert sein.

Wasserinstallation

Hierunter sind die Kaltwasserleitungen, aber auch die Warmwasserleitungen zu verstehen. Warmwasserführende Leitungen sind gegen Wärmeverluste zu schützen. Das betrifft die Verlegung auf der Bodenplatte oder auf Decken über unbeheizten Räumen und in Installationsschächten. Als Faustregel gilt, dass die Dicke der Wärmedämmung mindestens dem Innendurchmesser der Rohrleitung entsprechen muss. In den anderen Bereichen sollte die Dämmdicke 9 Millimeter nicht unterschreiten. Es schadet nicht, auch diese Rohrlängen zu 100 Prozent zu dämmen.

Die wasserführenden Leitungen sind mit einer zu protokollierenden Druckprüfung auf ihre Dichtigkeit zu überprüfen.

Warmwasserzirkulationsleitung

Um einen unnötigen Wasserverbrauch und die dafür entstehenden Verbrauchskosten bei der Heißwasserentnahme zu vermeiden, können Zirkulationsleitungen eingebaut werden. Diese Leitungen bilden mit den Warmwasserleitungen und dem Warmwasserspeicher einen geschlossenen Kreislauf, in dem warmes Wasser im Ring herumgepumpt wird. Somit steht binnen Sekunden nach Öffnen des Warmwasserhahns warmes Wasser an. Dieser Luxus hat seinen Preis: die Installationskosten für die Zirkulationsleitung, die Betriebskosten der Pumpe, der Energieverlust durch das Im-Ring-herum-Pumpen und der rechnerische energetische Malus, den eine Zirkulationspumpe zur Wärmeschutzberechnung beiträgt.

Das warme Wasser, das vom Wärmeerzeuger bereitgestellt wird, wird in einem großen, wärmegedämmten Behälter, dem Pufferspeicher, bevorratet.

Rohrmaterialien

Für die wasserführenden Rohrleitungen werden mehrschichtige Kunststoffverbundrohre, PE-Rohre, Kupferrohre und Edelstahlrohre verwendet. Als Verbindungs- und Fügetechniken finden thermisches Verschweißen, Pressfittingsysteme und nach wie vor bei Kupferrohren das traditionelle Löten Anwendung. Eine gute Wasserinstallation ist weniger eine Frage des Rohrmaterials, sondern der sorgfältigen Verarbeitung und Leitungsführung. Die Betriebe haben ihre bevorzugten Systeme, in die alle Mitarbeiter eingewiesen sind. Es ist zu empfehlen, auch die Kaltwasserrohre zu dämmen, damit kaltes Wasser auch wirklich kaltes Wasser bleibt und nicht durch die darüberliegende Fußbodenheizung oder das unmittelbar anliegende Warmwasserrohr erwärmt wird.

Wasserführende Leitungen – Wasser- und Abwasserleitungen – sind schallentkoppelt zu montieren. Dazu gehören schallentkoppelte Rohrschellen und eine schalldämpfende Umhüllung der Rohrleitungen. Die Wärmedämmung um die warmwasserführenden Rohre hat auch schalldämpfende Eigenschaften.

In der Baubeschreibung muss das verwendete Rohrmaterial eindeutig definiert sein.

Grauwasserinstallation

Wird Regenwasser zum Wäschewaschen oder zur Toilettenspülung benutzt, ist ein eigenständiges Grauwassernetz zu verlegen, das keine Verbindung zum Trinkwassernetz haben darf. Die Wassereinspeisung erfolgt über ein Hauswasserwerk, das das benötigte Wasser aus der Regenwasserzisterne entnimmt. Über dieses Hauswasserwerk kann in Trockenperioden auch die Nachspeisung der Zisterne aus dem Trinkwassernetz erfolgen.

Das Grauwasser muss gezählt werden, da hierfür Abwassergebühren anfallen. Eine Grauwassernutzung ist bei der zuständigen Behörde zu beantragen.

Ist eine Grauwasserinstallation vorgesehen, sind in der Baubeschreibung die Anlage selbst, die versorgten Entnahmestellen sowie die Hauswasserstation nach Fabrikat und Modell zu beschreiben.

Sanitärobjekte, Unterbauten

Bei schlüsselfertiger Erstellung bietet Ihnen Ihr Hausbaupartner eine Objektausstattung an, die er mit seinem Lieferanten oder dem in seinem Auftrag tätigen Sanitärinstallateur abgestimmt hat. Sie haben grundsätzlich die Möglichkeit, eine andere Objektausstattung oder auch nur einzelne andere Objekte auszuwählen. Sie können auch zusätzliche Objekte auswählen. Zu beachten ist dabei die Objektanordnung und der zur Verfügung stehende Raum im jeweiligen Bad, Duschbad oder WC.

Wie schon bei den Innentüren (s. Seite 125) erwähnt, könnte es sinnvoll, vielleicht sogar notwendig sein, das Bad so zu gestalten, dass es mit Mobilitätshilfen genutzt werden kann. Dies erfordert ein ausreichend großes Bad und eine sorgfältig geplante Anordnung der Objekte und Zubehörteile wie zum Beispiel Halte- und Stützgriffe.

Info Vorsicht, Fallen!

Die Verteilung der Objekte richtet sich nach den Planungsvorgaben der Hausanbieter. Das WC wird auch mal gern vor ein normales Brüstungsfenster positioniert, weil ansonsten der Platz dafür fehlt. Immer wieder kommt es vor, dass der Sanitärinstallateur dann Mehrkosten für das in diesem Fall erforderliche Sondertragegestell im Rahmen der direkt vereinbarten Sonderwünsche geltend macht. Das ist nicht zulässig. Wenn die Planung die WC-Installation vor dem Fenster vorsieht, dann ist das Sondertragegestell auch Teil der Vertragsleistung und muss daher nicht gesondert bezahlt werden.

In Verbindung mit einer Wärmepumpe als Warmwassererzeuger sollte auf eine sogenannte Regendusche wegen der großen Entnahmemenge verzichtet werden, ansonsten könnte das Duschvergnügen eher von kurzer Dauer sein. Alternativ könnte die Warmwasserbereitung durch einen elektrischen Durchlauferhitzer erfolgen. Dann ist jedoch möglicherweise die Einhaltung der Anforderungen für einen angestrebten Förderstandard in Gefahr.

Die Tragegestelle und Unterbauten müssen zu den jeweiligen Objekten passen.

Eigenleistungspotenzial

Wenn Sie gelernter Installateur sind oder einen solchen kennen, können Sie dieses Gewerk eventuell selbst übernehmen, allerdings sind die Materialkosten sehr hoch. Der Ersteller der Installation gewährleistet die dauerhafte Dichtigkeit der Leitungen und haftet für mögliche Folgeschäden aufgrund von Undichtheiten, die sich weitreichend auswirken können. Werden die Installationsarbeiten in Eigenleistung erbracht, entfallen die Gewährleistungsansprüche und auch die Haftung für Folgeschäden. Die Kosten zahlt der Eigenleister dann aus eigener Tasche.

Das Hauptbad befindet sich zumeist in der Nähe oder sogar in unmittelbarer Anlehnung an die Schlafräume. In dieser Konstellation, die die Geräuschübertragung aus dem Bad in die Schlafräume möglich macht, sollte auf geräuscharme Entnahmearmaturen der Geräuschklasse 1 geachtet werden. Für Waschbecken, WC und Bidets bietet der Fachhandel Schallentkopplungssets, bestehend aus einer Entkopplungsmatte und schallentkoppelnden Befestigungssets, an. Die Baubeschreibung muss klare Aussagen zu den vorgesehenen Sanitärobjekten (Fabrikat, Typ, Größe, Farbe) und den Armaturen (Fabrikat, Typ, Geräuschklasse der Armatur) machen. Auch die Trage- und Untergestelle sind nach Typ und Modell zu benennen.

ELEKTROINSTALLATION

Die Elektroinstallation beginnt am Elektrohausanschluss und endet im Wesentlichen an der Stromentnahme (Steckdose) beziehungsweise den Anschlüssen für Netzwerk und Unterhaltungselektronik. Die Arbeiten umfassen auch den Hausanschlussschrank mit Zähler und Sicherungsautomaten, Strom- und Medienleitungen, Leer- und Schutzrohre sowie Elektroinstallationsgegenstände aller Art.

Elektroanschlussschrank und Stromkreise

Der Elektroanschlussschrank enthält die Hauptsicherungen, den oder die Stromzähler – Normalstrom, Wärmepumpenstrom (wenn Wärmepumpe) oder Nachtstrom – sowie einen Einspeisezähler bei Photovoltaik und die Sicherungsautomaten (Leitungsschutzschalter) für die Hausinstallation. Je Raum sollte mindestens ein separat abgesicherter Stromkreis vorhanden sein. Einige Verbraucher, zum Beispiel Herd, Waschmaschine, Spülmaschine, manchmal auch der Kühlschrank, sind aufgrund ihrer hohen Stromentnahme separat abgesichert. Die Sicherungsautomaten sichern die ihnen zugeordneten Installationen vor Überlastung oder Kurzschluss.

Die Sicherheit von Personen wird durch den den Leitungsschutzschaltern vorgeschalteten FI-Schalter (Fehlerstromschutzschalter) gewährleistet. Für Brandschutzschalter gibt es bei Einfamilienhäusern (das gilt auch für Fertighäuser in Holzbauweise) noch keine Einbaupflicht. Der Gesamtverband der deutschen Versicherungswirtschaft befürwortet jedoch den Einbau von Brandschutzschaltern. Deren Vorhandensein beziehungsweise Nichtvorhandensein könnte sich unter Umständen zukünftig auf die Versicherungsprämie der Gebäudeversicherung auswirken.

→ S. 229

In der Baubeschreibung ist der Elektroanschlussschrank hinsichtlich Größe und Anzahl der vorgesehenen Zählerplätze (Normalstrom, Nachstrom, Wärmepumpenzähler, Einspeisezähler PV) zu beschreiben. Auch die Anzahl der Stromkreise sollte daraus hervorgehen sowie die Absicherung über FI-Schutzschalter. Werden Brandschutzschalter eingebaut, sind diese ebenfalls zu beschreiben.

Zum Schutz der sensiblen Unterhaltungselektronik und EDV empfiehlt es sich, dafür eigene, gegen Überspannung geschützte Stromkreise vorzusehen.

Leitungsverlegung

Die Leitungsverlegung erfolgt als drei- oder fünfadrige Mantelleitungen in Wandschlitzen oder auf und in der Rohdecke in Schutzrohren, als auf Wänden verlegte Stegleitung oder als Adernleitungen in Leerrohren. Bei der Leerrohrinstallation – der aufwendigsten und teuersten Installationsvariante, die in manchen Regionen sehr häufig anzutreffen ist – wird immer die Nachziehbarkeit zusätzlicher Leitungen oder der Austausch beschädigter Leitungen als Argument angeführt. Wie wichtig Ihnen dieses Argument ist, müssen Sie für sich selbst entscheiden.

In Leerrohren ist auch eine Aderninstallation möglich. Dabei werden keine Mantelleitungen eingezogen, sondern nur die unterschiedlich farbig unmantelten Drähte, die auch in den Mantelleitungen vorhanden sind.

Aus der Baubeschreibung muss klar hervorgehen, welche Art der Leitungsverlegung vertraglich vereinbart ist. Die Aussage „nach Wahl des Auftragnehmers" ist keine klare Beschreibung und steht somit im Gegensatz zum § 2 des Artikelgesetzes 249.

Info: Leitungsverlegung dokumentieren

Die Leitungen sollten in den Installationszonen nach DIN 18015–3 verlegt werden. Es empfiehlt sich, die Leitungsverlegung vor den Innenputz- und Estricharbeiten fotografisch zu dokumentieren und diese Fotos bei den Bauunterlagen abzulegen.

Elektroausstattung

Für die Ausstattung der einzelnen Räume gibt es Ausstattungsstandards nach DIN, HEA, RAL-RG 678, VDE und nach VDI.

Die Tabelle auf der folgenden Seite zeigt die Ausstattungswerte nach RAL-RG 678 in den drei unterschiedlichen Ausstattungswerten: Mindestausstattung (ein Stern), Standardausstattung (zwei Sterne) und Komfortausstattung (drei Sterne).

Beachten Sie, dass die Ergänzung oder Erweiterung einer vorhandenen Installation durch Verlängerungskabel mit Mehrfachsteckdosen nur in begrenztem Rahmen zulässig und möglich ist, dabei ist die maximal zulässige Stromstärke zu berücksichtigen.

Aus der Baubeschreibung muss klar hervorgehen, wie die Elektroausstattung der Räume nach Art und Anzahl vorgesehen ist. Die Angaben zur Elektroausstattung können zum Beispiel mit den Ausstattungswerten nach RAL-RG 678 abgeglichen werden. Prüfen Sie die vorgesehene Ausstattung sorgfältig! Häufig kollidieren in diesem Bereich Verkaufsversprechen und Bauausführung. Wenn komfortables Wohnen versprochen wird, aber eine Elektroausstattung vorgesehen ist, die gerade einmal dem Mindeststandard entspricht, passt das nicht zusammen. Die Diskussion hierüber sollten Sie möglichst vor Vertragsabschluss und nicht erst danach führen!

Rauchwarnmelder

Mittlerweile sind Rauchwarnmelder in allen deutschen Bundesländern in Neubauten verpflichtend einzubauen. Welche Räume mit Rauchwarnmeldern ausgestattet werden müssen, ist in den Bauordnungen der einzelnen Bundesländer geregelt. Auf der Seite www.rauchmelder-lebensretter.de finden Sie einen Überblick hierzu.

Aus der Baubeschreibung muss hervorgehen, ob der Hausersteller die nach Bauordnung erforderliche Anzahl von Rauchwarnmeldern liefert und montiert, nur liefert oder eben nicht liefert (dann müssen Sie das übernehmen). Wenn die Lieferung durch den Hausbaupartner erfolgt, sind die Rauchwarnmelder in der Baubeschreibung nach Fabrikat und Typ zu benennen.

Die Rauchwarnmelder müssen die Anforderungen nach DIN 146054 und DIN 14676 erfüllen und sie sind regelmäßig zu warten.

Nur für Profis!

Die Elektroinstallation ist durch die VDE-Normen geregelt. Sie darf nur von zugelassenen Fachbetrieben ausgeführt werden und sie muss vor Inbetriebnahme überprüft werden. Diese Überprüfung muss in einem Prüfprotokoll dokumentiert werden. Eingriffe oder Erweiterungen der Elektroinstallation, zum Beispiel der Einbau zusätzlicher Steckdosen, dürfen ebenfalls nur durch zugelassene Fachbetriebe und Fachpersonen erfolgen. Eingriffe durch Sie als Bauherr führen zum Wegfall der Gewährleistung. Sie sollten aber auch zu Ihrer eigenen Sicherheit von derartigen Eingriffen absehen, da elektrischer Strom lebensgefährlich sein kann!

Als Eigenleistung sind diese Arbeiten daher grundsätzlich nicht geeignet, es sei denn, Sie verfügen über eine entsprechende Ausbildung und Fachkenntnisse, die Sie zur Ausführung dieser Arbeiten befähigen und berechtigen.

Ausstattungswerte nach RAL-RG 678

Ausstattungswert		Küche a) b)	Kochnische b)	Bad	WC-Raum	Hausarbeitsraum b)	Wohnzimmer a) bis 20 m²	Wohnzimmer a) über 20 m²	Esszimmer	je Schlaf-, Kinder-, Gäste-, Arbeitszimmer, Büro b) bis 20 m²	je Schlaf-, Kinder-, Gäste-, Arbeitszimmer, Büro b) über 20 m²	Flur bis 3 m	Flur über 3 m	Freisitz	Abstellraum	Hobbyraum	Zur Wohnung geh. Keller-/Bodenraum, Garage	Keller-/Bodengang, je 6 m Ganglänge
★	**Anzahl der Steckdosen, Beleuchtungs- und Kommunikationsanschlüsse ★**																	
★	Steckdosen allgemein	5	3	2e)	1	3	4	5	3	4	5	1	1	1	1	3	1	1
★	Beleuchtungsanschlüsse	2	1	2	1	1	2	3	1	1	2	1	2g)	1	1	1	1	1
★	Telefon-/Datenanschluss (IuK)						1		1	1		1						
★	Steckdosen für Telefon/Daten						1		1	1		1						
★	Radio-/TV-/Datenanschluss (RuK)	1					2		1	1								
★	Steckdosen für Radio/TV/Daten	3					6		3	3								
★	Kühlgerät, Gefriergerät	2	1															
★	Dunstabzug	1																
★	Anschluss für Lüfter c)			1	1													
★	Rollladenantriebe	Anschlüsse entsprechend der Anzahl der Antriebe																
★	Beleuchtungs- und Steckdosenstromkreise ★	Wohnfläche der Wohnung in m²									Anzahl Stromkreise							
★		bis 50									3							
★		über 50 bis 75									4							
★		über 75 bis 100									5							
★		über 100 bis 125									6							
★		über 125									7							
★★	**Anzahl der Steckdosen, Beleuchtungs- und Kommunikationsanschlüsse ★★**																	
★★	Steckdosen allgemein	10	4	4e)	2	8	8	11	5	8	11	2	3	2	2	6	2	1
★★	Beleuchtungsanschlüsse	3	2	3	1	2	2	3	1	2	3	2	2g)	2	1	2	1	1
★★	Telefon-/Datenanschluss (IuK)	1				1	1	2	1	1	2	1		1		1		
★★	Steckdosen für Telefon/Daten	2				2	2	4	2	2	4	2		2		2		
★★	Radio-/TV-/Datenanschluss (RuK)	1				1	2	3	1	1				1		1		
★★	Steckdosen für Radio/TV/Daten	3				3	6	9	3	3				3		3		
★★	Kühlgerät, Gefriergerät	2	1															
★★	Dunstabzug	1																
★★	Anschluss für Lüfter c)			1	1													
★★	Rollladenantriebe	Anschlüsse entsprechend der Anzahl der Antriebe																
★★	**Beleuchtungs-und Steckdosenstromkreise ★★**																	
★★		1		1		1	1	2	1	1	2			1		1	1	
★★★	**Anzahl der Steckdosen, Beleuchtungs- und Kommunikationsanschlüsse ★★★**																	
★★★	Steckdosen allgemein	12	4	5e)	2	10	10	13	7	10	13	3	4	3	2	8	2	1
★★★	Beleuchtungsanschlüsse	3	2	3	2	3	3	4	2	3	4	2	2g)	2	1	2	1	1
★★★	Telefon-/Datenanschluss (IuK)	1		1		1	1	2	1	1	2	1		1		1		
★★★	Steckdosen für Telefon/Daten	2		2		2	2	4	2	2	4	2		2		2		
★★★	Radio-/TV-/Datenanschluss (RuK)	1		1		1	2	3	1	2				1		1		
★★★	Steckdosen für Radio/TV/Daten	3		3		3	6	9	3	6				3		3		
★★★	Kühlgerät, Gefriergerät	2	1															
★★★	Dunstabzug	1																
★★★	Anschluss für Lüfter c)			1	1													
★★★	Rollladenantriebe	Anschlüsse entsprechend der Anzahl der Antriebe																
★★★	**Beleuchtungs-und Steckdosenstromkreise ★★★**																	
★★★		1		1		1	1	2	1	1	2	1		1		1	1	

Ausstattungswert	Anschlüsse für besondere Verbrauchsmittel mit eigenem Stromkreis	Stromkreisverteiler	Gebäudekommunikation
★	Elektroherd, Mikrowellengerät, Geschirrspülmaschine, Waschmaschine f), Wäschetrockner f), Bügelstation, Warmwassergerät d), Heizgerät d)	in Mehrraumwohnungen mind. vierreihige, in Einraumwohnungen mind. dreireihige Stromkreisverteiler	Klingel oder Gong, Türöffner und Gegensprechanlage
★★	Elektroherd, Backofen, Dampfgarer, Mikrowellengerät, Geschirrspülmaschine, Waschmaschine f), Wäschetrockner f), Bügelstation, Warmwassergerät d), Saunaheizgerät, Whirlpool, Heizgerät d)	in Mehrraumwohnungen mind. vierreihige, in Einraumwohnungen mind. dreireihige Stromkreisverteiler	Klingel oder Gong, Türöffner und Gegensprechanlage mit mehreren Wohnungssprechstellen
★★★	Elektroherd, Backofen, Dampfgarer, Mikrowellengerät, Geschirrspülmaschine, Waschmaschine f), Wäschetrockner f), Bügelstation, Warmwassergerät d), Saunaheizgerät, Whirlpool, Heizgerät d)	in Mehrraumwohnungen mind. vierreihige, in Einraumwohnungen mind. dreireihige Stromkreisverteiler	Klingel oder Gong, Türöffner und Gegensprech-anlage mit mehreren Wohnungssprechstellen, Video-Türstationen, Gefahrenmeldeanlagen

a) In Räumen mit Essecke ist die Anzahl der Anschlüsse und Steckdosen um jeweils 1 zu erhöhen.
b) Die den Bettplätzen und den Arbeitsflächen von Küchen, Kochnischen und Hausarbeitsräumen zugeordneten Steckdosen sind mindestens als Zweifach-Steckdose vorzusehen. Sie zählen jedoch in der Tabelle als jeweils nur eine Steckdose.
c) Sofern eine Einzellüftung vorgesehen ist. Bei fensterlosen Bädern oder WC-Räumen ist die Schaltung über die Allgemeinbeleuchtung mit Nachlauf vorzusehen.
d) Sofern die Heizung/Warmwasserversorgung nicht auf andere Weise erfolgt.
e) Davon ist eine Steckdose in Kombination mit der Waschtischleuchte zulässig.
f) In einer Wohnung nur jeweils einmal erforderlich.
g) Von mindestens zwei Stellen schaltbar.

Quelle: HEA

PHOTOVOLTAIK

Eine Photovoltaikanlage (PV-Anlage) auf dem Dach, an den der Sonne zugewandten Fassade oder auf einem sich dem Sonnenstand anpassenden Mover im Garten ist bei Anrechnung auf den Stromeigenverbrauch als regenerativer Energieanteil anerkannt. In Verbindung mit Stromspeichern (Batterien) lässt sich – falls die Sonne scheint – bis zu einem gewissen Autarkiegrad eine netzunabhängige Stromversorgung sicherstellen. Gerade beim Einsatz stromgestützter Heizungsanlagen, zum Beispiel Wärmepumpen, und bei kleinräumiger Elektromobilität können PV-Anlagen die Betriebs- und Mobilitätskosten spürbar senken.

Wichtig: Neue Anlagen müssen mit einem Feuerwehrschalter ausgerüstet sein, damit die Feuerwehrleute bei Löscheinsätzen nicht durch den erzeugten Strom gefährdet werden.

→ S. 230

Die Planung und Auslegung der Anlage kann nur standortbezogen erfolgen. Ist eine Photovoltaikanlage im Leistungsumfang vorgesehen, ist sie in der Baubeschreibung mit allen maßgebenden Komponenten eindeutig zu beschreiben.

Der Tragwerksplaner sollte über die Installation einer Photovoltaikanlage informiert sein, und die, wenn auch vergleichsweise geringen, Zusatzlasten bei den Lastannahmen und der Bemessung berücksichtigen. Wenn die Anlage ohnehin vorgesehen ist, ist diese Information Sache des Hausbaupartners. Wenn Sie sich gegebenenfalls eine Nachrüstoption offen halten wollen, sprechen Sie das gegenüber dem Hausersteller an.

Die vertraglichen Gegebenheiten mit dem Netzbetreiber bezüglich der Einspeisung und der Einspeisevergütung sind ergänzend zu regeln.

LÜFTUNG

Lüftungsanlagen sollen – so die Theorie – einen nutzerunabhängigen Mindestluftwechsel zum Feuchteschutz (also den Austrag feuchter Luft sowie das Nachströmen weniger feuchter Luft) durch eine vorgegebene Luftwechselrate von mindestens 0,5 [1/h] (das bedeutet, in zwei Stunden wird das Innenraumvolumen einmal ausgetauscht) sicherstellen. Eine solche Anlage ist notwendig, wenn der sogenannte Infiltrationsluftwechsel allein nicht ausreicht, weil die Gebäudehülle zu dicht ist oder die Windeinwirkungen auf das Gebäude zu gering sind. Um die Lüftungssituation zu beurteilen und die Notwendigkeit zum Einbau einer Anlage zu überprüfen, muss Ihr Hausbaupartner im Zuge der Vertragsanbahnung ein Lüftungskonzept erstellen. Das ist keine große Sache, bedarf aber der Kenntnis der Windexposition am tatsächlichen Baugrundstück.

Grundsätzlich ist zu unterscheiden zwischen zentralen und dezentralen Anlagen, zwischen geregelten Be- und Entlüftungsanlagen und ungeregelten Entlüftungsanlagen sowie zwischen Anlagen mit und Anlagen ohne Wärmerückgewinnung.

Zentrale Anlagen haben ein zentrales Geräteteil, das zumindest das Austragen der Luft aus dem Gebäude übernimmt. Dazu werden in verschiedenen Räumen Absaugventile gesetzt, durch die die Raumluft abgesaugt und über Rohrleitungen zum Unterdruck erzeugenden Zentralgerät geleitet wird. Die Zuluft strömt dezentral durch in den Wohn- und Schlafräumen angeordnete Überströmventile oder Außenwanddurchlässe nach. Nachteil dieser Anlagen ist das eventuell unkontrollierte Nachströmen kalter, nicht vortemperierter Außenluft, die Auskühlung der die Überströmventile umgebenden Wandflächen und die sich daraus zwangsläufig ergebende Kondensatbildung. Energetisch bringt eine derartige Abluftanlage keine Effizienzsteigerung.

Bei einer sehr viel aufwendigeren und teureren Zentralanlage mit kontrollierter Be- und Entlüftung mit Wärmerückgewinnung kommt es nicht zum unkontrollierten Eintritt von Außenluft. Dabei wird die Luft in einigen Räumen, typischerweise Bäder, Küche, Treppenhaus und Flur, abgesaugt und in Wohn- und Schlafräumen zugeführt. Die kalte Zu- und die warme Abluft werden in einem Kreuzwärmetauscher aneinander vorbeigeleitet. Dabei wird die Zuluft etwas erwärmt und die Abluft etwas abgekühlt. Die Effizienz dieses Wärmeübergangs hängt mit der Strömungsgeschwindigkeit zusammen.

Im Wärmetauscher fällt bei starker Abkühlung der Abluft infolge kalter Außenluft Kondensat aus, das abgeführt werden muss. Sinkt die Außenlufttemperatur dabei unter –3 Grad Celsius, könnte es zu einem Vereisen des Wärmetauschers und damit zu frostbedingten Schäden an der Anlage kommen. Um dies zu vermeiden, schalten sich die Anlagen außentemperaturgesteuert ab. Die Außenluft kann durch elektrische Heizregister, die im Zuluftkanal vor dem Wärmetauscher eingebaut werden, vortemperiert werden. Alternativ ist eine Luftansaugung über eine im Erdreich verlegte Zuluftleitung möglich. Das ab 2 Meter Tiefe 8 bis 10 Grad Celsius warme Erdreich besorgt dann die Luftvorwärmung. Wird die kalte Luft vorerwärmt und im Haus durch die Heizungsanlage erwärmt, sinkt ihre relative Luftfeuchtigkeit. Damit stellen sich in den Zulufträumen sehr niedrige relative Luftfeuchten ein, die Atemwegserkrankungen, beispielsweise Pseudokrupp, bei Kindern begünstigen können.

Anstelle des Zentralgeräts kann auch eine Abluftwärmepumpe eingesetzt werden, die dann auch als Wärmeerzeuger fungieren kann.

Maßgebend ist hier die Anordnung der Zu- und Abluftöffnungen. Diese müssen so positioniert werden, dass auf der Zuluftseite nicht bereits unterkühlte Abluft angesaugt wird (Kurzschluss). Die Anordnung sollte daher am besten über Eck erfolgen, sodass die Abluft- in Hauptwindrichtung hinter der Zuluftöffnung liegt oder beide Öffnungen sind mit ausreichend Abstand zueinander zu montieren.

Dezentrale Lüftungsanlagen werden in festzulegenden Räumen als Außenwanddurchlass, als Durchlass in der Fensterbrüstung oder als Einbauteil im Rollladenkasten eingebaut. Sie bestehen im Grunde genommen aus einem Ventilator, der für eine vorgegebene Zeitspanne Luft aus dem Raum heraussaugt und nach außen transportiert, zum Stillstand kommt und danach seine Drehrichtung umkehrt und Außenluft in den Raum hineinsaugt. In Kombination mit metallischen oder keramischen Wärmetauschern, die durch den Abluftstrom erwärmt werden und diese Wärme an die eingesaugte Außenluft abgeben, lässt sich die Wärmerückgewinnung realisieren.

S. 231

Wenn die Baubeschreibung den Einbau von Lüftungsanlagen vorsieht, ist die Anlage eindeutig zu beschreiben mit Darstellung des Funktionsprinzips, der Art der Wärmerückgewinnung (wenn vorgesehen) sowie der Benennung der Zu- und Ablufträume.

Viele Hausanbieter statten ihre Häuser heute standardmäßig mit Lüftungsanlagen aus. Dabei kommen viele unterschiedliche

Anlagenkonzepte zum Einsatz. Dahinter steht vermutlich oft vor allem die Absicht, die Förderkriterien der KfW für KfW 55 oder KfW 40 zu erfüllen. Doch rein als anrechenbare Effizienzmaßnahme zur Erlangung eines Förderstatus sind zentrale Lüftungsanlagen bei den derzeitigen Kapitalmarktzinsen zu kostenintensiv. Eine Refinanzierung der Investitions- und Betriebskosten wird sich über die Lebensdauer der Lüftungsanlage sehr wahrscheinlich nicht einstellen.

Was Sie bei Lüftungsanlagen beachten sollten

Folgende Aspekte sollten bei der Planung einer Lüftungsanlage berücksichtigt werden:

- Risiko Rauchgase: Wenn es in der näheren Umgebung zu einem Brand kommt oder Heizungsanlagen, die mit Feststoffen befeuert werden, in Betrieb sind, werden auch die Rauchgase, die dann in der Außenluft enthalten sind, ins Haus eingetragen. Dem kann man nur durch eine aufwendige Filtertechnik, zielgerichtetes Abschalten oder eine Veränderung der Ansaugrichtung (nur bedingt möglich) entgegenwirken.
- Küchenablufthaube: Bei Nutzung einer Küchenablufthaube kann es zu Konflikten mit dem Betrieb der Lüftungsanlage kommen, da eine Ablufthaube sehr hohe Luftmengen transportiert. Wenn überhaupt, muss daher eine Ablufthaube, die die erforderliche Zuluft gleich mitbringt, oder von vornherein eine Umlufthaube installiert werden.
- Kamin- oder Kachelofen: Wird ein Kamin- oder Kachelofen betrieben, muss dieser Ofen raumluftunabhängig sein. Das heißt, er braucht zwingend eine eigene Zuluftführung von außen für die Verbrennungsluft.
- Einliegerwohnung: Wenn im Haus eine Einliegerwohnung vorgesehen ist, die auch an die zentrale Lüftungsanlage oder die Abluftwärmepumpe angeschlossen werden soll, sind zusätzliche Brandschutzauflagen mit Rauch- und Feuerschutzklappen zu erfüllen. Hier sollte eine Gegenüberstellung von Kosten und Nutzen erfolgen.
- Wartung: Lüftungsanlagen müssen regelmäßig gewartet und gereinigt werden, um eine mikrobielle Verkeimung zu vermeiden. In Abhängigkeit von der Verlegung der luftführenden Leitungen sind diese jedoch nur bedingt bis gar nicht zu reinigen und müssen stattdessen aufwendig und unter Verbleib der Biomasse desinfiziert werden.
- Nutzen im Sommer? Lüftungsanlagen steigern nur im Winter und dann nur mit Einrichtungen zur Wärmerückgewinnung die Energieeffizienz des Gebäudes. Im Sommer könnte ein Betrieb mit Pollenfilter Erleichterungen für Pollenallergiker bringen, ansonsten können sie abgeschaltet und stattdessen die Fenster geöffnet werden.
- Aus einer Hand: Es ist sinnvoll, Lüftungs- und Heizungsanlage vom selben Hersteller zu beziehen. Das vereinfacht den Kundendienst und die Wartung und man darf darauf hoffen, dass die Abstimmung der Anlagenkomponenten aufeinander und ihre Steuerung herstellerseitig optimiert wurde oder zukünftig noch wird. Wenn hohe Abwärmegewinne auf der Lüftungsseite auftreten, sprich: die Zuluft entsprechend vorgewärmt wird, kann die Heizung heruntergeregelt werden und umgekehrt. Bei unterschiedlichen Herstellern ist eine derartige Abstimmung nicht zu erwarten.

SMART HOME

Die Vision der Science-Fiction-Autoren in der zweiten Hälfte des 20. Jahrhunderts vom autarken, sich selbst verwaltenden Gebäude mit Ankopplung von Kühlschrank, Waschmaschine und allen anderen nutzungsrelevanten Einrichtungen ist heute realisierbar. Das Internet der Dinge, Netzwerk- und WLAN-Technologie machen es möglich.

Sprachassistenten verschiedener Anbieter transportieren Informationen zu den verschiedensten, eventuell auch unerwünschten Stellen, schalten Haushaltsgeräte ein und aus und steuern autonom fahrende Staubsauger- und Rasenmähroboter; sie kennen den Inhalt unserer Kühlschränke, Speise- und Vorratskammern, der verbrauchsabhängig natürlich automatisch nachbestellt werden kann. Sie vermitteln Telefongespräche und Messenger-Kommunikation, dimmen und schalten die Beleuchtung, steuern den Sonnenschutz, die Klimaanlage und die Heizung.

Eigentlich wäre alles gut, wenn derartige Systeme gegen unerwünschte Einflussnahme von außen ausreichend geschützt wären – was sie aktuell nicht sind – und es Regelwerke gäbe, aus denen klar hervorgeht, was die verschiedenen Komponenten können müssen, was sie gerade nicht können dürfen, wie sie miteinander agieren und kommunizieren und vieles andere mehr. Derartige Standards gibt es derzeit aber noch nicht. Im Moment bewegt sich die Szene in einem höchst innovativen Chaos.

Wer derartige Systeme nutzen will, sollte sich dessen bewusst sein und muss zudem bereit sein, die dafür aufgerufenen Preise zu bezahlen. Generell ist die Smart-Home-Szene derzeit von zahlreichen Ansätzen geprägt, die nicht zwingend miteinander interagieren können. Sie sind von außen angreifbar und können zum Schaden der Bewohner manipuliert werden. Verschiedene Hausanbieter haben bedingt erweiterbare Rumpfsysteme im Angebot, die allerdings zumeist für ein sehr begrenztes Einsatz- und Nutzungsspektrum vorgesehen sind. Für das Wohnen im Alter stellt Smart Home einen attraktiven Ansatz dar. Die weitere Entwicklung bleibt abzuwarten.

→ S. 233

Ist die Einrichtung einer Smart-Home-Installation vorgesehen, muss aus der Baubeschreibung klar und eindeutig hervorgehen, welche Komponenten im Installationsumfang enthalten sind, welchen Funktionsumfang sie haben und wie sie gesteuert werden können. Außerdem ist das Fabrikat zu benennen.

Einen Anhalt für die Auslegung busgestützter Systeme bietet die nachfolgende Tabelle zur Gebäudesystemtechnik nach DIN 18015–4, die Sie nutzen können wie folgt:

Je nachdem, welcher der drei Standards *Plus, **Plus oder ***Plus im Umfang Ihres Vertrags beziehungsweise in der Baubeschreibung vorgesehen ist, ergibt sich die raumweise Mindestausstattung mit Funktionsbereichen anhand der Spalteneinträge in der oberen Blatthälfte. Sie können das Pferd aber genausogut auch von hinten aufzäumen und anhand der vorhandenen Funktionsbereiche auf den Standard rückschließen.

In der unteren Blatthälfte sind die verschiedenen Funktionsbereiche aufgeführt, die ausgewählt werden können.

Ausstattungswert		Küche	Kochnische	Bad	WC-Raum	Hausarbeitsraum	Wohnzimmer bis 20 m^2	Wohnzimmer über 20 m^2	Esszimmer	je Schlaf-, Kinder-, Gäste-, Arbeitszimmer, Büro bis 20 m^2	je Schlaf-, Kinder-, Gäste-, Arbeitszimmer, Büro über 20 m^2	Flur bis 3 m	Flur über 3 m	Freisitz	Abstellraum	Hobbyraum	zur Wohnung geh. Keller-/Bodenraum	Keller-/Bodengang je 6 m Ganglänge
★plus (Gefordert ist die Vorbereitung für die Anwendung aller Funktionsbereiche durch Installieren von entsprechenden BUS-Leitungen oder entsprechenden Installationsrohren zur nachträglichen Installation von BUS-Leitungen sowie die Auswahl eines Stromkreisverteilers mit entsprechendem Reserveplatz)	**Funktionsbereich: Schalten/Dimmen (bezogen auf die Anzahl der Beleuchtungsanschlüsse) ★**																	
	Schalten [h]	2	1	1	1	1	2	3	1	1	2	1	2	1	1	1	1	1
	Status Schalten	2	1	2	1	2	2	3	1	1	2	1	2	1	1	1	1	1
	Dimmen [h]						2	3	1	1	2							
	Status Dimmen						2	3	1	1	2							
	Sperren																	
	Szene																	
	Bewegungsmeldung											1						
	Anwesenheitserkennung [m] (Präsenzmeldung)	1		1	1	1	1		1	1						1		
★★plus (und die Umsetzung mindestens eines Funktionsbereiches.)	**Funktionsbereich: Schalten/Dimmen (bezogen auf die Anzahl der Beleuchtungsanschlüsse) ★★**																	
	Schalten [h]	3	2	3	1	2	2	3	1	2	3	2		2	1	2	1	1
	Status Schalten	3	2	3	1	2	2	3	1	2	3	2		2	1	2	1	1
	Dimmen [h]						2	3	1	2	3							
	Status Dimmen						2	3	1	2	3							
	Sperren																	
	Szene						1	2		1								
	Bewegungsmeldung											1						
	Anwesenheitserkennung [m] (Präsenzmeldung)	1		1	1	1	1		1	1						1		
★★★plus (und die Umsetzung mindestens zwei der Funktionsbereiche.)	**Funktionsbereich: Schalten/Dimmen (bezogen auf die Anzahl der Beleuchtungsanschlüsse) ★★★**																	
	Schalten [h]	3	2	3	2	3	3	4	2	3	4	2		2	1	2	1	1
	Status Schalten	3	2	3	2	3	3	4	2	3	4	2		2	1	2	1	1
	Dimmen [h]						3	4	2	3	4							
	Status Dimmen						3	4	2	3	4							
	Sperren																	
	Szene						2	4		2								
	Bewegungsmeldung											1						
	Anwesenheitserkennung [m] (Präsenzmeldung)	1		1	1	1	1		1	1						1		1
Funktionsbereiche zur Auswahl bei allen Ausstattungswerten	**Funktionsbereich: Schaltbare Steckdosen/geschaltete Geräte/Energiemanagement (in jedem Fall erforderlich, wenn Maßnahmen zur Energieeffizienzsteigerung umgesetzt werden sollen)**																	
	Warmwassergerät	1		1	1													
	Heizgerät			1														
	Waschmaschine			1		1												
	Geschirrspülmaschine																	
	Wäschetrockner			1		1												
	Gefriergerät	1				1												
	Funktionsbereich: Sonnenschutz																	
	Auf/ab fahren, Stopp [l]	1		1	1	1	1		1	1								
	Position anfahren	1 [n]		1 [n]		1 [n]	1		1	1								
	Status Position	1		1	1	1	1		1	1								
	Sperren	1		1	1	1	1		1	1								
	Szene						1		1	1								
	Funktionsbereich: Heizen, Lüften, Kühlen																	
	Raumtemperaturregler	1		1	1	1	1		1	1						1		
	Ventilstellantrieb (je Heiz-/Kühlkreis)	1		1	1	1	1		1	1						1		
	bedarfsgesteuerte Lüftung (CO_2/Feuchte-Sensor)	1		1	1	1	1		1	1						1		
	Anwesenheitserkennung [m] (Präsenzmeldung)	1		1	1	1	1		1	1		1 [n]				1		1
	Fensterkontakte [k]	je Fenster / Fassade vorzusehen																
	Funktionsbereich: Sicherheit																	
	Fensterkontakte [l]	je Fenster / Fassade vorzusehen																
	Brandmeldung	1				1	1		1	1						1		
	Anwesenheitssimulation	1		1	1	1	1		1	1						1		
	Anwesenheitserkennung [m] (Präsenzmeldung)	1		1	1	1	1		1	1				1 [n]			1	
	Bewegungsmeldung	1		1	1	1	1		1	1						1		

[h] je Raumzugang
[k] Nur einmal für Funktionsbereich Heizen, Lüften, Kühlen und Funktionsbereich Sicherheit notwendig.
[l] Je Fenster mit Sonnenschutz.
[m] Nur einmal je Raum für alle Funktionsbereiche erforderlich
[n] nicht bei 1 Stern und 2 Stern

Quelle: ELEKTRO+

INBETRIEBNAHME DER HAUSTECHNIK

Die Technische Gebäudeausrüstung (TGA) ist, bevor sie vor oder während der Abnahme übergeben wird, in Betrieb zu nehmen. Sie als Bauherr sind in die Bedienung, Störungsbeseitigung und Wartung einzuweisen. Diese Einweisung beinhaltet mehr, als nur zu zeigen, wie die Anlage ein- und wieder ausgeschaltet wird. Störungsbeseitigung umfasst mehr als nur den gut gemeinten Hinweis „Dann rufen Sie bitte unseren Kundendienst an." Auch die Neuprogrammierung der Anlagensteuerung, die nach einem Totalausfall des Stromnetzes vielleicht notwendig wird, gehört dazu.

→ S. 234

Die Anlagen müssen im Vorhinein einreguliert und im Betrieb aufeinander abgestimmt sein, ansonsten mutiert das als ach so energieeffizient angepriesene Anlagenpaket zur Energievernichtungsmaschinerie. Die Optimierung der Abstimmung der TGA-Komponenten aufeinander, die letztendlich die Energieeffizienz bewirkt, gehört derzeit noch nicht zum geschuldeten Leistungsumfang einer Inbetriebnahme. Das hat vermutlich damit zu tun, dass die Anlagenkomponenten aus Kostengründen von unterschiedlichen Herstellern stammen und aufgrund ihrer Betriebsprotokolle und unsynchronisierten Schnittstellen nicht oder nur eingeschränkt miteinander kommunizieren und interagieren können. Was die Optimierbarkeit der Systeme und die dabei erzielbaren Effizienzsteigerungen angeht, ist derzeit noch sehr viel Luft nach oben.

Mit der Inbetriebnahme der TGA ist die Dokumentation zu den einzelnen Komponenten der TGA zu übergeben. Dazu gehören neben den Protokollen der vorgeschriebenen Prüfungen auch die Installationspläne der einzelnen Anlagen, die Betriebsanleitungen der Geräte in deutscher Sprache sowie die zugrunde liegenden Berechnungen.

Für alle haustechnischen Gewerke und für die Gewerke, die die thermische Gebäudehülle erstellen (das sind: Rohbau, Holzhausbau, Zimmermann, Trockenbau, Putzer, Fensterbau) ist vonseiten der ausführenden Unternehmen und Subunternehmen eine Fachbauleitererklärung abzugeben. Diese Erklärung ist an eine bestimmte Form gebunden und als Standardformular erhältlich. Sie ist vom Fachbauleiter eigenhändig auszufüllen und zu unterschreiben und bestätigt, dass die Arbeiten vom Unternehmen sachgerecht und nach den Vorgaben der Wärmeschutzberechnung ausgeführt wurden. Die Fachbauleitererklärung der Bauleitung des Hausbauunternehmens ergänzt diese Unternehmenserklärungen, ersetzt sie jedoch nicht!

Eigenständiger Abnahmeschritt

Die Inbetriebnahme der technischen Anlagen ist – was die Bedeutung, den Zeitaufwand und den zu vermittelnden Informationsumfang angeht – ein eigenständiger Schritt im Abnahmevorgang. Allein die Durchsicht der Dokumentation auf Vollständigkeit der Unterlagen ohne inhaltliche Prüfung kann unter Umständen mehrere Stunden in Anspruch nehmen. Daher sollte die Übergabe der vollständigen Unterlagen möglichst mit ausreichend Vorlauf erfolgen. Derartige Routinen sind derzeit im Ein- und Zweifamilienhausbau leider noch gar nicht etabliert.

LUFTDICHTHEITSPRÜFUNG

Die Förderkataloge der KfW verlangen eine Überprüfung der Luftdichtheit der Gebäudehülle als unabdingbares Förderkriterium. Wird ohne KfW-Förderung gebaut, aber im Zuge der Erstellung der Wärmeschutzberechnung das Häkchen bei der Abfrage der Luftdichtigkeitsprüfung bei „Ja" gesetzt, muss die Luftdichtheitsprüfung ebenfalls durchgeführt werden. Gleiches gilt, wenn die Luftdichtheitsprüfung in der Baubeschreibung explizit erwähnt wurde.

→ S. 236

Wenn die Luftdichtheit überprüft wird, bekommt das Gebäude einen rechnerischen U-Wert-Bonus von 0,1 W/m²K. Dieser U-Wert-Bonus spart erhebliche Dämmstoffvolumina ein, die ansonsten verbaut werden müssten. Grundsätzlich gilt: Wer einen Bonus in Anspruch nimmt, muss dann natürlich das tun, was diesen Bonus hervorruft. Im vorliegenden Fall ist die Luftdichtheit durch eine Differenzdruckmessung nach DIN EN 13829 nachzuweisen. Dieser Nachweis ist an bestimmte Rahmenbedingungen gebunden und darf nur von zertifizierten Messdienstleistern erbracht und bescheinigt werden.

Info

Kein Nachweis für mangelfreie Dampfbremse oder -sperre!

Die Luftdichtheitsprüfung dient, wenn die Anforderungen erfüllt werden, lediglich der Legitimation zur Inanspruchnahme des U-Wert-Bonus. Mehr nicht. Sie ist – egal wie niedrig der Wert ausfällt – nicht dazu geeignet, die mangelfreie Ausführung der Dampfbremse oder -sperre (s. Seite 108) nachzuweisen.

Mit dieser Überprüfung soll nachgewiesen werden, dass das Gebäude die Grenzwerte für die zulässige Luftundichtheit einhält. Diese Grenzwerte, auch als n50-Wert bezeichnet, betragen für Gebäude ohne Lüftungsanlage 3,0 [1/h] und für Gebäude mit Lüftungsanlage 1,5 [1/h]. Diese beiden Zahlen definieren ein Verhältnis zwischen dem Leckagestrom pro Stunde und dem Nettoinnenvolumen. Für Gebäude ohne Lüftungsanlage darf der Leckagestrom dreimal so hoch sein wie das Nettoinnenvolumen des Hauses, für Häuser mit Lüftungsanlagen anderthalbmal so hoch.

Rechenbeispiel:

Das Nettoinnenvolumen des Hauses sei	500 m³
Haus ohne Lüftungsanlage:	
maximal zulässiger Leckagestrom	**1 500 m³/h**
Haus mit Lüftungsanlage:	
maximal zulässiger Leckagestrom	**750 m³/h**

Werden diese Grenzwerte eingehalten, darf der U-Wert-Bonus in Anspruch genommen werden. Werden die Grenzwerte überschritten, muss entweder an der Luftdichtigkeit nachgebessert werden oder ist die Wärmeschutzberechnung ohne U-Wert-Bonus neu zu erstellen.

Beachten Sie jedoch, dass allein die Erfüllung der Grenzwerte der Luftdichtheit kein

Bei Eigenleistung rechtzeitig prüfen

Wenn Sie Arbeiten an der luftdichten Hülle in Eigenleistung ausführen oder durch eigens beauftragte Handwerker ausführen lassen, ist anzuraten, eine begleitende qualitative Prüfung durchführen zu lassen, bevor die Beplankungen montiert werden. So können vorhandene Fehlstellen (Leckstellen) rechtzeitig entdeckt und beseitigt werden. Ist die Beplankung erst einmal montiert, wird das wesentlich aufwendiger.

behagliches Wohnen mehr erlaubt. Die in der EnEV und DIN 4108 übereinstimmend genannten Grenzwerte stammen noch aus den Anfängen der Bemühungen, luftdichter als bisher zu bauen, und haben mit der erzielbaren Luftdichtheit bei den mittlerweile verfügbaren modernen technischen Materialien und Produkten nichts mehr zu tun. Grundsätzlich ist von Gesetzes (EnEV) wegen eine dauerhaft luftundurchlässige Ausbildung der Gebäudehülle gefordert (s. Seite 108).

Bei einer sorgfältigen handwerklichen Ausführung und einer dieser Ausführung vorausgehenden sorgfältigen Planung, die die Luftdichtheitsbelange berücksichtigt – beides ist grundsätzlich ohnehin geschuldet –, ist es möglich, eine fehlstellenfreie Ausbildung der Luftdichtheitsebene zu erzielen. Vereinbaren Sie in der zum Vertragsbestandteil werdenden Baubeschreibung daher Luftdichtheitswerte, die maximal 0,8 [1/h] beziehungsweise bei Häusern mit kontrollierter Be- und Entlüftung mit Wärmerückgewinnung oder Abluftwärmepumpe maximal 0,6 [1/h] betragen.

BAUENDREINIGUNG

Im Zuge der fortschreitenden Baumaßnahme lagert sich immer mehr Staub und Dreck an und auf den Bauteilen ab. Häufig türmen sich Berge von Baustoff- und Brotzeitresten auf der Baustelle und teilweise auch im Inneren Ihres Hauses. Eine derartig verschmutzte Leistung ist nicht abnehmbar. Ihr Hausbaupartner schuldet Ihnen bis zur Abnahme den Nachweis, dass das Werk frei von wesentlichen Mängeln erbracht ist. Um dies belastbar beurteilen zu können, müssen alle Leistungen, die Ihr Hausbaupartner erbracht hat und für die er letztendlich die vereinbarte Vergütung erhalten will, optisch, haptisch und durch Bedienen überprüfbar sein. Auch Verschmutzungen, die auf die Leistungserbringung anderer Gewerke, die im Vertragsumfang des Hausbaupartners enthalten sind, zurückzuführen sind, sind rückstandfrei zu beseitigen. Für Oberflächen und Verglasungen gilt, dass sie nur dann zweifelsfrei auf Beschädigungen, Kratzer und Verfärbungen hin überprüft werden können, wenn sie sauber sind.

Wenn die Bauendreinigung als eigenständiger Leistungsbestandteil in der Baubeschreibung erwähnt ist, ist das gut. Doch auch wenn nicht, ist sie eine Nebenpflicht des Unternehmers.

Eigenleistungspotenzial

Beim Reinigen kann man einiges falsch machen, und die Beweislast dafür, dass eventuelle Schäden nicht durch das Reinigen verursacht worden sind, liegt bei Ihnen, wenn Sie die Reinigungsarbeiten in Eigenleistung erbringen. Daher ist davon abzuraten.

AUSSENANLAGEN UND NEBENGEBÄUDE

Während Zuwegung, Stellplatz, Terrasse und Rasenansaat beim Kauf vom Bauträger regelmäßig zum Kaufobjekt dazugehören, sind sie beim Verbraucherbauvertrag im Regelfall nicht enthalten. Das sind Leistungen, für die Ihr Hausbaupartner keine Kosten aufwenden muss, die den Vertragspreis noch weiter in die Höhe treiben würden. In der Gesamtkostenschätzung findet sich hingegen vermutlich ein Posten „Außenanlagen", denn diese Kosten müssen für eine unbeeinträchtigte Nutzbarkeit miteinkalkuliert werden.

Für die Außenanlagen entscheidend ist eine entsprechende Berücksichtigung der vorhandenen Höhensituation. In der Bauantragsplanung sollte diese eingetragen sein. Nur dann können die Kosten für die Erstellung der Außenanlagen, die ja auch die Übergänge zu den angrenzenden Nachbargrundstücken beinhalten, seriös und belastbar abgeschätzt werden.

S. 237 Im Regelfall müssen Sie die Arbeiten entweder ganz oder teilweise selbst in Auftrag geben.

Eigenleistungspotenzial

Von umfangreichen Grabarbeiten, die man gut als Taglohnarbeit beauftragen kann, abgesehen, können die Pflasterarbeiten und die Erstellung der Terrassen gut in Eigenleistung erbracht werden. Allerdings sollten Sie sich klarmachen, dass dies oft körperliche Schwerstarbeit bedeutet.

Nebengebäude: Garage oder Carport

Nebengebäude gehören im Regelfall nicht zum Leistungsumfang des Hausbaupartners beim Verbraucherbauvertrag. Beim Kauf vom Bauträger ist das hingegen häufig der Fall. Dort stellt sich der Preis des Nebengebäudes in Relation zum Gesamtpreis von Haus- und Grundstück deutlich günstiger dar als in Relation zum Vertragspreis für die Erstellung des Gebäudes.

Als Sonderwunsch kann ein standardisiertes Nebengebäude, zumeist eine typisierte Fertiggarage eines oft sogar benannten Herstellers samt Fundamenten und Anschlüssen, gegebenenfalls mit Zusatzfeatures, im Gesamtauftrag enthalten sein.

Bei freistehenden Einfamilienhäusern kann man, wenn die Zufahrtsmöglichkeit für den Lkw und das Abladen geklärt sind, den Auftrag zur Errichtung der Nebengebäude durchaus direkt vergeben. Das ist dann aber nicht nennenswert günstiger als ein übliches Sonderwunschpaket.

S. 239 Wenn Nebengebäude im Leistungsumfang enthalten sind, sind sie in der Baubeschreibung klar und eindeutig unter Berücksichtigung aller Gewerke zu beschreiben.

SERVICE

REGISTER

Die Stiftung Warentest wurde 1964 auf Beschluss des Deutschen Bundestages gegründet, um dem Verbraucher durch vergleichende Tests von Waren und Dienstleistungen eine unabhängige und objektive Unterstützung zu bieten.

Der Autor: Dipl.-Ing. (FH) Marc Ellinger kennt als Baubegleiter und Sachverständiger für Schäden an Gebäuden die Fragen und Probleme privater Bauherren aus erster Hand. Neben seiner Beratungstätigkeit ist er als Referent für Themen der Bauwerkserhaltung und Bauwerksinstandsetzung sowie als Autor von Fachbeiträgen und Fachbüchern tätig.

© 2020 Stiftung Warentest, Berlin

Stiftung Warentest
Lützowplatz 11–13
10785 Berlin
Telefon 0 30/26 31–0
Fax 0 30/26 31–25 25
www.test.de
email@stiftung-warentest.de

USt-IdNr.: DE136725570

Vorstand: Hubertus Primus
Weitere Mitglieder der Geschäftsleitung:
Dr. Holger Brackemann, Daniel Gläser

Alle veröffentlichten Beiträge sind urheberrechtlich geschützt. Die Reproduktion – ganz oder in Teilen – bedarf ungeachtet des Mediums der vorherigen schriftlichen Zustimmung des Verlags. Alle übrigen Rechte bleiben vorbehalten.

Programmleitung: Niclas Dewitz

Autor: Marc Ellinger

Projektleitung: Philipp Sperrle
Lektorat: Eva Gößwein, Berlin
Fachliche Unterstützung: Verband Privater Bauherren e. V.
Korrektorat: Susanne Reinhold, Berlin
Titelentwurf: Josephine Rank, Berlin
Layout: Martina Römer, Berlin
Grafik, Satz: Anne-Katrin Körbi
Bildnachweis: Fotolia, iStock (Titel)

Produktion: Vera Göring
Verlagsherstellung: Rita Brosius (Ltg.),
Susanne Beeh, Romy Alig
Litho: tiff.any, Berlin
Druck: Rasch Druckerei und Verlag GmbH & Co. KG,
Bramsche

ISBN: 978-3-7471-0051-6

Wir haben für dieses Buch 100 % Recyclingpapier und mineralölfreie Druckfarben verwendet. Stiftung Warentest druckt ausschließlich in Deutschland, weil hier hohe Umweltstandards gelten und kurze Transportwege für geringe CO_2-Emissionen sorgen. Auch die Weiterverarbeitung erfolgt ausschließlich in Deutschland.

BAUBESCHREIBUNG IM CHECK

Service

Alle Formulare können Sie kostenlos unter **www.test.de/praxismappe-Baubeschreibung** abrufen.

Übersicht Leistungsumfang

	Vertrag	Sonderwunsch	Separater Vertrag	Nicht enthalten	Eigenleistung
Bauantrags- und Werkplanung					
Statik und Tragwerksplanung					
Wärmeschutznachweis, Energieausweis					
Erdarbeiten					
Grundleitungen bis über AK Gebäude					
Gründungsbauteil – Bodenplatte oder Keller					
Bauwerkabdichtung					
Perimeterdämmung					
Rohbauarbeiten (Massivbau)					
Holzkonstruktion/Gebäudehülle (Fertighaus)					
Dachkonstruktion/Zimmerarbeiten					
Dacheindeckung					
Klempnerarbeiten/Dachentwässerung					
Fenster/Fenstertüren					
Haustür					
Wärmedämmung/Dampfsperre Dach					
Innenputz/raumseitige Beplankung Wände					
Estricharbeiten					
Fliesenarbeiten Bad/WC					
Fliesenbeläge Wohn-/Schlafräume					
Bodenbelagsarbeiten					
Malerarbeiten					
Innentüren					
Treppe					
Außenputz / WDVS / Fassade					
Heizungsinstallation					
Sanitärinstallation					
Elektroinstallation					
Lüftungsanlage					
Brandwarnmelder					
Bauendreinigung					
Außenanlage					
Carport/Nebengebäude					

Erdarbeiten

Sind Erdarbeiten im vertraglichen Leistungsumfang enthalten? Nein ☐ Ja ☐

Wenn ja, welche Leistungsbestandteile sind explizit benannt?

- Abschieben des Mutterbodens ☐
- Baugrubenaushub mit Lagerung auf dem Grundstück, sofern möglich ☐
- Abfuhr des Aushubs zu einem Zwischenlager ☐
- Arbeitsräume verfüllen und verdichten ☐
- Mutterboden verteilen ☐
- Abfuhr des überschüssigen Aushubs ☐
- Übernahme der Deponiegebühren für Aushub ☐
- Übernahme der Deponiegebühren Sonderdeponie bei geogener Belastung ☐

Gräben für Ver- und Entsorgungsleitungen

- Rohrgräben ausheben ☐
- Verlegung der Kanalleitungen inklusive Einsanden ☐
- Schachtbauwerke ☐
- Anschluss ans bestehende Kanalnetz ☐
- Rohrleitungsgräben verfüllen ☐
- Regenwasserversickerung auf dem Grundstück ☐

Verlegung der Grundleitungen unter der Bodenplatte

- Keine Leitungen unter der Bodenplatte (bei Keller häufig) ☐
- Durch den Rohbauer/den Kellerbauer/den Ersteller der Bodenplatte ☐
- Durch den Erdbauer ☐

Schnittstelle Grundleitungen unter der Bodenplatte/Schmutzwasserleitungen Haus zu Kanalleitungen

- 0,5 Meter außerhalb Hausaußenkante ☐
- 1,00 Meter außerhalb Hausaußenkante ☐
- Keine Schnittstelle, alles wird vom Erdbauer gemacht ☐
- Keine Schnittstelle, alles wird vom Rohbauer/Kellerbauer gemacht ☐

Hauseinführung, Lieferung und Einbau

Mehrspartenhauseinführung, wird im Zuge der Bodenplattenerstellung gesetzt ☐

- Einbau durch Bodenplattenersteller ☐
- Einbau durch Erdbauer ☐
- Einbau durch Versorgungsträger ☐

Mehrspartenhauseinführung mit Bohrung bei Einbau in Kelleraußenwand ☐

- Einbau durch Kellerbauer ☐
- Einbau durch Erdbauer ☐
- Einbau durch Versorgungsträger ☐

Einzeleinführungen je Sparte ☐

- Einbau durch Kellerbauer/Bodenplattenersteller ☐
- Einbau durch Erdbauer ☐
- Einbau durch Versorgungsträger ☐

Versorgungsleitungen: Grabarbeiten und Verlegung

- Gräben für Versorgungsleitungen in unterschiedlichen Tiefen ☐
- Verlegen von Leerrohren für das nachträgliche Einführen der Versorgungsleitungen ☐
- Verlegen der Versorgungsleitungen inklusive Einsanden ☐
- Hauseinführung inklusive Bohrung, falls erforderlich ☐
- Rohrleitungsgräben verfüllen ☐
- Dränanlage nach DIN 4095 ☐

Freiflächen

- Unterbau Stellplatz/Garage ☐
- Unterbau Hauszugang ☐
- Unterbau Terrasse ☐
- Mutterboden verteilen ☐

Sonstiges

- Kranstellplatz aufschottern ☐
- Bordsteinabsenkung im Einfahrtsbereich, sofern erforderlich ☐

Sondermaßnahmen laut Baugrundgutachten

- Wasserhaltungsmaßnahmen ☐
- Verbauarbeiten ☐
- Sondergründungsmaßnahmen ☐

Bodenplatte

Die Angaben zur Ausführung der Bodenplatte für nicht unterkellerte Häuser sollten sich aus der Baubeschreibung ergeben: Entweder ist die Bodenplatte als eigenständiges Bauteil erwähnt, da ein Fertighaus darauf errichtet wird, oder sie ist bei den Rohbauarbeiten mit aufgeführt.

Ausführung der Bodenplatte

WU-Beton ☐

Wasserdicht nach WU-Richtlinie ☐

Streifen-/Einzelfundamente unter der Bodenplatte

Vorgesehen Nein ☐ Ja ☐

Einzelfundamente für Stützen außerhalb der Bodenplatte

Notwendig zum Beispiel für Vordach oder Balkon

Vorgesehen Nein ☐ Ja ☐

Stärke der Bodenplatte

Achtung: keine Angabe oder „nach statischen Erfordernissen": nachfragen!

16 cm ☐ 18 cm ☐ 20 cm ☐
25 cm ☐ 30 cm ☐

Randausführung

In einer Stärke durchlaufend ☐

Mit Randverstärkung/Randfundamenten ☐

Mit Randaufkantung ☐

Ohne Randaufkantung ☐

Lage der Dämmebene

Unter der Bodenplatte, dann Edelstahlerder umlaufend in Baugrube verlegt ☐

Auf der Bodenplatte durch den Bodenaufbau ☐

Bodenplattenunterbau

Schotterpolster ☐

Glasschaumschotterpolster ☐

Perimeterdämmung (XPS oder Glasschaumdämmplatte) auf Unterbau ☐

Muss der Unterbau dräniert werden?

Steht möglicherweise als Forderung im Baugrundgutachten

Nicht erforderlich ☐

Erforderlich ☐

Abdichtungsbahn auf Bodenplatte

Bitumenschweißbahn ☐

Andere Bahn ☐

Fundamenterder

Verzinkter Badstahlerder in der Bodenplatte ☐

Edelstahlerder umlaufend
Bei unten gedämmter Bodenplatte zwingend! ☐

Ausbildung der Bodenplatte bei Doppel- und Reihenhäusern

Hausweise getrennt, ohne Dichtungsbänder ☐

Hausweise getrennt, mit Dichtungsbändern ☐

Durchgehend über mehrere Häuser
Achtung: Minderung der Schalldämmeigenschaften! ☐

Keller

Welche Angaben macht das Baugrundgutachten zur erforderlichen Bauwerksabdichtung?

Abdichtung gegen Bodenfeuchtigkeit ☐

Abdichtung gegen aufstauendes Sickerwasser ☐

Wasserdichter Betonkeller ☐

Ausführung des Kellers laut Baubeschreibung im Hinblick auf Feuchtebeanspruchung

Weiße Wanne ☐

Wasserdichter Keller nach WU-Richtlinie ☐

Keller aus WU-Beton
Dann immer auch mit einer außenliegenden Abdichtung! ☐

Keller aus „wasserfestem Beton"
Achtung: sehr fragwürdige Formulierung!
Dann immer auch mit Abdichtung. ☐

Keller mit Abdichtung gegen Bodenfeuchtigkeit ☐

Keller mit Abdichtung gegen aufstauendes Sickerwasser/drückendes Wasser ☐

Bauwerksabdichtung nach DIN 18533

Kunststoffmodifizierte Bitumendickbeschichtung (PMBC, früher KMB) ☐

Mineralische Dichtungsschlämme ☐

Reaktivabdichtungen (bitumenfreie rissüberbrückende Dichtungsmassen), aktuell nicht in der Norm geregelt ☐

Bitumenschweißbahnen ☐

Angaben zu Bauteilabmessungen (Angabe laut vorhandener Pläne)

Bodenplatte:

16 cm ☐ 18 cm ☐ 20 cm ☐
25 cm oder mehr (Mindeststärke für einen wasserdichten Stahlbetonkeller) ☐

Wände:

Nach statischen Erfordernissen ☐
Weniger als 20 cm ☐ 20 cm ☐
24 cm oder mehr (Mindeststärke für einen wasserdichten Stahlbetonkeller) ☐

Kellerdecke:

Nach statischen Erfordernissen ☐
18 cm ☐ 20 cm ☐

Angaben zur Wärmedämmung des Kellers

Ungedämmt mit Sockeldämmstreifen ☐

Perimeterdämmung aus EPS ☐

Perimeterdämmung aus XPS ☐

Perimeterdämmung aus Glasschaumplatten ☐

Kerndämmung (in der Wand liegende Wärmedämmung) ☐

Dämmung unter der Bodenplatte ☐

Angaben zur Schutzlage

Keine Schutzlage ☐

Noppenbahn ☐

Mehrlagige Noppenbahn mit Gleitlage ☐

Angaben zu Kellerfenstern

Kellerfenster mit Einfachverglasung ☐

Kellerfenster mit Isolierverglasung ☐

Kellerfenster druckwasserdicht ☐

Angaben zu Lichtschächten

- [ ] Kunststofflichtschächte mit Gitter, unten offen
- [ ] Betonlichtschächte mit Gitter, unten offen
- [ ] Druckwasserdichte Kunststofflichtschächte
- [ ] Druckwasserdichte Betonlichtschächte
- [ ] Lichtschachtentwässerung
- [ ] Lichtschachtentwässerung, rückstaugesichert
- [ ] Lichtschachtüberdeckung, regenabweisend

Dränage

- [ ] Keine Dränage
- [ ] Dränage nach DIN 4095
- [ ] Versickerung auf dem Grundstück
- [ ] Dränage an RW-Kanal angeschlossen, rückstaugesichert

Kellerinnenwände

- [ ] Nichttragende Trennwände aus Mauerwerk
- [ ] Nichttragende Trennwände aus Gipskartonständerwänden
- [ ] Gemauerte Innenwände nach statischen Erfordernissen
- [ ] Betonwände

Thermische Trennung beheizte/unbeheizte Bereiche

- [ ] Wärmedämmendes Mauerwerk
- [ ] Wämedämmung an Wänden

Kelleraußentreppe vorhanden?

- [ ] Entwässerung durch Versickerung
- [ ] Entwässerung rückstaugeschützt

Kellertreppe ins Erdgeschoss

- [ ] Wie Gebäudetreppe
- [ ] Stahlbeton

Rückstausicherung, erforderlich bei Ablaufstellen im Keller

- [ ] Doppelrückstauverschluss
- [ ] Hebeanlage unter der Bodenplatte im Pumpensumpf
- [ ] Überfluranlage im Rahmen der Sanitär–installation

Erdungsanlage/Fundamenterder

- [ ] Fundamenterder in Bodenplatte (in der Regel verzinkter Bandstahl)
- [ ] Zusätzlich bei gedämmten Bodenplatten: Edelstahlringerder im Arbeitsraum

Beheizbarkeit des Kellers

- [ ] Ist der Keller oder sind einzelne Räume im Keller planmäßig beheizbar?

Beheizbare Räume:

____

____

____

- [ ] Ist die Beheizbarkeit auch in den Sommermonaten gewährleistet?

Ausbildung der Bodenplatte bei Doppel- und Reihenhäusern

- [ ] Hausweise getrennt, ohne Dichtungsbänder
- [ ] Hausweise getrennt, mit Dichtungsbändern
- [ ] Durchgehend über mehrere Häuser **Achtung: Minderung der Schalldämmeigenschaften!**

Ausbildung der Kelleraußenwände bei Doppel- und Reihenhäusern

Je Haus getrennt mit Fugenspalt und Dichtungsband ☐

Durchgehend über mehrere Häuser ☐

Ausbildung der Haustrennwand bei Doppel- und Reihenhäusern

Ortbeton oder Hohlwand mit Vergussbeton ☐

Fertigteile auf Bodenplatte ☐

Hochlochziegel-/Ziegelmauerwerk ☐

Verfüllziegelmauerwerk (wird mit Beton vergossen) ☐

Porenbetonmauerwerk ☐

Kalksandsteinmauerwerk ☐

Blähtonmauerwerk ☐

Rohbauarbeiten

Die nachfolgende Checkliste soll Ihnen helfen, die Aussagen in der Baubeschreibung in ein übersichtliches und in der Gegenüberstellung mehrerer Baubeschreibungen vergleichbares Format zu bringen. Wenn die Baubeschreibung zu einem Punkt keine Angaben macht oder kryptisch formuliert ist („nach statischem Erfordernis"), fragen Sie beim Anbieter nach. Die Auskunft sollte schriftlich erteilt und im Vertragswerk aufgenommen werden.

Außenwandaufbau

Einschalig (monolithisch) aus wärmedämmendem Mauerwerk ☐

Zweischalig, bestehend aus einer tragenden Mauerwerksschale und einem Wärmedämmverbundsystem (WDVS) auf der Außenseite ☐

Zweischalig, bestehend aus einer tragenden Mauerwerksschale und einer vorgehängten, hinterlüfteten Fassade auf der Außenseite ☐

Dreischalig, bestehend aus einer tragenden Mauerwerksschale, einer Kerndämmung, Finger- oder Luftspalt und einer Verblenderschale außen ☐

Einschalige Außenwände – Materialangabe

Keine Angabe oder „nach thermischen und statischen Erfordernissen"? Nachfragen!

Porosierte, ungefüllte Ziegel (Wärmeleitgruppe ____________________) ☐

Gefüllte Ziegel, Füllung aus Perlie ☐

Gefüllte Ziegel, Füllung aus Mineralwolle ☐

Porenbeton ☐

Blähton ☐

Ausbetonierte Polystyrol-/Dämmstoffhohlkörper ☐

Sonstiges: ____________________ ☐

Einschalige Außenwände – Wandstärke

Keine Angabe oder „nach statischen Erfordernissen"? Nachfragen!

24 cm ☐ 30 cm ☐ 36,5 cm ☐ 42,5 cm ☐
49 cm ☐

Angaben zu den Wärmedämmeigenschaften (bitte ergänzen)

Wärmeleitgruppe ____________________

U-Wert des Außenmauerwerks __________ W/m²K

Mehrschalige Außenwände – Materialangabe zur Tragschale

Keine Angabe oder „nach statischen Erfordernissen"? Nachfragen!

Beton/Betonfertigteil ☐

Hochlochziegel ☐

Verfüllziegel (werden mit Beton ausgegossen) ☐

Blähtonmauerwerk ☐

Kalksandsteinmauerwerk ☐

Kellerwandsteine (werden mit Beton ausgegossen) ☐

Mehrschalige Außenwände – Wanddicke/-stärke der Tragschale

Keine Angabe oder „nach statischen Erfordernissen"? Nachfragen!

15 cm ☐ 17,5 cm ☐ 20 cm ☐
24 cm ☐ 30 cm ☐

Materialangaben zu den lastabtragenden Innenwänden/tragenden Innenwänden

Keine Angabe oder „nach statischen Erfordernissen“? Nachfragen!

- Hochlochziegel-/Ziegelmauerwerk ☐
- Verfüllziegelmauerwerk (wird mit Beton ausgegossen) ☐
- Porenbetonmauerwerk ☐
- Beton/Betonfertigteile ☐
- Blähtonmauerwerk ☐
- Kalksandsteinmauerwerk ☐

Materialangaben zu nichttragenden Trennwänden/nichttragenden Innenwänden

- Gipskartonständerwände einlagig beplankt ☐
- Gipskartonständerwände zweilagig beplankt ☐
- Vollgipswände ☐
- Vollgipswände hydrophobiert ☐
- Ziegelmauerwerk ☐
- Porenbetonmauerwerk ☐
- Kalksandsteinmauerwerk ☐
- Betonfertigteilwände ☐

Materialangaben zu Gebäudetrennwänden bei Doppel- und Reihenhäusern

Keine Angabe oder „nach statischen und akustischen Erfordernissen“? Nachfragen!

- Hochlochziegel-/Ziegelmauerwerk ☐
- Verfüllziegelmauerwerk ☐
- Porenbetonmauerwerk ☐
- Kalksandsteinmauerwerk ☐
- Beton/Betonfertigteile ☐
- Gebäudetrennwand als Ständerwand ☐

Materialangaben zur Fugeneinlage bei Gebäudetrennwänden

- Mineralwolle ☐
- Sonstiges: ______________________ ☐

Fugenbreite der Haustrennwandfuge

Bis 30 mm ☐ 30 bis 50 mm ☐ Über 50 mm ☐

Vorwände/Schachtabmauerungen/Drempelabmauerungen

- Gemauert ☐
- In Ständerbauweise ☐

Stahlbetonbauteile in einschaligen wärmedämmenden Außenwänden

- Dämmung nur auf der Außenseite ☐
- Dicke Dämmung außen, dünne Dämmung innen ☐

Sturzrollladenkästen, wenn Rollladenkästen im Rohbau eingebaut

- Wärmegedämmte Rollladenkästen ☐
- Systemrollladenkästen passend zum Außenmauerwerk ☐

Geschossdecken

- Filigrandecke/Teilfertigteildecke mit Aufbeton ☐
- Ortbetondecke (örtlich geschalt) ☐
- Porenbetondecke ☐
- Ziegeldecke ☐
- Betonsteindecke ☐
- Holzbalkendecke sichtbar ☐
- Holzbalkendecke nicht sichtbar ☐
- Massivholzdecke ☐
- Brettstapeldecke ☐

Umgang mit Deckendurchbrüchen nach Installation

Deckendurchbrüche werden ausbetoniert ☐

Achtung: Falls die Deckendurchbrüche laut Baubeschreibung nicht ausbetoniert werden, sollten Sie versuchen, diese Leistung zu verhandeln. Ausbetonierte Durchbrüche schützen vor unerwünschtem Schall und vor Radon!

Angaben zur Gesamtdeckenstärke

18 cm ☐ 20 cm ☐ 22 cm ☐ ____ cm ☐

Balkonplatten (wenn vorgesehen)

Frei auskragende Betonplatten mit thermischer Trennnung ☐

Balkonplatten auf Stützen mit thermischer Trennnung ☐

Massivdachkonstruktionen, zumeist aus Schallschutzgründen

Stahlbeton, örtlich geschalt und betoniert ☐

Stahlbetonfertigteile ☐

Porenbetondach ☐

Ziegeldach ☐

Massivholzdach ☐

Flachdach mit Flachdachabdichtung ☐

Treppen

Ortbetontreppen, örtlich geschalt, bewehrt und betoniert ☐

Betonfertigteiltreppe ☐

Untermauerte Blockstufen ☐

Zentraler Mittelholm mit Betonblockstufen ☐

Nicht durch Rohbau erstellt ☐

Treppenverlauf

Geradläufig ☐

Viertelgewendelt ☐

Zweimal viertelgewendelt ☐

Podesttreppe ☐

Halbgewendelt ☐

Polygonal verzogen ☐

Wendel-/Spindeltreppe ☐

Balkone/Stahlbau

Balkonanlage

- Stahlbetonbalkon, frei auskragend ☐
- Stahlbetonbalkon auf Stützen ☐
- Holzbalkon, auskragend (Tragbalken binden in die Decke ein) ☐
- Holzbalkon, vorgehängt ☐
- Holzbalkon, vorgestellt ☐
- Metallbalkon, vorgehängt ☐
- Metallbalkon, vorgestellt ☐

Balkonboden

- Stahlbetonfertigteil, hydrophobiert ☐
- Holzträgerrost mit Dielenauflager ☐
- Metallwanne ☐
- Stahlträgerrost mit Gitterauflage ☐
- Geschlossene Holzplatte mit Abdichtung ☐
- Beschichtete Holzwerkstoffplatte ☐

Absturzgeländer

- Holzgeländer ☐
- Stahlgeländer mit Holz ☐
- Stahlgeländer mit Stahlstaketen ☐
- Stahlgeländer mit Füllung ☐
- Stahl-/Glasgeländer (VSG-Glas) ☐

Balkonentwässerung

- Balkonablauf ☐
- Balkonrinne mit Speier ☐
- Balkonrinne mit Fallrohr ☐
- Keine Entwässerung, Abtropfen an der Kante ☐

Balkonbelag

- Kein Belag ☐
- Beschichtung ☐
- Betonwerksteinplatten im Rieselbett ☐
- Natursteinplatten im Rieselbett ☐
- Fliesen auf Estrich ☐
- Holzrost ☐
- Rasenteppich ☐

Fertighaus

Außenwände

Tragkonstruktion – Ausführung

Massivholzplatte (Leimholz/Dübelholz/

Sonstiges: ______________________) ☐

Massive Holzfaserplatte, gegebenenfalls mehrschichtig verleimt ☐

Holzskelett aus Konstruktionsvollholz (KVH) ☐

Schichtstärke der Tragkonstruktion ________ cm

Gefachdämmung bei Tragkonstruktion mit Holzskelett

Mineralwolle ☐

Holzfasermatten/Holzfaserdämmplatten ☐

Holzfaser-Einblasdämmung ☐

Zellulosedämmplatten ☐

Zellulose-Einblasdämmung ☐

Sonstiges: ______________________ ☐

Innere, raumseitige Beplankung des Holzskeletts

Holzfaserplatte, Stärke ______ mm ☐

Gipsfaserplatte, Stärke ______ mm ☐

Luftdichtheitsfolie ☐

Gipskartonplatte als zweite Lage, Stärke ______ mm ☐

Äußere Beplankung des Holzskeletts

Gipsfaserplatte Stärke ______ mm ☐

Holzfaserplatte, Stärke ______ mm ☐

Putzträgerplatte, Stärke ______ mm ☐

Installationsebene an Außenwänden

An allen Außenwandflächen ☐

In Teilbereichen vorhanden ☐

Stärke Installationshohlraum ______ mm

Installationshohlraum gedämmt ☐

Dämmmaterial:

____

Übergang der Außenwände zum Gründungsbauteil

Keine Abdichtung der Fuge ☐

Abdichtung der Fuge ☐

Außenwände in Giebeldreieck bei nicht ausgebautem Dachraum (Dachspitz)

Wie übrige Außenwände ☐

Abweichende Ausführung:

______________________________ ☐

Tragende Innenwände

Tragkonstruktion – Ausführung

Massivholzplatte (Leimholz/Dübelholz/

______________________________ ☐

Massive Holzfaserplatte, gegebenenfalls mehrschichtig verleimt ☐

Holzskelett aus Konstruktionsvollholz (KVH) ☐

Tragkonstruktion – Schichtstärke ______ cm

Gefachdämmung bei Tragkonstruktion mit Holzskelett

- Mineralwolle ☐
- Holzfasermatten/Holzfaserdämmplatten ☐
- Holzfaser-Einblasdämmung ☐
- Zellulosedämmplatten ☐
- Zellulose Einblasdämmung ☐
- Ausmauerung ☐
- Sonstiges: ______________ ☐

Tragende Innenwände – Beplankung

- Holzfaserplatte als 1. Lage ☐
- Gipsfaserplatte als 1. Lage ☐
- Gipsfaserplatte als 2. Lage ☐
- Gipskartonplatte als 2. Lage ☐

Nichttragende Innenwände

Tragkonstruktion – Ausführung

- Massivholzplatte (Leimholz/Dübelholz/ ______________ ☐
- Massive Holzfaserplatte, gegebenenfalls mehrschichtig verleimt ☐
- Holzskelett aus Konstruktionsvollholz (KVH) ☐
- Tragkonstruktion – Schichtstärke ______ cm

Gefachdämmung bei Tragkonstruktion mit Holzskelett

- Mineralwolle ☐
- Holzfasermatten/Holzfaserdämmplatten ☐
- Holzfaser-Einblasdämmung ☐
- Zellulosedämmplatten ☐
- Zellulose Einblasdämmung ☐
- Ausmauerung ☐
- Sonstiges: ______________ ☐

Nichttragende Innenwände – Beplankung

- Holzfaserplatte als 1. Lage ☐
- Gipsfaserplatte als 1. Lage ☐
- Gipsfaserplatte als 2. Lage ☐
- Gipskartonplatte als 2. Lage ☐

Geschossdecken – Auflagerausbildung

- Auf der tragenden Außenwandkonstruktion aufliegend (Luftdichtheitsebene verspringt im Deckenbereich nach außen) ☐
- Zwischen den tragenden Außenwänden aufgehängt ☐

Geschossdecken – Ausführung

- Holzbalkendecke unterseitig verkleidet ☐
- Holzbalkendecke sichtbar ☐
- Massivholzdecke verkleidet ☐
- Massivholzdecke sichtbar ☐
- Massivdecke aus Holzfaserplatten unterseitig beplankt ☐

Gefachdämmung bei nicht sichtbaren Holzbalkendecken – Ausführung

- Ungedämmt
Achtung: Resonanzhohlräume! ☐
- Teildämmung zur Hohlraumbedämpfung ☐
- Dämmung über die volle Balkenhöhe ☐

Gefachdämmung bei nicht sichtbaren Holzbalkendecken – Dämmstoff

- Mineralwolle ☐
- Holzfasermatten/Holzfaserdämmplatten ☐
- Holzfaser-Einblasdämmung ☐
- Zellulosedämmplatten ☐
- Zellulose-Einblasdämmung ☐
- Sonstiges: ______________ ☐

Unterseitige Beplankung nicht holzsichtiger Decken

Folie, Vlieslage als Rieselschutz (nur bei gedämmten Balkendecken) ☐

Holzfaserplatte ______ mm ☐

Gipsfaserplatte ______ mm ☐

Gipskartonplatte ______ mm ☐

Qualität holzsichtiger Decken

Industriequalität ☐

Gehobelt ☐

Gehobelt und geschliffen ☐

Endbehandelt ☐

Sichtbalken und Massivholzdecken – Maßnahmen zur Verbesserung des Luftschallschutzes

Keine Maßnahme vorgesehen ☐

Auflast durch Betonpflastersteine ☐

Auflast durch sandgefüllte Hohlkörperstrukturen ☐

Gebäudetrennwände bei Reihen- und Doppelhäusern – Schall- und Brandschutzanforderungen

Tragkonstruktion – Ausführung

Massivholzplatte (Leimholz/Dübelholz/Sonstiges: ______________________ ☐

Massive Holzfaserplatte, gegebenenfalls mehrschichtig verleimt ☐

Holzskelett aus Konstruktionsvollholz (KVH) ☐

Tragkonstruktion – Schichtstärke ______ cm

Gefachdämmung bei Tragkonstruktion mit Holzskelett

Mineralwolle ☐

Holzfasermatten/Holzfaserdämmplatten ☐

Holzfaser-Einblasdämmung ☐

Zellulosedämmplatten ☐

Zellulose-Einblasdämmung ☐

Ausmauerung mit ______________________ ☐

Sonstiges: ______________________ ☐

Raumseitige Beplankung

Gipsfaserplatte 1. Lage; Stärke ______ mm ☐

Gipsfaserplatte 2. Lage; Stärke ______ mm ☐

Gipskartonplatte 2. Lage; Stärke ______ mm ☐

Fugenseitige Beplankung

Gipsfaserplatte 1. Lage; Stärke ______ mm ☐

Gipsfaserplatte 2. Lage; Stärke ______ mm ☐

Brandschutzplatte; Stärke ______ mm ☐

Installationsebene

Installationsebene vorhanden Nein ☐ Ja ☐

Zimmerarbeiten

Die nachfolgende Checkliste beschäftigt sich mit den Zimmerarbeiten beim Massivbau. Für die Dachkonstruktion beim Fertighaus bearbeiten Sie bitte die Checkliste auf Seite 175. Sofern das Dach als Massivdach ausgeführt wird, kommt auch die Checkliste auf Seite 173 zu Rohbauarbeiten zum Tragen. Auf die Wärmedämmung der Dachkonstruktion geht die Checkliste auf Seite 199 ein.

Dachform

Sollte in der Baubeschreibung benannt sein, sonst anhand der Pläne definieren oder nachfragen.

- Satteldach ☐
- Walmdach ☐
- Krüppelwalmdach ☐
- Pultdach ☐
- Mansarddach ☐
- Tonnendach ☐
- Halbtonnendach ☐

Wurden die Schneelastzone und der Höhenzuschlag berücksichtigt?

- Standardangebot ohne Berücksichtigung **Achtung: Mehrkosten!** ☐
- Beides berücksichtigt ☐

Dachkonstruktion – Typisierung nach der Bauweise

- Binderdach mit Fachwerkbindern ☐
- Studiobinderdach ausbaufähig ☐
- Zimmermannsmäßiger Dachstuhl ☐

Dachkonstruktion beim zimmermannsmäßigen Dachstuhl

- Sparren-Pfettendach ☐
- Sparrendach ☐
- Kehlbalkendach ☐

Dachkonstruktion – Sichtbarkeit der Holzbauteile

- Sparren sichtbar ☐
- Fußpfetten sichtbar ☐
- Mittelpfetten sichtbar ☐
- Firstpfette sichtbar ☐
- Kehlbalkendecke sichtbar ☐

Sparren – Ausführung

- Massivholz ☐
- Konstruktionsvollholz (KVH) ☐
- DUO-Holz ☐
- TRIO-Holz ☐
- Brettschichtholz ☐

Kehl und Gratsparren – Ausführung

- Massivholz ☐
- Konstruktionsvollholz (KVH) ☐
- DUO-Holz ☐
- TRIO-Holz ☐
- Brettschichtholz ☐

Fußpfetten – Ausführung

- Massivholz ☐
- Konstruktionsvollholz (KVH) ☐
- DUO-Holz ☐
- TRIO-Holz ☐
- Brettschichtholz ☐

Mittelpfetten – Ausführung

- Massivholz ☐
- Konstruktionsvollholz (KVH) ☐
- DUO-Holz ☐
- TRIO-Holz ☐
- Brettschichtholz ☐

Firstpfette – Ausführung

- Massivholz ☐
- Konstruktionsvollholz (KVH) ☐
- DUO-Holz ☐
- TRIO-Holz ☐
- Brettschichtholz ☐
- Entfällt, keine Firstpfette vorhanden ☐

Kehlbalkendecke – Ausführung

- Massivholz ☐
- Konstruktionsvollholz (KVH) ☐
- DUO-Holz ☐
- TRIO-Holz ☐
- Brettschichtholz ☐
- Entfällt, keine Kehlbalkendecke vorhanden ☐

Dachüberstände an Giebelseiten – Maße und Ausführung

- Dachüberstand über Außenkante Fassade in Zentimetern ______ cm
- Sichtschalung ☐
- Massivholzbrett ☐
- Sonstige Beplankung ☐
- Ausbildung als Dachkasten/Kastengesims ☐

Dachüberstände an Traufseiten – Maße und Ausführung

- Dachüberstand über Außenkante Fassade in Zentimetern ______ cm
- Sichtschalung ☐
- Massivholzbrett ☐
- Sonstige Beplankung ☐
- Ausbildung als Dachkasten/Kastengesims ☐

Gaube, wenn vorhanden

- Zimmermannsmäßig aufgeschlagen ☐
- Als Fertigteil/vorgefertigtes Bauteil aufgesetzt ☐

Gaubenform, wenn vorhanden

- Tonnengaube ☐
- Schleppgaube ☐
- Satteldachgaube ☐
- Dreiecksgaube ☐
- Walmgaube ☐
- Schmetterlingsgaube ☐
- Tonnengaube ☐

Gaubenwangenwände – Dicke der Tragkonstruktion

- Holzskelettwände ☐
- Massivholzwände ☐
- Holzfaserplattenwände ☐
- Gemauerte Wände ☐

Gaubenfrontwand

- Gemauerte Außenwand, siehe Rohbau ☐
- Holzskelettwand ☐
- Massivholzwand ☐
- Holzfaserplattenwand ☐

Dachüberstände an Gauben

Traufseite in Zentimeter ______ cm

Giebelseiten in Zentimeter ______ cm

Ausführung der Sparrenköpfe

Rechtwinklig geschnitten ☐

Vertikal geschnitten ☐

Rechtwinklig und waagerecht ☐

Bogen ☐

Profiliert ☐

Ausbildung der sichtbaren Pfettenköpfe

Gerade abgeschnitten (vertikal) ☐

Schräg abgeschnitten ☐

Rundbogen ☐

Profiliert ☐

Schutz der Pfettenköpfe vor Bewitterung

Kein besonderer baulicher Schutz ☐

Blechbekleidung ☐

Opferholz ☐

Dacheinschnitte/Dachloggien – wenn vorhanden

Installationsebene vorhanden Nein ☐ Ja ☐

Loggiawände Konstruktion

Holzskelettwände ☐

Massivholzwände ☐

Holzfaserplattenwände ☐

Gemauerte Wände ☐

Vollverglasung ☐

Unterdach/Bespannung Hauptdach

Unterspannbahn ☐

Regensicheres Unterdach ☐

Wasserdichtes Unterdach ☐

Dachschalung auf den Dachsparren

Unterdach in Form einer Dachschalung vorhanden ☐

Rauspundschalung ☐

Holzfaserplatten ☐

Holzfaserdämmplatten ☐

Dachspitz – immer dann, wenn das Dach nicht bis zum First offen ist

Zugänglich ☐

Gedämmt ☐

Ungedämmt ☐

Natürlich be- und entlüftet ☐

Dachdeckerarbeiten

Dachneigung

Dachneigung Hauptdach – ergibt sich aus den Planskizzen ______ Grad

Dachneigung Tochterdach – ergibt sich aus den Planskizzen ______ Grad

Dacheindeckung Hauptdach

- Tondachziegel ☐
- Betondachsteine ☐
- Faserzementplatten ☐
- Blecheindeckung in Scharen ☐
- Blecheindeckung aus kleinteiligen Blechtafeln ☐
- Holzschindeln ☐
- Sonstiges: ______________________ ☐

Dacheindeckung Quergiebel

- Tondachziegel ☐
- Betondachsteine ☐
- Faserzementplatten ☐
- Blecheindeckung in Scharen ☐
- Blecheindeckung aus kleinteiligen Blechtafeln ☐
- Holzschindeln ☐
- Sonstiges: ______________________ ☐

Dacheindeckung Gauben

- Tondachziegel ☐
- Betondachsteine ☐
- Faserzementplatten ☐
- Blecheindeckung in Scharen ☐
- Blecheindeckung aus kleinteiligen Blechtafeln ☐
- Holzschindeln ☐
- Sonstiges: ______________________ ☐

Dachdeckung aus Dachziegeln und Betondachsteinen

Ziegel-/Dachplattentyp: ______________________

____

Regeldachneigung des Plattentyps eingehalten?Informieren Sie sich dazu gegebenenfalls auf der Produktseite des Herstellers im Internet. Nein ☐ Ja ☐

Unterkonstruktion für Dacheindeckung

Konterlattung für die Hinterlüftungsebene, Abmessungen ___ / ___ mm

Dachlattung, Abmessungen ___ / ___ mm

Windsogsicherung

Nach Windeinwirkung Nein ☐ Ja ☐

Faserzementplatten

- Ohne Angabe ☐
- Flachplatten in unterschiedlichen Formaten ☐
- Faserzementwellplatten ☐

Unterkonstruktion für Faserzementdeckung

Konterlattung für die Hinterlüftungsebene, Abmessungen ___ / ___ mm

Dachlattung, Abmessungen ___ / ___ mm

- Sparschalung ☐
- Vollschalung ☐
- Trennlage/Unterdach ☐

Windsogsicherung

Standardvorgabe bei standardisiertem Typenangebot ☐

Anpassung an Windlastzone mit Höhenanpassung ☐

Blecheindeckungen

Welches Metall wird verwendet?

Titanzink ☐

Titanzink vorbewittert ☐

Kupfer ☐

Edelstahl ☐

Verzinkter Stahl ☐

Aluminium ☐

Art der Eindeckung

Flächeneindeckung in Scharen mit Falzverbindungen ☐

Kleinteilige Blechtafeln (profiliert) mit Falzverbindungen ☐

Unterkonstruktion für Blecheindeckung

Konterlattung für die Hinterlüftungsebene, Abmessungen ___ / ___ mm

Konterlattung für die Hinterlüftungsebene, Abmessungen ___ / ___ mm

Sparschalung ☐

Vollschalung ☐

Trennlage/Unterdach ☐

Antidröhneinlage ☐

Windsogsicherung

Standardvorgabe bei standardisiertem Typenangebot ☐

Anpassung an Windlastzone mit Höhenanpassung ☐

Holzschindeln

Holzart

Fichte ☐

Kiefer ☐

Lärche ☐

Sonstiges: ______________________ ☐

Deckung

Fünffache Deckung ☐

Achtfache Deckung ☐

Hinterlüftungsebene

Konterlattung für die Hinterlüftungsebene, Abmessungen ___ / ___ mm

Konterlattung für die Hinterlüftungsebene, Abmessungen ___ / ___ mm

Lattung ☐

Sparschalung ☐

Vollschalung ☐

Schneerückhalteeinrichtung

Nicht vorgesehen ☐

Schneefanghaken ☐

Schneefanggitter ☐

Schneefangbalken ☐

Dachtritte für Schornsteinfeger

Nicht erforderlich, Schornsteinreinigung von unten oder von innen möglich ☐

Nicht vorhanden, aber erforderlich ☐

Dachleiter ☐

Dachtritte ☐

Trittstufen ☐

Standrost ☐

Flachdachabdichtung

Diese Checkliste betrifft nicht nur Bauherren von Häusern mit Flachdach! Auch bei Dachterrassen und bei verschiedenen Balkonkonstellationen muss die sachgerechte Abdichtung und Entwässerung gewährleistet sein. Achten Sie daher darauf, dass die unten benannten Details in der Baubeschreibung berücksichtigt werden.

Aussagen zur Art der Flachdachabdichtung

- Bituminöse Abdichtung ☐
- Kunststoffbahn-/Folienabdichtung ☐
- Flüssigkunststoffabdichtung ☐

Zugrundeliegendes Regelwerk – regelt die Ausführung der verschiedenen Anschlussdetails

- Flachdachrichtlinie des Deutschen Dachdeckerhandwerks ☐
- DIN 18531 Dachabdichtungen ☐

Aussagen zum Dachabdichtungsaufbau

- Dampfsperre auf Decke ☐
- Dämmung ohne Gefälle ☐
- Dämmung mit Gefälleausbildung ☐
- Dachabdichtung ☐
- Auflast/Schutzlage ☐
- Belag der Dachterrasse ☐
- Dachbegrünung ☐

Flachdachentwässerung

- Dacheinläufe innenliegend ☐
- Dacheinläufe außenliegend ☐
- Notüberlauf ☐

Zubehörteile

- Sekuranten (Anschlagpunkte für Absturzsicherung) bei nicht begehbaren Dächern, die aber gewartet/begangen werden müssen ☐
- Blitzschutzanlage ☐

Attikaabdeckung Material

- Aluminium ☐
- Aluminium, eloxiert ☐
- Aluminium, pulverbeschichtet ☐
- Titanzink ☐
- Kupferblech ☐
- Edelstahlblech ☐

Bei genutzten Flachdächern/ Dachterrassen

- Schutzlage auf der Abdichtung ☐
- Dränagebahn ☐
- Rieselauflage ☐
- Gehbelag Betonwerkstein ☐
- Gehbelag Holzrost ☐
- Gehbelag ____________________ ☐

Mechanischer Schutz an Aufkantungen

- Kein Schutz ☐
- Trittschutzbleche ☐

Trittschallschutz unter genutzten Dachflächen, zum Beispiel der Dachterrasse

- Nicht vorhanden ☐
- Schutzlage auf der Abdichtung mit Trittschalldämpfung ☐
- Trittschalldämmschicht im Wärmedämmaufbau vorhanden ☐

Zugang zu nicht genutzten Dächern

- Zustieg über mobile Leiter ☐
- Dachausstieg in wärmegedämmter Ausführung, anleiterbar ☐
- Dachausstieg in wärmegedämmter Ausführung, mit ausschwenkbarer Leiter ☐

Lichtkuppeln

- Nicht vorgesehen ☐
- Wärmegedämmte Lichtkuppel ☐

Dachbegrünung – Aufbau

- Wurzelfeste Abdichtung ☐
- Schutzlage auf der Abdichtung ☐
- Aufstauebene ☐
- Substrat mit Sprossen ☐
- Anwuchspflege ☐
- Kiesstreifen an Dächrändern, Dacheinläufen, Aufbauten ☐

Blechner-/Flaschner-/Klempnerarbeiten

Mit der folgenden Checkliste können Sie prüfen, ob die Baubeschreibung ausreichende Angaben zur Ausführung der Dachentwässerung und der Wandbekleidungen im Dachbereich macht. Zu Dacheindeckungen aus Blech siehe die Checkliste zu Dachdeckerarbeiten auf Seite 182.

Mit welchem Material wird die Dachentwässerung (Dachrinnen und Fallrohre) erstellt?

- Kunststoff ☐
- Titanzink ☐
- Titanzink vorbewittert ☐
- Kupfer ☐
- Alumium pulverbeschichtet ☐
- Edelstahl ☐
- Holzgerinne ☐
- Sonstiges: ____________________ ☐

Ausführung der Dachrinnen

- Vorgehängte Rinne ☐
- Innenliegende Rinne ☐

Übereisen bei Schneelastzone 2a und 3

- Ohne Übereisen
  Achtung: Rinne verformt sich unter Schneelast! ☐
- Mit Übereisen ☐
- Als Sonderwunsch möglich ☐

Einlaufblech an Dachrinnen

- Ohne Einlaufblech ☐
- Mit Einlaufblech ☐
- Als Sonderwunsch möglich ☐

Laubfanggitter auf Rinnen

- Ohne Laubfanggitter ☐
- Mit Laubfanggitter ☐
- Als Sonderwunsch möglich ☐

Laubfang/-rückhaltung im Rinnenkessel/Rinneneinlauf

- Mit Laubfang ☐
- Ohne Laubfang ☐
- Als Sonderwunsch möglich ☐

Fallrohre, Anzahl

Anzahl ______ Stück

Sandfangkästen am Übergang zur Grundleitung

- Nicht vorgesehen ☐
- Vorgesehen ☐
- Als Sonderwunsch möglich ☐

Balkonentwässerung

- Nicht vorhanden, Abtropfen an der Balkonkante ☐
- Balkonrinne mit Speier ☐
- Balkonrinne mit Einleitung ins Fallrohr ☐

Kaminkopfverkleidung

Verblecht mit Material wie Dachrinnen und Fallrohre ☐

Verblecht mit anderem Material als Dachrinnen und Fallrohre:

______________________________ ☐

Wandverkleidung von Dachauf- und -einbauten (Gauben, Quergiebeldächer, Dachloggien)

Verblecht mit Material wie Dachrinnen und Fallrohre ☐

Verblecht mit anderem Material als Dachrinnen und Fallrohre:

______________________________ ☐

Nicht verblecht, sondern

______________________________ ☐

Ortgangverblechung

Keine Ortgangverblechung ☐

Verblecht mit Material wie Dachrinnen und Fallrohre ☐

Verblecht mit anderem Material als Dachrinnen und Fallrohre:

______________________________ ☐

Als Sonderwunsch möglich ☐

Fensterbauarbeiten

Öffnungsart Fenster

Bitte Anzahl pro Geschoss eintragen

Drehfenster
UG ______ EG ______ OG ______ DG______

Dreh-/Kippfenster
UG ______ EG ______ OG ______ DG______

Festverglaste Elemente
UG ______ EG ______ OG ______ DG______

Material der Fensterrahmen

- Kunststofffenster, weiß ☐
- Kunststofffenster, farbig ☐
- Kunststofffenster, einseitig foliert ☐
- Kunststofffenster, zweiseitig foliert ☐
- Kunststofffenster mit Alublende außen ☐
- Holzfenster ☐
- Holz-Alufenster ☐
- Aluminiumfenster ☐

Kunststofffenster – Aufbau

- Fünfkammerprofil ☐
- Siebenkammerprofil ☐
- Passivhausfenster ☐

Kunststofffenster – Marke der Rahmenprofile

Marke hier eintragen:

____

Holzfenster oder Holzalufenster – Holzart

- Kiefer ☐
- Fichte ☐
- Tanne ☐
- Lärche ☐
- Robinie ☐
- Eiche ☐
- Buche ☐
- Meranti ☐
- Mahagoni ☐
- Teak ☐

Holzrahmen mit Dämmeinlage

Mit Einlage Nein ☐ Ja ☐

Rahmenfarbe

- Weiß ☐
- Holzdekor ☐
- Dunkle Außenfarbe ☐
- Anthrazit/schwarz ☐

U-Wert Verglasung (Ug-Wert)

Angabe laut Baubeschreibung __________W/m²K

U-Wert Gesamtfenster (Uw-Wert)

Angabe laut Baubeschreibung __________W/m²K

Fenster Einbau

- Nach RAL-Richtlinie ☐
- Nach Montage-Richtlinie des Instituts für Fenstertechnik (IfT) Rosenheim ☐

Luftnachströmung über Fensterfalz durch das Ausschneiden von Dichtungen

- Nein ☐
- Ja, ohne Fensterfalzlüfter ☐
- Ja, mit Fensterfalzlüfter ☐

Luftnachströmung über Außenluftdurchlässe im Fensterrahmen

Regelbar ☐

Nicht vorhanden ☐

Einbruchwiderstandsklasse nach Geschossen

RC2 = Standard; RC2-N = wie RC2, aber ohne einbruchhemmende Verglasung; RC3 = deutlich erhöhter Einbruchwiderstand

Untergeschoss: ____________________

Erdgeschoss: ____________________

Obergeschoss: ____________________

Dachgeschoss: ____________________

Glasfassaden an Anbauten

Keine Angabe ☐

Rahmenmaterial: ____________________

U-Wert Glasfassade: __________ W/m²K

Einbruchswiderstandsklasse Glasfassade: __________

Sonnenschutzvorrichtung Glasfassade vorhanden? Nein ☐ Ja ☐

Sonnenschutz bei Fenstern mit schrägem Fenstersturz vorhanden? Nein ☐ Ja ☐

Gibt es in höherliegenden Geschossen Stellflächen vor Fenstern?

Zum Beispiel Balkon, Garagendach, Nebengebäude … – dann ist die RC-Klasse zu hinterfragen!

Räume OG:

____

Räume DG:

____

Gibt es im Untergeschoss Räume, die einen zugänglichen Lichtgraben vor dem Fenster haben?

Dann ist die RC-Klasse zu hinterfragen!
Räume UG:

____

Fenstergriffe mit Sicherheitsfunktion (absperrbar oder abschließbar)

Ohne Sicherheitsfunktion ☐

Griff mit Sperrknopf ☐

Abschließbare Griffe ☐

Sind Fenster vorhanden, die einen zweiten Fluchtweg sicherstellen?

Je Stockwerk und Nutzungseinheit ist ein Fluchtwegfenster erforderlich.

Im Untergeschoss (bei wohnraumähnlicher Nutzung) Nein ☐ Ja ☐

Im Erdgeschoss Nein ☐ Ja ☐

Im Obergeschoss Nein ☐ Ja ☐

Im Dachgeschoss Nein ☐ Ja ☐

Bodentiefe Elemente mit Glasbrüstung – Sicherheitsglas?

EG Nein ☐ Ja ☐

OG Nein ☐ Ja ☐

DG Nein ☐ Ja ☐

Absturzsicherung an bodentiefen Fenstern und Fenstern mit niedriger Brüstung

Französisches Balkongeländer ☐

Vorgestellte Glasplatte aus Sicherheitsglas ☐

Horizontale Stäbe ☐

Fenster mit horizontaler Teilung und Glasbrüstung ☐

Schallschutzfenster erforderlich? Ergibt sich aus den Auflagen des Bebauungsplans

SSK 2 ☐

SSK 3 ☐

SSK 4 ☐

Schiebefenster Beschlag

Hebeschiebetür ☐

Parallelschiebekippfenster ☐

Einblickschutz in Sanitärräumen

Ornamentverglasung, Dekor:

________________________________ ☐

Milchglas ☐

Nicht vorhanden ☐

Aus welchem Material sind die Außenfensterbänke?

Aluminium eloxiert ☐

Naturstein – Granit ☐

Naturstein – sonstige Gesteine ☐

Betonwerk-/Kunststein ☐

Außenfensterbänke an Terrassen-/ Balkontüren in trittfester Ausführung?

EG Nein ☐ Ja ☐

OG Nein ☐ Ja ☐

DG Nein ☐ Ja ☐

Außenfensterbänke in wasserdichter Ausführung

Ja, mit Zulassung ☐

Nein, ohne Zusatzmaßnahme ☐

Nein, mit einer zweiten wasserführenden Ebene unterhalb der Außenfensterbank ☐

Tabellarische Fensteraufstellung

Vorhanden Nein ☐ Ja ☐

Rollladen/Sonnenschutz

Rollladenkästen Standardfenster/ -fenstertüren

Sturzrollladenkästen im Rohbau ☐

Sturzrollladenkästen im Rohbau als Systemelement des Steinherstellers ☐

Aufbaurollladen ☐

Vorbaurollladen, überputzt ☐

Vorbaurollladen eckig, sichtbar ☐

Vorbaurollladen Rondo, sichtbar ☐

Jalousetten als Sonnenschutzanlage

Sturzkasten ☐ Aufbaukasten ☐ Vorbaukasten ☐

Material Rollladenpanzer

Kunststoff ☐ Kunststoff ausgeschäumt ☐

Aluminium ☐

Aluminium pulverbeschichtet ☐

Aluminium ausgeschäumt ☐

Aluminium pulverbeschichtet, ausgeschäumt ☐

Material Jalousettenbehänge

Kunststofflamellen ☐

Aluminiumlamellen ☐

Aluminiumprofillamellen ☐

Pulverbeschichtete Stahllamellen ☐

Rollladenantriebe Normalfenster (mit Fensterbrüstung) UG

Gurtwickler Unterputz ☐

Schwenkwickler am Fenster ☐

Kurbelantrieb ☐

Elektromotor mit Einzeltasterschaltung ☐

Elektromotor mit Einzeltaster- und Zentralschaltung ☐

Rollladenantriebe Normalfenster (mit Fensterbrüstung) EG

Gurtwickler Unterputz ☐

Schwenkwickler am Fenster ☐

Kurbelantrieb ☐

Elektromotor mit Einzeltasterschaltung ☐

Elektromotor mit Einzeltaster- und Zentralschaltung ☐

Rollladenantriebe Normalfenster (mit Fensterbrüstung) OG

Gurtwickler Unterputz ☐

Schwenkwickler am Fenster ☐

Kurbelantrieb ☐

Elektromotor mit Einzeltasterschaltung ☐

Elektromotor mit Einzeltaster- und Zentralschaltung ☐

Rollladenantriebe Normalfenster (mit Fensterbrüstung) DG

Gurtwickler Unterputz ☐

Schwenkwickler am Fenster ☐

Kurbelantrieb ☐

Elektromotor mit Einzeltasterschaltung ☐

Elektromotor mit Einzeltaster- und Zentralschaltung ☐

Rollladenantriebe bodentiefe Elemente UG

Gurtwickler Unterputz ☐

Schwenkwickler am Fenster ☐

Kurbelantrieb ☐

Elektromotor mit Einzeltasterschaltung ☐

Elektromotor mit Einzeltaster- und Zentralschaltung ☐

Rollladenantriebe bodentiefe Elemente EG

- Gurtwickler Unterputz ☐
- Schwenkwickler am Fenster ☐
- Kurbelantrieb ☐
- Elektromotor mit Einzeltasterschaltung ☐
- Elektromotor mit Einzeltaster- und Zentral-schaltung ☐

Rollladenantriebe bodentiefe Elemente OG

- Gurtwickler Unterputz ☐
- Schwenkwickler am Fenster ☐
- Kurbelantrieb ☐
- Elektromotor mit Einzeltasterschaltung ☐
- Elektromotor mit Einzeltaster- und Zentral-schaltung ☐

Rollladenantriebe bodentiefe Elemente DG

- Gurtwickler Unterputz ☐
- Schwenkwickler am Fenster ☐
- Kurbelantrieb ☐
- Elektromotor mit Einzeltasterschaltung ☐
- Elektromotor mit Einzeltaster- und Zentral-schaltung ☐

Jalousettenantriebe UG

- Kurbelantrieb ☐
- Elektromotor mit Einzeltasterschaltung ☐
- Elektromotor mit Einzeltaster- und Zentral-schaltung ☐

Jalousettenantriebe EG

- Kurbelantrieb ☐
- Elektromotor mit Einzeltasterschaltung ☐
- Elektromotor mit Einzeltaster- und Zentral-schaltung ☐

Jalousettenantriebe OG

- Kurbelantrieb ☐
- Elektromotor mit Einzeltasterschaltung ☐
- Elektromotor mit Einzeltaster- und Zentral-schaltung ☐

Jalousettenantriebe DG

- Kurbelantrieb ☐
- Elektromotor mit Einzeltasterschaltung ☐
- Elektromotor mit Einzeltaster- und Zentral-schaltung ☐

Windsicherung Jalousetten

- Keine Windsicherung ☐
- Windwächter ☐

Sonnenschutz für nicht rechteckige Fenster

- Nicht vorhanden ☐
- Kurbelantrieb ☐
- Elektromotor mit Einzeltasterschaltung ☐
- Elektromotor mit Einzeltaster- und Zentral-schaltung ☐

Klappläden – Material

- Holzmehrschichtplatten ☐
- Kunststoff ☐
- Aluminium ☐

Klappläden – Ausführung

- Geschlossene Platten ☐
- Rahmen mit innenliegenden starren Lamellen ☐
- Rahmen mit innenliegenden beweglichen Lamellen ☐

Fenstermatrix für ________________ (bitte Geschoss eintragen)

Lfd. Nr.	Raum	Öffnungsart	Breite	Höhe	RC	SSK	Aufschlag-richtung	Anzahl Flügel	Rollladen/Sonnen-schutz	Griff	Innenfensterbänke

Innenfensterbänke

Innenfensterbänke, Angabe in der Baubeschreibung

Nicht im Leistungsumfang enthalten ☐

Keine Innenfensterbank, Putzausführung ☐

Sonderwunschoption ☐

Material der Innenfensterbänke

Keine Innenfensterbänke, geputzte Brüstungen ☐

Naturstein, Granit, Sorte

______________________________ ☐

Naturstein, Marmor, Sorte

______________________________ ☐

Kunststein, Sorte

______________________________ ☐

Massivholz, Holzart

______________________________ ☐

Holzwerkstoffplatten, foliert ☐

Fensterbänke – Bankdicke

Brüstungsfensterbänke ______ cm

Innenfensterbänke an Fenstertüren ______ cm

Innenfensterbank in der Küche

Standard, wie oben ☐

Ohne, Arbeitsplatte läuft ins Fenster ☐

Ausgefliest ☐

Innenfensterbank im Gäste-WC/ Duschbad

Standard, wie oben ☐

Ausgefliest ☐

Nicht erforderlich, kein Fenster vorhanden ☐

Innenfensterbank im Bad

Standard, wie oben ☐

Ausgefliest ☐

Nicht erforderlich, kein Fenster vorhanden ☐

Trittbänke an bodentiefen Elementen

Keine Innenfensterbänke, geputzte Brüstungen ☐

Naturstein, Granit, Sorte

______________________________ ☐

Naturstein, Marmor, Sorte

______________________________ ☐

Kunststein, Sorte

______________________________ ☐

Massivholz, Holzart

______________________________ ☐

Holzwerkstoffplatten, foliert ☐

Fensterbankköpfe Ausbildung

Poliert, gefast ☐

Gesägt, ohne weitere Behandlung ☐

Überstand der Fensterbänke über Innenkante der Wand

Bis 3 cm ☐

3 cm bis 5 cm ☐

5 cm bis 8 cm ☐

8 cm und mehr, dann eventuell Konsolen erforderlich ☐

Innenputzarbeiten

Ausführung der Putzarbeiten

Dünnputz, Putzstärke 5 mm ☐

Dicklagenputz, Putzstärke ca. 10 mm ☐

Innenputzarbeiten im Untergeschoss, wenn vorhanden

Keine Innenputzarbeiten ☐

Nur Kellerflur – Außen- und Innenwände ☐

Nur Kellerflur – nur Innenwände ☐

Kellerflur und Kellerräume mit wohnraumähnlicher Nutzung – Außen- und Innenwände ☐

Kellerflur und Kellerräume mit wohnraumähnlicher Nutzung – nur Innenwände ☐

Keller komplett – Außen- und Innenwände ☐

Keller komplett – nur Innenwände ☐

Putzmaterial Wohn- und Schlafräume Wohngeschosse

Gipsputz ☐

Gipskalkputz ☐

Kalkgipsputz ☐

Kalkputz ☐

Zementputz ☐

Kalkzementputz ☐

Lehmputz ☐

Putzmaterial Bad/Duschbad

Gipsputz – **Achtung: kritisch im Hinblick auf Feuchteeinwirkung!** ☐

Gipskalkputz – **Achtung: kritisch im Hinblick auf Feuchteeinwirkung!** ☐

Kalkgipsputz – **Achtung: kritisch im Hinblick auf Feuchteeinwirkung!** ☐

Kalkputz ☐

Zementputz ☐

Kalkzementputz ☐

Lehmputz ☐

Putzmaterial Untergeschossräume

Gipsputz – **Achtung: Kann bei Feuchteeinwirkung zu Problemen führen!** ☐

Gipskalkputz ☐

Kalkgipsputz ☐

Kalkputz ☐

Zementputz ☐

Kalkzementputz ☐

Lehmputz ☐

Oberflächenqualität der Innenputzoberfläche in Wohn- und Schlafräumen

Q1 – **Achtung: nicht ausreichend!** ☐

Q2 – Standard für Flächen, die mit groben Tapeten tapeziert werden ☐

Q3 – Erhöhte Ebenheitsanforderung für Glasfaser- und Fließtapeten/Mustertapeten ☐

Q 4 – Deutlich erhöhte Anforderungen für hochwertigste Oberflächen ☐

Oberflächenqualität der Innenputzoberfläche in Duschbad/Bad unter den gefliesten Flächen

Q1– **Achtung: nicht ausreichend!** ☐

Q2 – Standard, für Flächen, die mit groben Tapeten tapeziert werden ☐

Oberflächenqualität der Innenputzoberfläche in Keller- und Nebenräumen

Q1 – **Achtung: nicht ausreichend!** ☐

Q2 – Standard, für Flächen, die mit groben Tapeten tapeziert werden ☐

Q3 – Erhöhte Ebenheitsanforderung für Glasfaser- und Fließtapeten/Mustertapeten ☐

Q 4 – Deutlich erhöhte Anforderungen für hochwertigste Oberflächen ☐

Geschossdecken – Fugenspachtelung bei Fertigteildecken oder Deckenputz bei Ortbetondecken, Systemdecken

Im Gewerk Maler enthalten Nein ☐ Ja ☐

Fugenspachtelung ☐

Deckenputz ☐

Geschossdecken Putzmaterial

Fugenspachtel ☐

Gipsputz ☐

Gipskalkputz ☐

Kalkgipsputz ☐

Kalkputz ☐

Zementputz ☐

Kalkzementputz ☐

Lehmputz ☐

Geschossdecken, Oberflächenqualität der fertigen Putzoberfläche

Q1 – **Achtung: nicht ausreichend!** ☐

Q2 – Standard, für Flächen, die mit groben Tapeten tapeziert werden, bei Streiflicht (Licht von der Seite = übliche Betrachtersituation) sind die vorhandenen Unebenheiten deutlich erkennbar ☐

Q3 – Erhöhte Ebenheitsanforderung für Glasfaser- und Fließtapeten/Mustertapeten ☐

Q 4 – Deutlich erhöhte Anforderungen für hochwertigste Oberflächen ☐

Putzoberflächen als Finish

Grundsätzlich erst nach Abschluss aller anderen Arbeiten!

Nicht vorhanden, Finish im Zuge der Malerarbeiten ☐

Oberfläche geglättet (Beschädigungen können leicht repariert werden) ☐

Oberfläche gefilzt/abgerieben (Ausbesserungen von Beschädigungen bleiben sichtbar) ☐

Separater Oberputzauftrag geglättet ☐

Separater Oberputzauftrag abgerieben/gefilzt ☐

Separater Oberputzauftrag Edelputzstruktur ☐

Separater Oberputzauftrag, Spachteltechnik ☐

Sonstiges: ______________________ ☐

Treppenuntersichten von Massivtreppen (wenn vorhanden)

Ohne Putzantrag ☐

Geputzt, Qualität wie sonstige Putzoberfläche ☐

Ausführung von Putzkanten

Ohne Eckprofile, zum Beispiel durch Einstellen von Brettern ☐

Mit Eckprofilen ☐

Übergang zu Beplankungen der Decken- und Dachschrägen

Beplankung wird an Putz angearbeitet (Aufnahme von Bewegungen möglich) ☐

Putz stößt gegen Beplankung (Bewegungen können nicht aufgenommen werden) ☐

Estricharbeiten

Gehören die Estricharbeiten zum vertraglich geschuldeten Leistungsumfang?

- Sie sind Bestandteil des Leistungsumfangs. ☐
- Sie wurden als Eigenleistungspaket herausgenommen. ☐
- Sie wurden als Sonderwunsch zur Vertragsleistung hinzugekauft. ☐

Welche Estrichvariante kommt in Wohnräumen und Schlafräumen zur Ausführung?

- Zementestrich ☐
- Zementfließestrich ☐
- Anhydridestrich ☐
- Anhydridfließestrich ☐
- Gussasphalt ☐
- Trockenestrich aus Gipsfaserplatten ☐
- Trockenestrich aus Betonplatten ☐
- Kein Estrich, dafür Dielenböden auf Lagerhölzern ☐

Welche Estrichvariante kommt in Bädern/Duschbädern zur Ausführung?

- Zementestrich ☐
- Zementfließestrich ☐
- Anhydridestrich ☐
- Anhydridfließestrich ☐
- Gussasphalt ☐
- Trockenestrich aus Gipsfaserplatten ☐
- Trockenestrich aus Betonplatten ☐
- Kein Estrich, dafür Dielenböden auf Lagerhölzern ☐

Normal- oder Heizestrich in den Wohngeschossen?

- Normalestrich bei Heizkörpern oder Decken-/Wandflächenheizung ☐
- Heizestrich bei Fußbodenheizung ☐

Estrich im Untergeschoss (UG), wenn vorhanden

- Kein Estrich ☐
- Nur im Kellerflur/Treppenhaus ☐
- In allen wohnraumähnlich genutzten Räumen im UG ☐
- Im kompletten UG ☐

Estrich im Treppenhaus/Flur UG

- Kein Estrich ☐
- Verbundestrich direkt auf die Bodenplatte ☐
- Estrich auf Trennlage ☐
- Normalestrich ☐
- Heizestrich ☐

Estrich in wohnraumähnlich genutzten Räumen im UG

- Kein Estrich ☐
- Verbundestrich direkt auf die Bodenplatte ☐
- Verbundestrich auf Trennlage ☐
- Normalestrich ☐
- Heizestrich ☐

Estrich in den Nebenräumen UG

- Kein Estrich ☐
- Verbundestrich direkt auf die Bodenplatte ☐
- Verbundestrich auf Trennlage ☐
- Normalestrich ☐
- Heizestrich ☐

Estrich im UG, Material

- Zementestrich ☐
- Zementfließestrich ☐
- Anhydridestrich ☐
- Anhydridfließestrich ☐
- Gussasphalt ☐
- Trockenestrich aus Gipsfaserplatten ☐
- Trockenestrich aus Betonplatten ☐
- Kein Estrich, dafür Dielenböden auf Lagerhölzern ☐

Abdichtungslage auf der erdberührten Bodenplatte

Zum Schutz vor nachdrückender Feuchte aus dem Beton der Bodenplatte und als Abdichtung vor dem radioaktiven Edelgas Radon

- Keine Dichtungslage – **Achtung: kritisch!** ☐
- Kunststoffabdichtungsbahn ☐
- Bitumenkaltschweißbahn ☐
- Bitumenschweißbahn, aluminiumkaschiert, vollflächig aufgeschweißt ☐
- Flüssigkunststoff ☐
- Reaktivabdichtung ☐

Estrichaufbauten nach Geschossen

Estrich UG

Gesamtaufbauhöhe _______ mm

Heizestrich mit Fußbodenheizung? Nein ☐ Ja ☐

Estrichschicht:

Material ____________________ Dicke _______ mm

Trittschalldämmung:

Material ____________________ Dicke _______ mm

Ausgleichslage:

Material ____________________ Dicke _______ mm

Kein Estrich, stattdessen Bodenplatte ☐

Estrich EG

Gesamtaufbauhöhe _______ mm

Heizestrich mit Fußbodenheizung? Nein ☐ Ja ☐

Estrichschicht:

Material ____________________ Dicke _______ mm

Trittschalldämmung:

Material ____________________ Dicke _______ mm

Ausgleichslage:

Material ____________________ Dicke _______ mm

Kein Estrich, stattdessen Bodenplatte oder Decke über KG ☐

Estrich OG

Gesamtaufbauhöhe ______ mm

Heizestrich mit Fußbodenheizung? Nein ☐ Ja ☐

Estrichschicht:

Material ____________________ Dicke ______ mm

Trittschalldämmung:

Material ____________________ Dicke ______ mm

Ausgleichslage:

Material ____________________ Dicke ______ mm

Kein Estrich, stattdessen Decke über EG ☐

Estrich DG

Gesamtaufbauhöhe ______ mm

Heizestrich mit Fußbodenheizung? Nein ☐ Ja ☐

Estrichschicht:

Material ____________________ Dicke ______ mm

Trittschalldämmung:

Material ____________________ Dicke ______ mm

Ausgleichslage:

Material ____________________ Dicke ______ mm

Kein Estrich, stattdessen Decke über EG oder OG ☐

Estricharmierung oder Faserneinstreuung?

Keine Armierung/Fasern ☐

Verzinktes Gittergewebe ☐

Kunststofffasern ☐

Wer übernimmt laut Baubeschreibung die Lüftung zur besseren Abtrocknung des Estrichs?

Derartige Erkenntnisse verbergen sich manchmal bei den Aufgaben/Pflichten des Bauherrn.

Der Bauherr
Achtung: Das ist eigentlich Aufgabe des Unternehmers und bedeutet Zeit- und Kostenaufwand für Sie! ☐

Der Hausbauunternehmer ☐

Bei Fußbodenheizung: Kennzeichnung von Probeentnahmestellen in jedem Raum erforderlich

Probeentnahmestellen werden markiert ☐

Ebenheitsanforderungen

Normale Ebenheitsanforderungen ☐

Erhöhte Ebenheitsanforderungen, etwa wegen großformatiger Fliesen, dünner Bodenbelagsauflage, endfertiger Oberfläche ☐

Wärmedämmarbeiten am Dach

Gehören die Wärmedämmarbeiten im Dach zum Standardleistungsumfang?

Sie sind Bestandteil des Leistungsumfangs. ☐

Sie wurden als Eigenleistungspaket herausgenommen. ☐

Sie wurden als Sonderwunsch zur Vertragsleistung hinzugekauft. ☐

U-Wert der Dachfläche

Für die Dachflächen ist folgender U-Wert angegeben: __________ W/m²K

Zwischensparrendämmung Material

Mineralwolle ☐

Polystyroldämmplatten ☐

Zellulosedämmplatten ☐

Zelluloseeinblasdämmung ☐

Holzfaserdämmplatten ☐

Sonstiges ______________________ ☐

Dachschalung auf den Dachsparren aus Holzfaserdämmplatten

Aufsparrendämmung vorhanden Nein ☐ Ja ☐

Aufsparrendämmung bei Sichtdachstuhl (wenn vorhanden) – Material

Holzfaserdämmplatten ☐

PUR-Dämmplatten ☐

Mineralfaserdämmstoff ☐

Zellulose als Platten- oder Einblasdämmung ☐

Luftdichtheitsebene unterhalb der Sparren

Dampfbremsbahn mit Sd-Wert bis maximal 100 m ☐

Diffusionsvariable Dampfbremsbahn ☐

Dampfsperrbahn mit Sd-Wert über 100 m ☐

Holzhartfaserplatte mit Nut/Feder oder verklebten Stößen ☐

Untersparrendämmung zur Minimierung der Wärmebrückenwirkung der Sparren

Untersparrendämmung vorhanden Nein ☐ Ja ☐

Untersparrendämmung – Material

Mineralwolledämmplatten ☐

Holzfaserdämmplatten ☐

Zellulosedämmplatten ☐

Baubegleitende, qualitative Überprüfung der Luftdichtheit vor Anbringen der Beplankung zur Lokalisierung von Fehlstellen und zum Nacharbeiten derselben

Wird durchgeführt Nein ☐ Ja ☐

Überprüfung der Luftdichtheit im Gebrauchszustand

Zum Nachweis der Einhaltung der Grenzwerte nach EnEV, wenn die Luftdichtheitsprüfung bei der Wärmeschutzberechnung ausgewählt wurde und bei Energieeffizienzförderung durch die KfW zwingend erforderlich.
Hierbei wird lediglich auf die Einhaltung der Grenzwerte geprüft, eine Aussage zur Ausführungsqualität beim Einbringen der luftdichten Ebene ist hierdurch nur bedingt gegeben.

Wird durchgeführt Nein ☐ Ja ☐

Dachaufbau, schematisch

Aufdachdämmung Stärke: _______ mm

Sparren-/Zwischensparrendämmung
Stärke: _______ mm

Luftdichtheitsschicht ☐

Untersparrendämmung Stärke: _______ mm

Beplankung innen ☐

Decke über DG, Aufbau schematisch, wenn vorhanden

Aufdachdämmung Stärke: _______ mm

Sparren/Zwischensparrendämmung
Stärke: _______ mm

Luftdichtheitsschicht ☐

Untersparrendämmung Stärke: _______ mm

Beplankung innen ☐

Dachspitz, nicht ausbaufähiges/nicht zum Ausbau vorgesehenes Raumvolumen oberhalb der Decke über DG

Vorhanden ☐

Zugänglich über Bodeneinschubtreppe ☐

Dämmung der Dachschrägen
Achtung: kritisch im Hinblick auf Feuchteanreicherungen! ☐

Als durchlüftetes Kaltdach ☐

Trockenbauarbeiten

Wände

Nichttragende Wände in Holz- oder Metallständerbauweise

Vorhanden Nein ☐ Ja ☐

Grundkonstruktion der Ständerwände, wenn vorgesehen

- Holzständerwände ☐
- Metallständerwände ☐
- Gipsdielenwände ☐

Beplankung der Ständerwände

- Einlagig (eine Platte pro Wandseite) ☐
- Zweilagig (zwei Plattenlagen übereinander pro Wandseite, besserer Schallschutz, höhere Stabilität) ☐

Material der Beplankung in Wohnräumen

- Gipskartonplatten ☐
- Gipsfaserplatten ☐

Material der Beplankung in Bad/Duschbad

- Gipskartonplatten ☐
- Gipskartonplatten, hydrophobiert (grüne Platten) ☐
- Gipsfaserplatten ☐
- Gipsfaserplatten, wasserfest ☐

Wanddämmung in der Ständerebene

- Mineralwolle ☐
- Holzweichfaserdämmplatte ☐
- Zellulosedämmplatte ☐

Spachtelung Wandoberflächen

- Q1 – maximal für Nebenräume geeignet, ☐
- Q2 – Standard für gröbere Tapetenstrukturen/Strukturputze ☐
- Q3 – bei glatten Tapeten oder Glattputz-Applikation ☐
- Q4 – höchste Oberflächenqualität für Effektoberflächen, etwa Spachteltechnik ☐
- Eigenleistung (wenn die Malerarbeiten selbst gemacht werden) ☐

Dachinnenseiten/Unterseite von Balkendecken

Unterkonstruktion

- Latten, einlagig ☐
- Latten, zweilagig ☐
- Metallschienen an Abhängern ☐

Beplankung Material

- Gipskarton ☐
- Gipsfaserplatten ☐

Spachtelung der raumseitigen Oberflächen

- Q1 – maximal für Nebenräume geeignet ☐
- Q2 – Standard für gröbere Tapetenstrukturen/Strukturputze ☐
- Q3 – bei glatten Tapeten oder Glattputz-Applikation ☐
- Q4 – höchste Oberflächenqualität für Effektoberflächen, etwa Spachteltechnik ☐
- Eigenleistung (wenn die Malerarbeiten selbst gemacht werden) ☐

Installationsvorwände

Unterkonstruktion

- Holzständerwände ☐
- Metallständerwände ☐
- Aufgemauert im Rohbau ☐
- Mehrlagig mit Dämmmörtel gespritzt ☐

Beplankung, wenn im Trockenbau erstellt

- Gipskartonplatten ☐
- Gipskartonplatten, hydrophobiert (grüne Platten) ☐
- Gipsfaserplatten ☐
- Gipsfaserplatten, wasserfest ☐

Beplankungsaufbau

- Einlagig – **Achtung: für Fliesen ungeeignet!** ☐
- Zweilagig (zwei Plattenlagen übereinander pro Wandseite, besserer Schallschutz, höhere Stabilität) ☐
- Einlagig aus Holzhartfaserplatte ☐

Fliesenarbeiten WC/Bäder

Normgerechte Ausführung

Abdichtung erfolgt nach DIN 18534
Achtung: Alles andere wäre unzulässig! Nein ☐ Ja ☐

Abdichtungsmaterial

Verbundabdichtung passend zum Fliesenkleberfabrikat Nein ☐ Ja ☐

Keine Verbundabdichtung
Achtung: kann zu Problemen führen! ☐

Zum System passende Gewebebänder in den Ecken Wand/Wand und Boden/Wand Nein ☐ Ja ☐

Eindichten von Bodenabläufen/ Ablaufrinnen bei bodengleichen Duschen

Nicht vorhanden ☐

Mit zum Abdichtungssystem passenden Dichtbändern Nein ☐ Ja ☐

Eindichten von Durchdringungen, Unterputzarmaturen

Mit zum Abdichtungssystem passenden Dichtkragen Nein ☐ Ja ☐

Schichtdickenkontrolle/Sichtkontrolle der Abdichtungsarbeiten

Kontrolle ist vorgesehen Nein ☐ Ja ☐

Wandfliesen

Fliesenformat Wandfliesen/Mehrfachnennung möglich

Fliesenmosaik ☐

Kleinformat bis 10 x 10 cm ☐

15 x 15 cm ☐ 15 x 30 cm ☐
30 x 30 cm ☐ 40 x 40 cm ☐

50 x 50 cm und größer
Achtung: erhöhte Ebenheitstoleranzen der Wandfläche erforderlich! ☐

Wandfliesen, Bruttolistenpreis

Angabe Bruttolistenpreis ________ €

Fabrikat/Modellbezeichnung

____

Höhe Wandfliesen Bad

2,0 m hoch ☐

Raumhoch ☐

Variabel, nur wasserbelastete Wände gefliest, sonst Fliesenspiegel hinter Sanitärobjekten, Fliesensockel ☐

Höhe Wandfliesen Duschbad

1,20 hoch mit Ausnahme Dusche, dort mindestens 2,00 m ☐

2,00 m hoch ☐

Raumhoch ☐

Variabel, nur wasserbelastete Wände gefliest, sonst Fliesenspiegel hinter Sanitärobjekten, Fliesensockel ☐

Fugenmörtel Farbton

Weiß – **Achtung: wird schnell unansehnlich, hoher Reinigungsaufwand!** ☐

Lichtgrau ☐

Dunkelgrau ☐

Farbig ☐

Eckausbildung – Außenecken

Kunststoffprofile, Jollykanten ☐

Metallprofile, Aluminium oder Edelstahl ☐

Fliesen auf Gehrung geschnitten ☐

Stumpf auf Eck gestoßen
Achtung: nur möglich, wenn die Fliesen glasierte Kanten haben! ☐

Bordüren/Zierbänder – im Regelfall Sonderwunsch

Vorgesehen Nein ☐ Ja ☐

Als Sonderwunsch ☐

Bodenfliesen WC/Bad

Fliesenformat Bodenfliesen/ Mehrfachnennung möglich

Fliesenmosaik ☐

Kleinformat bis 10 x 10 cm ☐

15 x 15 cm ☐ 15 x 30 cm ☐
30 x 30 cm ☐ 40 x 40 cm ☐

50 x 50 cm und größer
Achtung: erhöhte Ebenheitstoleranzen der Wandfläche erforderlich! ☐

Bodenfliesen, Bruttolistenpreis

Angabe Bruttolistenpreis ________ €

Fabrikat / Modellbezeichnung

____

Ist eine bodengleiche Dusche vorhanden, die ausgefliest werden soll?

Nein, Duschtassen ☐

Ja, Duschplattformen zum Befliesen ☐

Ja, komplett inklusive Bodenaufbau ☐

Fliesenfomat bodengleiche Duschen

Fliesenmosaik ☐

Kleinformat bis 10 x 10 cm ☐

15 x 15 cm ☐

15 x 30 cm ☐

Fugenmörtel Farbton

Weiß
Achtung: wird schnell unansehnlich, hoher Reinigungsaufwand! ☐

Lichtgrau ☐

Dunkelgrau ☐

Farbig ☐

Silikonfugen – Achtung: Wartungsfugen!

Weiß ☐

Lichtgrau ☐

Dunkelgrau ☐

Farbig ☐

Türabschluss zu anderen Räumen

Abschlussschiene ☐

Abschlussschiene mit Anschlag ☐

Abdeck- und Übergangsschiene ☐

Kein Türabschluss ☐

Fliesenarbeiten – Bodenbeläge in Wohn- und Nebenräumen/Fliesenspiegel Küche

Bodenfliesen Wohn-/Schlafräume und Nebenräume

Fliesenformat Bodenfliesen/Mehrfachnennung möglich

Fliesenmosaik ☐

Kleinformat bis 10 x 10 cm ☐

15 x 15 cm ☐ 15 x 30 cm ☐
30 x 30 cm ☐ 40 x 40 cm ☐

50 x 50 cm und größer
Achtung: erhöhte Ebenheitstoleranzen des Estrichs erforderlich! ☐

Bodenfliesen, Bruttolistenpreis

Angabe Bruttolistenpreis ________ €

Verlegung

Quadratische Fliesen, Kreuzverband ☐

Quadratische Fliesen, Halbverband ☐

Rechteckfliesen, Drittelverband ☐

Rechteckfliesen, Halbverband ☐

Rechteckfliesen, wilder Verband ☐

Fischgrätmuster ☐

Verlegerichtung

Gerade, Ausrichtung nach Absprache ☐

Diagonal (zumeist aufpreispflichtig) ☐

Fugenmörtel Farbton

Weiß – **Achtung: wird schnell unansehnlich, hoher Reinigungsaufwand!** ☐

Lichtgrau ☐

Dunkelgrau ☐

Farbig ☐

Übergänge zu anderen Bodenbelägen

Abschlussschiene ☐

Übergangsprofil ☐

Sockelausbildung

Fliesensockel aus Sockelfliesen ☐

Fliesensockel aus Verlegefliesen ☐

Holzsockel ☐

Holzwerkstoffsockel ☐

Hohlkammersockel mit Kabelkanal ☐

Dauerelastische Fugen

Ohne
Achtung: nur wenn kein Fliesensockel vorgesehen ist! ☐

Acrylfugen ☐

Silikonfugen ☐

Feuchtemessung Estrich zur Prüfung der Belegereife

Nicht vorgesehen ☐

Mit elektronischem Feuchtemessgerät
Achtung: als alleinige Maßnahme unzulässig! ☐

Als CM-Messung ☐

Treppenfliesen Betoninnentreppe

Fliesen auf Trittstufen

Wie Bodenfliesen ☐

Anderer Treppenbelag ☐

Stufenfliesen mit Überstand ☐

Fliesen auf Setzstufen

Vorgesehen Nein ☐ Ja ☐

Wandsockel bei Treppen

Vorgesehen Nein ☐ Ja ☐

Fliesensockel dem Treppenverlauf folgend ☐

Anderer Sockel ☐

Wangenansicht Treppen

Nein, Fliesenkanten und Klebebett sichtbar ☐

Randabschlusskantenprofile ☐

Tiefsockel ☐

Fliesenverlegeplan Treppe zur Ausarbeitung des leitenden Fugenbildes in der Lauflinie erforderlich

Vorgesehen Nein ☐ Ja ☐

Fliesenspiegel Küche

Wandfliesen Fliesenspiegel, Bruttolistenpreis

Angabe Bruttolistenpreis ________ €

Wandfliesen Fliesenspiegel, Fläche

Größe Fliesenspiegel ______ m²

Höhe Fliesenspiegel ______ cm

Fliesenformat Fliesen für Fliesenspiegel/Mehrfachnennung möglich

Fliesenmosaik ☐

Kleinformat bis 10 x 10 cm ☐

15 x 15 cm ☐ 15 x 30 cm ☐
30 x 30 cm ☐ 40 x 40 cm ☐

50 x 50 cm und größer
Achtung: erhöhte Ebenheitstoleranzen des Estrichs erforderlich! ☐

Malerarbeiten

Malerarbeiten

Im Vertragsumfang enthalten Nein ☐ Ja ☐

Als Sonderwunsch in den Vertragsumfang aufgenommen ☐

Als Eigenleistung aus dem Vertragsumfang herausgenommen ☐

Wenn im Vertrag enthalten, welche Vertragsbestandteile?

Malerarbeiten innen: Deckenspachtelung (wenn nicht bei Innenputzarbeiten) ☐

Malerarbeiten innen: Spachtelung Gipskarton-Flächen (wenn nicht beim Trockenbau) ☐

Malerarbeiten innen: Wände, Decken, Metallteile, Geländer ☐

Malerarbeiten innen: Keller ☐

Malerarbeiten außen: Holz an Dachüberständen ☐

Malerarbeiten außen: Fassadenanstrich ☐

Malerarbeiten Nebengebäude ☐

Als Eigenleistungspaket rausgenommen ☐

Gar nicht im Vertragsumfang enthalten ☐

Deckenspachtelung – Umfang

Bei Innenputzarbeiten ☐

Keine Deckenspachtelung ☐

Spachtelung der Plattenfugen ☐

Spachtelung Ortbetonbereiche ☐

Vollspachtelung bei Ortbetondecken ☐

Deckenspachtelung – Geschosse

Kellergeschoss komplett ☐

Kellergeschoss nur Treppenflur und

______________________________ ☐

Erdgeschoss ☐

Obergeschoss ☐

Dachgeschoss ☐

Deckenspachtelung Oberflächenqualität

Q1 – nur für Nebenräume vertretbar ☐

Q2 – Standard ☐

Q3 – erhöhte Anforderung an Ebenheitstoleranzen ☐

Q4 – sehr hohe Anforderung an Ebenheitstoleranzen ☐

Decken – Finisharbeiten

Keine Finisharbeiten, Eigenleistung ☐

Nur Farbanstrich ☐

Raufasertapete und Anstrich ☐

Malervlies und Anstrich ☐

Edelputz gegebenenfalls mit Anstrich ☐

Spachteltechnik ☐

Sonstiges: ______________________________ ☐

Spachtelung Gipskartonflächen an Wänden, Dachschrägen, Decken

Beim Trockenbau ☐

Keine Spachtelung, Eigenleistung ☐

Fugenspachtelung ☐

Fugenspachtelung mit Binde ☐

Spachtelung Gipskartonflächen, Oberflächenqualität

Q1 – nur für Nebenräume vertretbar ☐

Q2 – Standard ☐

Q3 –erhöhte Anforderung an Ebenheitstoleranzen ☐

Q4 –sehr hohe Anforderung an Ebenheitstoleranzen ☐

Spachtelung Gipsplatten-/Gipskartonflächen – Übergänge Dachschräge/ Wände

- Fugenprofil ☐
- Glasfaserbinde einspachteln ☐
- Fugendeckstreifen ☐
- Schattenfuge ☐
- Kapillarschnitt mit Cuttermesser ☐
- Plastische Fuge
  Achtung: reißt auf, nicht empfohlen! ☐

Gipsplatten-/Gipskartonwände, Finisharbeiten

- Eigenleistung ☐
- Raufasertapete mit Anstrich ☐
- Vliestapete mit Anstrich ☐
- Glattputz ☐
- Feinkörniger Reibeputz ☐
- Grobkörniger Reibeputz ☐
- Spachteltechnik ☐
- Sonstiges: ____________________ ☐

Gipsplatten-/Gipskartonbekleidung Dachschrägen und Decken, Finisharbeiten

- Eigenleistung ☐
- Anstrich ☐
- Raufasertapete mit Anstrich ☐
- Vliestapete mit Anstrich ☐
- Glattputz ☐
- Feinkörniger Reibeputz ☐
- Grobkörniger Reibeputz ☐
- Spachteltechnik ☐
- Sonstiges: ____________________ ☐

Geputzte Wandflächen im Kellergeschoss, Oberflächenfinish

- Eigenleistung ☐
- Anstrich ☐
- Raufasertapete mit Anstrich ☐
- Vliestapete mit Anstrich ☐
- Glattputz ☐
- Feinkörniger Reibeputz ☐
- Grobkörniger Reibeputz ☐
- Spachteltechnik ☐
- Sonstiges: ____________________ ☐

Betonwände im Keller, Oberflächenfinish

- Eigenleistung ☐
- Anstrich ☐
- Raufasertapete mit Anstrich ☐
- Vliestapete mit Anstrich ☐
- Glattputz ☐
- Feinkörniger Reibeputz ☐
- Grobkörniger Reibeputz ☐
- Spachteltechnik ☐
- Sonstiges: ____________________ ☐

Unverputzte Wandflächen im Kellergeschoss, Oberflächenfinish

- Eigenleistung ☐
- Anstrich ☐
- Keine Finisharbeiten ☐

Geputzte Wandflächen Erd-, Ober- und Dachgeschoss, Oberflächenfinish

- Eigenleistung ☐
- Anstrich ☐
- Raufasertapete mit Anstrich ☐
- Vliestapete mit Anstrich ☐
- Glattputz ☐
- Feinkörniger Reibeputz ☐
- Grobkörniger Reibeputz ☐
- Spachteltechnik ☐
- Sonstiges: ________________ ☐

Betontreppen – Treppenwangen und Treppenuntersicht, Oberflächenfinish

- Eigenleistung ☐
- Anstrich ☐
- Raufasertapete mit Anstrich ☐
- Vliestapete mit Anstrich ☐
- Glattputz ☐
- Feinkörniger Reibeputz ☐
- Grobkörniger Reibeputz ☐
- Spachteltechnik ☐
- Sonstiges: ________________ ☐

Stahl- und Stahlholztreppen, Behandlung der Stahlteile

- Eigenleistung ☐
- Nicht erforderlich, da pulverbeschichtet ☐
- Werkseitig grundiert und vor Ort lackiert ☐
- Sonstiges: ________________ ☐

Stahlzargen und Stahltürblätter

- Eigenleistung ☐
- Nicht erforderlich, da pulverbeschichtet ☐
- Werkseitig grundiert, vor Ort lackiert ☐
- Sonstiges: ________________ ☐

Gasleitung, wenn vorhanden

- Eigenleistung ☐
- Kein Anstrich ☐
- Signalgelb (RAL 1003) ☐

Farbqualität der Innenraumfarbe

Informationen zur Auswahl unter test.de/thema/wandfarbe/

- Dispersionsfarbe – je nach Zusammensetzung mehr oder minder diffusionsdicht ☐
- Kunstharzfarbe – diffusionsdicht ☐
- Kalkfarbe mit geringem Dispersionsanteil – diffusionsoffen ☐
- Silikatfarbe mit geringem Dispersionsanteil – diffusionsoffen ☐

Farbqualität der Innenraumlacke

- Lacke mit Lösungsmittel ☐
- Lacke auf Wasserbasis ☐

Malerarbeiten außen

Dachüberstände – Sparren- und Pfettenköpfe, Untersichtschalungen, Dachkästen, Ortgangbretter

Im Leistungsumfang enthalten Nein ☐ Ja ☐

Eigenleistung ☐

Beschichtungsaufbau an Holzteilen

Grundierung ☐

Mindestens eine Zwischenschicht, bei deckenden Anstrichen abweichend von den Holzfarbtönen eventuell mehrere Zwischenschichten ☐

Deckschicht ☐

Eigenleistung
Aufbau dann wie oben; eventuell Holzteile vor dem Einbau grundieren und einmal beschichten, Deckbeschichtung auftragen, solange Außengerüst steht ☐

Fassadenflächen – Farbton muss zum Putzsystem passen

Kein Anstrich vorgesehen
Achtung: widerspricht den Empfehlungen der meisten Putzhersteller! ☐

Bei den Fassadenarbeiten enthalten ☐

Farbe auf das Putzsystem abgestimmt ☐

Eigenleistung ☐

Betonoberflächen außen, zum Beispiel Balkonuntersichten, Wärmepumpenfundamente etc.

Nicht vorhanden ☐

Dispersionsfarbe (außen) ☐

Silikatfarbe ☐

Eigenleistung ☐

Sockelbereich

Farblich abgesetzter Sockel (dunklere Farbtöne als an der Fassade bieten sich an) ☐

Eigenleistung ☐

Stahlteile außen

Pulverbeschichtet, kein Anstrich erforderlich ☐

Feuerverzinkt, kein Anstrich erforderlich ☐

Grundiert
Achtung: dann Anstrich erforderlich, ebenso regelmäßige Wartungsanstriche, heute nicht mehr zeitgemäß! ☐

Eigenleistung ☐

Innentürarbeiten

Türblattausführung

Wabenmittellage – kaum Schallschutz ☐

Röhrenspansteg – geringer Schallschutz ☐

Röhrenspanplattentüren – besserer Schallschutz ☐

Vollspantüren – guter Schallschutz, Privatsphäre bleibt gewahrt ☐

Vollholztüren ☐

Ganzglastüren Einscheibensicherheitsglas ☐

Ganzglastüren Verbundsicherheitsglas ☐

Stahlblechtüren ☐

Brandschutztüren ☐

Geschoss- oder raumweise wechselnd, siehe Türübersicht Seite 212 ☐

Oberfläche des Türblatts

Dekor ☐ Echtholzfurnier ☐

Endlackiert ☐ Dekorfolie ☐

Zargenausführung

Stahlumfassungszarge ☐

Holz-/Holzwerkstoffumfassungszarge ☐

Blockzarge ☐

Ausführung der Schiebetüren

Vor der Wand laufend ☐ In der Wand laufend ☐

Türhöhen

Durchgangsmaß 1,98 m, Türlochhöhe 2,01 m ab Fertigboden ☐

Durchgangsmaß 2,08 m, Türlochhöhe 2,12 m ab Fertigboden ☐

Raumhohe Türblätter ☐

Raumhohe Türöffnung, aber mit Oberlicht, Oberblende ☐

Türbreiten – maßgebendes Kriterium für eine barrierearme Wohnung

Alle Türen haben mindestens eine Türlochbreite von 88,5 cm. ☐

Es gibt Türen mit Türöffnungsbreiten von 76,0 cm. ☐

Es gibt Türen mit Türöffnungsbreiten von 63,5 cm. ☐

Türbeschläge

Türbänder

Topfbänder ☐ Dreifachbänder ☐
Verdeckte Bänder ☐

Steigende Bänder - Türen schließen ohne Federvorspannung selbsttätig ☐

Türdrücker

Türdrücker mit Fabrikatsangabe ____________

WC und Badezimmertür mit Sanitärbeschlag

____

Schiebetürbeschlag ____________

Zusatzausstattung

Schallex an ☐ Türen Obentürschließer ☐

Brandschutztüren

Brandschutzklasse

T30-Tür ☐ T90-Tür ☐ Rauchdichte Tür (Rd) ☐

Schließmechanismus

Federbänder ☐

Obentürschließer ☐

Türübersicht Raum ______________________ (kopierbar für jeden Raum)

Türöffnung Breite	Höhe	Anzahl Türflügel	Türtyp	Türblattaufbau	Klimaklasse

Zargentyp	Anschlag	Öffnungsrichtung	Türbänder	Türdrücker	Zusatzfeature	Brandschutz Klassifizierung

Bodenbelagsarbeiten

Bodenbelagsarbeiten – Vertragsumfang

Im Leistungsumfang enthalten Nein ☐ Ja ☐

Als Eigenleistungspaket herausgenommen ☐

Estriche werden geschliffen und beschichtet ☐

Bodenbelag Flure und Dielen

Bodenfliesen, dann Checkliste auf Seite 205 bearbeiten ☐

Laminatboden ☐

Vinylboden ☐

Korkparkett ☐

Parkett, verklebt und versiegelt oder geölt ☐

Fertigparkett ☐

Kunststoffboden ☐

Natur-/Betonwerkstein ☐

Teppichboden/Teppichbodenfliesen ☐

Bruttolistenpreis ______ €/m²

Bodenbelag Küche

Bodenfliesen, dann Checkliste auf Seite 205 bearbeiten ☐

Laminatboden ☐

Vinylboden ☐

Korkparkett ☐

Parkett, verklebt und versiegelt oder geölt ☐

Fertigparkett ☐

Kunststoffboden ☐

Natur-/Betonwerkstein ☐

Teppichboden/Teppichbodenfliesen ☐

Bruttolistenpreis ______ €/m²

Bodenbelag Wohnzimmer oder Wohn-/Esszimmer

Bodenfliesen, dann Checkliste auf Seite 205 bearbeiten ☐

Laminatboden ☐

Vinylboden ☐

Korkparkett ☐

Parkett, verklebt und versiegelt oder geölt ☐

Fertigparkett ☐

Kunststoffboden ☐

Natur-/Betonwerkstein ☐

Teppichboden/Teppichbodenfliesen ☐

Bruttolistenpreis ______ €/m²

Bodenbelag Schlafräume

Bodenfliesen, dann Checkliste auf Seite 205 bearbeiten ☐

Laminatboden ☐

Vinylboden ☐

Korkparkett ☐

Parkett, verklebt und versiegelt oder geölt ☐

Fertigparkett ☐

Kunststoffboden ☐

Natur-/Betonwerkstein ☐

Teppichboden/Teppichbodenfliesen ☐

Bruttolistenpreis ______ €/m²

Bodenbelag Nebenräume

Bodenfliesen, dann Checkliste auf Seite 205 bearbeiten ☐

Laminatboden ☐

Vinylboden ☐

Korkparkett ☐

- Parkett, verklebt und versiegelt oder geölt ☐
- Fertigparkett ☐
- Kunststoffboden ☐
- Natur-/Betonwerkstein ☐
- Teppichboden/ Teppichbodenfliesen ☐
- Bruttolistenpreis ______ €/m²

Bodenbelag Treppenflur Keller

- Bodenfliesen, dann Checkliste auf Seite 205 bearbeiten ☐
- Laminatboden ☐
- Vinylboden ☐
- Korkparkett ☐
- Parkett, verklebt und versiegelt oder geölt ☐
- Fertigparkett ☐
- Kunststoffboden ☐
- Natur-/Betonwerkstein ☐
- Teppichboden/Teppichbodenfliesen ☐
- Bruttolistenpreis ______ €/m²

Bodenbelag Kellerräume

- Kein Bodenbelag – dann Anstrich oder Beschichtung vorsehen ☐
- Bodenfliesen, dann Checkliste auf Seite 205 bearbeiten ☐
- Laminatboden ☐
- Vinylboden ☐
- Korkparkett ☐
- Parkett, verklebt und versiegelt oder geölt ☐
- Fertigparkett ☐
- Kunststoffboden ☐
- Natur-/Betonwerkstein ☐
- Teppichboden/Teppichbodenfliesen ☐
- Bruttolistenpreis ______ €/m²

Nivellierende Egalisierungsspachtelung auf Estrich

- Im Leistungsumfang enthalten Nein ☐ Ja ☐

Höhenversätze Kunststoff- und Vinylboden zu Fliesen/Parkett

- Durch unterschiedliche Estrichhöhen berücksichtigt ☐
- Im Türbereich angespachtelt ☐
- Unter Inkaufnahme von Höhenversätzen **Achtung: nur bis 20 mm akzeptabel!** ☐

Sockelausführung

- Holzsockelleiste ☐
- Holzwerkstoffsockelleiste ☐
- Kunststoffsockelleiste ☐
- Teppichsockel ☐
- Raumweise verschieden, siehe Übersicht Bodenbeläge auf Seite 215 ☐

Trittschalldämpfung bei lose verlegten Böden

- Vorgesehen Nein ☐ Ja ☐

Prüfung der Belegreife durch den Bodenleger

- Elektronisches Feuchtemessgerät **Achtung: nicht ausreichend!** ☐
- CM-Methode ☐

Übersicht Bodenbeläge

Nr.	Zimmerbezeichnung	Bodenbelag	Dicke [mm]	Verlegung	Dämpfung	Sockelausführung

Die Innentreppe

Die nachfolgende Checkliste befasst sich mit den Angaben in der Baubeschreibung zur Innentreppenanlage, sofern diese keine Massivtreppe ist. Das Treppengeländer der Massivtreppe kann auch über diese Liste gecheckt werden. Achtung: Raumspartreppen sind als notwendige Treppen, die zu Bereichen mit Aufenthaltsräumen führen, nicht zugelassen!

Treppenverlauf

- Geradläufig ☐
- Viertelgewendelt ☐
- Zweimal viertelgewendelt ☐
- Halbgewendelt ☐
- Podesttreppe ☐
- Polygonal verzogen ☐
- Wendel-/Spindeltreppe ☐

Treppentyp

- Holztreppe – Wangen und Stufen aus Holz ☐
- Stahl-Holztreppe – Harfentreppe ☐
- Stahl-Holztreppe – Zweiholmtreppe ☐
- Stahl-Holztreppe – Einholmtreppe ☐
- Stahl-Holztreppe – Wangentreppe ☐
- Geländergetragene Treppe ☐
- Mittelholmtreppe ☐
- Falttreppe Holz ☐
- Falttreppe Stahl ☐
- Stahlbetontreppe – siehe Checkliste Rohbauarbeiten ☐
- Sonstiges: ______________________ ☐

Wangen-/Stufenausführung

- Stufen eingestemmt (bei Treppen mit Holzwangen) ☐
- Stufen zwischen den Wangen montiert (bei Stahl-Holz-/Stahl-Steintreppen) ☐
- Stufen aufgesattelt (auf den sägezahnartig ausgeführten Wangen liegend) ☐
- Auskragend an Treppenhauswänden befestigt (vom Geländer getragen) ☐

Stufenzwischenraum

- Offen ☐
- Offen mit Schutzleiste bei lichtem Stufenzwischenraum von mehr als 12 cm ☐
- Setzstufe ☐
- Nicht vorhanden, da Betontreppe oder Falttreppe ☐

Treppenauge bei Treppen mit Richtungsänderung

- Treppenauge ist offen/leer ☐
- Geschossdecke läuft ins Treppenauge ☐
- Eingelegtes Podest im Material der Stufen ☐
- Gefüllt durch die Spindel ☐

Treppengeländer – auch bei Massivtreppen

- Stahlgeländer mit Holzhandlauf ☐
- Stahlgeländer mit Edelstahlhandlauf ☐
- Edelstahlgeländer ☐
- Geländerstäbe senkrecht ☐
- Geländerstäbe mitlaufend (waagerecht oder diagonal) – Leitereffekt ☐
- Glasgeländer ☐
- Plattengeländer aus Massivholz ☐
- Seilgeländer ☐
- Brüstungswand ☐
- Zusätzlicher Handlauf an der Wand ☐

Absturzgeländer an Treppenlochkanten und am Treppenauge

- Wände oder Wandbrüstung ☐
- Wie Treppengeländer ☐
- Sonstiges: ______________________ ☐

Treppenmaße

- Treppenlaufbreite ☐
- Auftrittsmaß ☐
- Steigungsmaß ☐

Möglichkeit zur Nachrüstung eines Treppenliftes

Geometrie der Treppe lässt Nachrüstung zu Nein ☐ Ja ☐

Fassade

Fassadenausführung

Putzfassade auf Mauerwerk ☐

Wärmedämmverbundsystem ☐

Andere Fassadenvariante:

______________________ ☐

Putzfassade

Ausführung Gewebespachtelung

Mit Gewebespachtelung auf den Wetterseiten ☐

Mit vollflächiger Gewebespachtelung ☐

Ohne Gewebespachtelung
Achtung: verstößt gegen die allgemein anerkannten Regeln der Technik! ☐

U-Wert Außenwand

U-Wertangabe Außenwand ______ W/m²K

Ausführung Grundputz

Leichtputz ☐

Faserarmierter Leichtputz ☐

Wärmedämmputz ☐

Aerogelputz ☐

Ausführung Oberputz

Mineralischer Oberputz ☐

Kunstharzputz ☐

Silikonharzputz ☐

Silikatputz ☐

Putzstruktur

Reibeputz ☐

Kratzputz ☐

Rauputz ☐

Waschelputz ☐

Spachtelputz ☐

Egalisationsanstrich

Mineralfarbe ☐

Silikonharzfarbe ☐

Silikatfarbe ☐

Farbtongebung

Weiß ☐

Weiß oder hellgetönt ☐

Beliebige Farbgebung
Achtung: Hellbezugswerte beachten! ☐

Sockelausführung

Ohne Putzversatz ☐

Mit Putzversatz (rückspringender Sockel) ☐

Sockelausführung – Putzart

Wie Fassadenputz ☐

Sockelputz ☐

Sockelausführung – Farbton

Wie Fassadenputz ☐

Abgetönt grau oder braun ☐

Sockelausführung – Hinterfeuchtungsschutz

Im Leistungsumfang enthalten Nein ☐ Ja ☐

Nicht enthalten, weil angeblich durch andere Gewerke (z. B. Gartenbau) zu leisten
Achtung: Derjenige, der eine Leistung erbringt, hat sie zu schützen. ☐

Wärmedämmverbundsystem

WDVS – Dämmmaterial Wandbereich

Polystyroldämmplatten – EPS ☐

Polystyroldämmplatten – XPS ☐

Mineralwolledämmplatten ☐

Mineralwolle Lamellen ☐

Holzweichfaserdämmplatten ☐

Mineralische Dämmplatten, z. B. hochexpandierter Porenbeton ☐

WDVS – Dämmschichtdicke

8 cm ☐ 10 cm ☐ 12 cm ☐ 14 cm ☐
16 cm ☐ 18 cm ☐ 20 cm ☐ __ cm ☐

WDVS – Sockeldämmung

Sockeldämmplatten, passend zum System ☐

XPS-Dämmplatten ☐

Sonstiges: ______________________ ☐

WDVS – Sockelabschlussschiene

Sockelprofil im Übergang Fassade zu Sockel mit Tropfnase ☐

Ohne ☐

WDVS – U-Wert Außenwand

U-Wertangabe laut Baubeschreibung ______ W/m²K

WDVS – Oberputz

Mineralischer Oberputz ☐

Kunstharzputz ☐

Silikonharzputz ☐

Silikatputz ☐

WDVS – Putzstruktur

Reibeputz ☐

Kratzputz ☐

Rauputz ☐

Waschelputz ☐

Spachtelputz ☐

Sonstiges: ______________________ ☐

WDVS – Farbtongebung

Weiß ☐

Weiß oder hellgetönt ☐

Beliebige Farbgebung
Achtung: Hellbezugswerte beachten! ☐

WDVS – Egalisationsanstrich

Mineralfarbe ☐

Silikonharzfarbe ☐

Silikatfarbe ☐

WDVS – Brandriegel horizontal

Horizontal zwischen den Geschossen ☐

Vertikal an Haustrennwandfugen bei Doppel- und Reihenhäusern ☐

WDVS an gegeneinander versetzten Haustrenn- oder Giebelwänden von Doppelhaushälften und Reihenhäusern

Ohne Brandschutzanforderung (EPS möglich) ☐

Mit Brandschutzanforderung (nur Mineralwolle oder mineralische Dämmplatten) ☐

WDVS – Sockelputz

Wie Fassadenputz ☐

Sockelputz ☐

WDVS – Farbtongebung Sockel

Wie Fassadenputz ☐

Abgetönt grau oder braun ☐

Temporäre Fassaden an freibleibenden Haustrennwänden

Auslegung kurzfristig < 6 Monate ☐

Auslegung mittelfristig > 6 Monate bis 24 Monate ☐

Dauerhaft > 24 Monate ☐

Temporäre Fassaden an freibleibenden Haustrennwänden – Beschreibung

Wie nachfolgend beschrieben:

____

____

____

____

____

____

____

Verblenderfassade

Verblender – Preisklasse

Preisklasse 1 bis __________ € ☐

Preisklasse 2 bis __________ € ☐

Preisklasse 3 bis __________ € ☐

Verblender – Bezeichnung

Farbbezeichnung: ________________ ☐

Verblender – Fugenausbildung

Glatt verfugt ☐

Zurückgesetzte Verfugung ☐

Zurückgesetzte, schräge Verfugung ☐

Verblender – Dehnfugenausbildung

Keine Dehnfugen notwendig, Gebäudeabmessungen kleiner als 10 bis 12 m ☐

Gerade Dehnfuge ☐

Mäandrierende Dehnfuge ☐

Dehnfugenausbildung, wenn erforderlich

Kompribänder ☐

Dichtstofffuge ☐

Abdeckprofile ☐

Verblender – Verfugung

Erfolgt im Zuge des Aufmauerns, dann von unten nach oben ☐

Erfolgt nachträglich ☐

Verblender – Sturzausbildung

Keine erkennbare Sturzausbildung (Läuferschicht) ☐

Sichtbetonfertigteil ☐

Grenadierschicht mit Hilfskonstruktion aus verzinktem Stahl ☐

Grenadierschicht mit Hilfskonstruktion aus Edelstahl ☐

Scheitrechter Bogen ☐

Sohlbänke

Keine Sohlbankausbildung, stattdessen Außenfensterbänke des Fensterlieferanten ☐

Sohlbank als gemauerte Rollschicht ☐

Sockelabdichtung – Ausführung

Z-Folie nach DIN 18533 ☐

Keine Sockelabdichtung vorhanden
Achtung: unzulässig! ☐

Querschnittsabdichtung ca. 15 cm über Oberkante Gelände

Bitumenbahn/Mauersperrbahn ☐

Keine Querschnittsabdichtung vorhanden
Achtung: unzulässig! ☐

Kerndämmung zwischen Mauerwerksschale und Verblendschale

Mineralwolle, wasserabweisend ☐

PUR-Dämmplatten ☐

Sockeldämmung

Perimeterdämmung ☐

Kerndämmung läuft durch, unzulässig ☐

Dämmstoffdicke

10 cm ☐ 12 cm ☐ 14 cm ☐ 16 cm ☐
18 cm ☐ 20 cm ☐

U-Wert Außenwand

U-Wert ______ W/m²K

Verankerung

Multi-Luftschichtanker
Achtung: bis 15 cm Schalenabstand zulässig! ☐

Anker mit bauaufsichtlicher Zulassung ☐

Fugenspalt

Fingerspalt max. 2 cm ☐

Luftspalt 3 cm ☐

Ankerausführung

Edelstahlanker ☐

Vorgehängte Fassade

Flächenanteil vorgehängte Fassade

- Teilfläche/Teilflächen ☐
- Vollflächig ☐

Bei Teilflächen: Anordnung an der Fassade

- Eingebettet in die Hauptfassade ☐
- Aufgesetzt auf die Hauptfassade ☐

Fassadenmaterial

- Holzschalung als Bodendeckelschalung, vertikal ☐
- Holzschalung als Profilschalung, horizontal oder vertikal ☐
- Holzschalung als Stülpschalung, horizontal ☐
- Holzplatten als Schalung ☐
- Holzwerkstoffplatten als Schalung ☐
- Aluwelle horizontal oder vertikal ☐
- Blechfassade als kleinteilige Deckung ☐
- Blechfassade in Scharen ☐
- Kunststoffplatten mit Dekoroberflächen ☐
- Kunstschiefer ☐
- Naturschiefer ☐
- Natursteinplatten ☐
- Sonstiges: ______________________ ☐

Unterkonstruktion

- Zusatzdämmung vorhanden, Dämmebene auf der tragenden Wandkonstruktion ☐
- Fassadenunterkonstruktion in 2 Ebenen, Tragkonstruktion und Hinterlüftung ☐
- Hinterlüftungsquerschnitt: ______ cm

Windsperre auf Mauerwerk (bei gemauerten Außenwänden)

- Grundputz, nach Austrocknung überspachtelt ☐
- Rohmauerwerk, Winddichtungsbahn über der Dämmung (wenn vorhanden) ☐
- Nicht vorhanden, keine Winddichtigkeit gegeben ☐

Dämmstoff unter der Fassade

- Mineralwolle-/Steinwolleplatten ☐
- PUR-Dämmplatten ☐
- Holzweichfaserplatten ☐
- Sonstiges: ______________________ ☐

Insektenschutzgitter an Zu- und Abluftkanten

- Kunststoffprofil ☐
- Edelstahllochblech ☐
- Alulochblech ☐

Stockwerkstrennung bei geschossübergreifenden Fassaden

- Trennung vorhanden Nein ☐ Ja ☐

Ausbildung der Fugen zwischen den Elementen

- Offen, dann Insektenanflug ☐
- Diffusionsoffen und UV-stabil abgedeckt ☐
- Nicht vorhanden ☐

U-Wert Fassade

- U-Wert-Angabe laut Baubeschreibung ______ W/m²K

Heizungsinstallation

Energieträger

- Umweltwärme ☐
- Nah-/Fernwärme ☐
- Erdgas (fossil) ☐
- Flüssiggas (fossil) ☐
- Biogas ☐
- Erdöl (fossil) ☐
- Holzpellets ☐
- Hackschnitzel ☐
- Scheitholz ☐
- Strom ☐

Regenerative Energieanteile bei Nutzung fossiler Brennstoffe

- Warmwasserbereitung mit Solarthermie ☐
- Heizungsunterstützung durch Solarthermie ☐
- Lüftungsanlage mit Wärmerückgewinnung ☐
- Photovoltaik mit Batteriespeicher ☐

Wärmeerzeuger

- Gasbrennwerttherme/-kessel Erdgas ☐
- Gasbrennwerttherme/-kessel Flüssiggas ☐
- Ölkessel ☐
- Pelletkessel ☐
- Stückholzkessel ☐
- Hackschnitzelheizung ☐
- Luft-Wasser-Wärmepumpe ☐
- Erdwärmepumpe ☐
- Grundwasserwärmepumpe ☐
- Abluftwärmepumpe ☐
- Infrarotheizung ☐
- Elektronachtspeicherheizung ☐
- Kraft-Wärme-Kopplung ☐

Sonstiges: ____________________ ☐

Bei Nutzung von Geothermie

- Erdwärmekollektor ☐
- Tiefenbohrung ☐

Erdwärmesonden – hydraulischer Abgleich

Hydraulischer Abgleich im Vertragsumfang enthalten Nein ☐ Ja ☐

Luft-Wasser-Wärmepumpe (LWP) Gerätecharakteristik

- Splitgerät außen, Wärmepumpe innen ☐
- Komplett im Gebäude ☐

Splitgerät bei LWP – Aufstellung

- An der Hauswand befestigt ☐
- Freistehend auf Fundamenten ☐

Splitgerät bei LWP – Schallemission

Schallemissionswert ______ dB(A)

Nachbarschaftlicher Schallschutz gewährleistet? Nein ☐ Ja ☐

Wärmepumpen – Zählung des Heizstroms

Wird separat gezählt Nein ☐ Ja ☐

Brennstoffbevorratung, wenn erforderlich

Lagerbehältnisse im Haus, Volumen ______ m³/l

Lagerbehältnisse extern, zum Beispiel Erdtank ______ m³/l

Brennstoffförderung bei bevorrateten Brennstoffen

- Druckdifferenz ☐
- Förderpumpe ☐
- Pneumatisch ☐
- Mechanisch ☐
- Manuell, zum Beispiel bei Stückholz ☐

Wärmeverteilleitungen – Material

- Edelstahlrohr ☐
- Kupferrohr ☐
- Kunststoffverbundrohr ☐
- Sonstiges: ____________________ ☐

Wärmeverteilung – Heizungsverteiler

- Nicht vorhanden, da Heizkörper ☐
- Je Geschoss ☐

Wärmeverteilleitungen – Rohrleitungsdämmung

Nach Anforderung EnEV, Anlage 5, Tabelle 1 Nein ☐ Ja ☐

Wärmeübertragung

- Heizkörper (HK) – Hochtemperatur ☐
- Heizkörper (HK) – Niedertemperatur ☐
- Sockelleistenheizung ☐
- Fußbodenheizung ☐
- Wandheizung ☐
- Infrarotheizflächen ☐

Heizungssteuerung

- Heizkörperthermostat (je HK) ☐
- Raumthermostat ☐
- Gebäudesystemtechnik ☐
- Smart Home ☐

Abluftwärmepumpen – Ansatz innere Wärmequellen

Ansatz in Watt ______ W

Kompensationsmaßnahme Nein ☐ Ja ☐

Kachelofen/Kaminofen/holzbefeuerter Herd als Zusatzheizung

- Rauchgasabzug im Stand vorhanden (Schornstein) ☐
- Schornstein oder Edelstahlkamin als Sonderwunsch nachrüstbar ☐
- Nicht vorgesehen ☐

Wärmepumpenstromzähler

Zählerplatz vorgesehen Nein ☐ Ja ☐

Wärmeübertragungsmedium

- Normales Wasser ☐
- Entmineralisiertes Wasser ☐

Zusatzheizkörper in Bädern bei Fußbodenheizung

- Ausreichend große Fußbodenflächen, nicht erforderlich ☐
- Zu geringe Fußbodenfläche, erforderlich ☐
- Handtuchtrockenheizkörper ☐

Fabrikat

____

Typ

____

Temperierung der ausgebauten Kellerräume/Lagerkeller im Sommer

- Nicht möglich, da über Heizungsanlage gesteuert ☐
- Zusatzheizkörper, gegebenenfalls strombefeuert ☐

Thermische Solaranlage

Warmwasserbereitung

Zentral über Wärmeerzeuger mit Pufferspeicher ☐

Über Solarthermiespeicher und Nachheizung durch Wärmeerzeuger ☐

Über Solarthermiespeicher und Nachheizung durch Heizstäbe ☐

Dezentral über Durchlauferhitzer ☐

Dezentral mit Pufferspeicher ☐

Thermische Solaranlage – Anlagengröße

Rein zur Brauchwassererwärmung ☐

Brauchwassererwärmung und Heizungsunterstützung ☐

Kollektoranzahl _______ St.

Kollektorfläche _______ m²

Thermische Solaranlage – Kollektortyp

Flachkollektor ☐

Vakuumröhrenkollektor ☐

Thermische Solaranlage – Standortprüfung

Standortprüfung wird durchgeführt Nein ☐ Ja ☐

Generell im Standard zur Deckung der regenerativen Komponente bei fossilen Brennstoffen ☐

Solarspeicher Volumen

Speichervolumen _______ l

Zugang Dachfläche zur Wartung und Reinigung der Solarthermiemodule

Dachsteiganlage mit Tritt- und Standstufen ☐

Anschlagpunkte ☐

Zugang mit Anlegeleiter von der Dachtraufe her ☐

Zugang über Dachflächenfenster ☐

Sanitärinstallation

Schmutzwasserfall- und Sammelleitungen – Rohrmaterial

PE-Rohr normal ☐ schalldämmend (Silent) ☐

HT-Rohr normal ☐ schalldämmend (Silent) ☐

Schmutzwasseranbindeleitungen zu Sanitärobjekten

PE-Rohr normal ☐ schalldämmend (Silent) ☐

HT-Rohr normal ☐ schalldämmend (Silent) ☐

Schallentkoppelte Befestigungselemente

Rohrschellen mit Gummieinlage ☐

Schalldämmung um Rohre, ungedämmte Rohrschellen ☐

Schalldämmung um Rohre, gedämmte Rohrschellen ☐

Wasserleitungen – Rohrmaterial

Kunststoffverbundrohr ☐

PE-Rohr ☐

Kupferrohr ☐

Edelstahlrohr ☐

Warmwasserleitungen – Wärmedämmung

Nach Anforderung EnEV Anlage 5 Tabelle 1 Nein ☐ Ja ☐

Kaltwasserleitungen – Rohrleitungsdämmung

Achtung: Wenn Kaltwasserleitungen unter der Fußbodenheizung verlaufen: 100 % Dämmung erforderlich, um unnötige Erwärmung zu verhindern!

Nach Anforderung EnEV, Anlage 5, Tabelle 1 Nein ☐ Ja ☐

Gartenwasseranschluss

Durchgeschleift auf Toilette oder Spül-/Waschmaschine ☐

Durchgeschleift auf Trinkwasserentnahme (Spüle oder Handwaschbecken/Waschbecken) ☐

Grauwassernutzung

Nicht vorgesehen ☐

Separates Grauwassernetz mit Hauswasserstation und zusätzlicher Zählung ☐

Warmwasserpufferspeicher

Entfällt, dezentrale Warmwasserbereitung über Durchlauferhitzer ☐

Speichervolumen in Liter ______ l

Zirkulationsleitung

Mit Zeitschaltuhr ☐

Mit Anforderung am Objekt ☐

Sanitärräume – Barrierefreiheit

Nicht vorgesehen – gegebenenfalls im Alter Anpassungsumbau erforderlich ☐

Vorgesehen und durch Bewegungsflächen nachgewiesen ☐

Sanitärräume – Anzahl

WC/Gäste-WC: Handwaschbecken und Toilette ______ Stück

Duschbad: Waschbecken, Dusche, Toilette ______ Stück

Bad: Waschbecken, Toilette, Badewanne ______ Stück

Bad mit Dusche: Waschbecken, Toilette, Badewanne, Dusche ______ Stück

Dusche: Dusche ______ Stück

Sonstige Wasserentnahmen, generell immer auch mit Abwasseranschluss

Spüle mit Spülmaschinenanschluss ☐

Waschmaschinenanschluss ______ Stück

Gartenwasseranschluss (wenn im Freien kein Ablauf erforderlich) ______ Stück

Kaffeemaschine mit stationärem Wasseranschluss ______ Stück

Gefrierschrank mit Eiswürfelbereiter ______ Stück

Ausgussbecken (zum Beispiel im Keller) ______ Stück

Waschbecken (zum Beispiel in Schlafräumen) ______ Stück

Bidet ______ Stück

Whirlpool, Jacuzzi ______ Stück

Gartendusche ______ Stück

Swimmingpool ______ Stück

Bodengleiche Duschen – Ausführung

Als Duschwanne ☐

Als Einbauelement mit Trägerplatte ☐

Im Bodenaufbau erstellt, im Regelfall durch den Fliesenleger ☐

Einlaufrinne ☐

Bodeneinlauf ☐

Nicht vorhanden, nur Duschwannen mit Aufkantung ☐

Sanitärobjekte

Anzahl WC ______ Stück

Fabrikat

____

Modell

____

Anzahl Handwaschbecken ______ Stück

Fabrikat

____

Modell

____

Anzahl Waschbecken ______ Stück

Fabrikat

____

Modell

____

Anzahl Duschwannen ______ Stück

Fabrikat

____

Modell

____

Anzahl Badewannen ______ Stück

Fabrikat

____

Modell

____

Anzahl Bidets ______ Stück

Fabrikat

____

Modell

____

Anzahl Spülenanschlüsse ______ Stück

Anzahl Spülmaschinenanschlüsse ______ Stück

Anzahl Waschmaschinenanschlüsse ______ Stück

Anzahl Ausgussbecken ______ Stück

Anzahl Wasseranschlüsse für sonstige Verbraucher (Kaffeemaschine, Eiswürfelbereiter etc.) ______ Stück

Tragegestelle für Sanitärobjekte

Tragegestell WC ☐

Fabrikat

____

Modell

____

Tragegestell Waschbecken/Handwasch-
becken ☐

Fabrikat

____

Modell

____

Tragegestell Bidet ☐

Fabrikat

____

Modell

____

Tragegestell Urinal ☐

Fabrikat

____

Modell

____

Duschwannenträger ☐

Polystyrolwannenträger ☐

Tragegestell, Fabrikat

______________ ☐

Nicht erforderlich, da bodengleiche Dusche ☐

Einbauelement mit Trägerplatte ☐

Badewannenträger ☐

Polystyrolwannenträger ☐

Tragegestell, Fabrikat

____

Armaturen

Waschbeckenarmatur

Fabrikat

____

Geräuschklasse

____

Wannenarmatur

Fabrikat

____

Geräuschklasse

____

Duscharmatur

Fabrikat

____

Geräuschklasse

____

Elektroinstallation

Elektroausstattung – Ausstattungswert nach RAL-RG 678

- Mindestausstattung ☐
- Standardausstattung ☐
- Komfortausstattung ☐

Vorhandene Elektroausstattung passend zu Vergleichstabelle? Gegenüberstellung erforderlich!

- Stimmt überein ☐
- Weniger als Tabellenvorgabe ☐
- Mehr als Tabellenvorgabe ☐

Elektrohausanschluss – Zählerplätze

- Hausanschlusszähler ☐
- Wärmepumpenzähler, wenn Wärmepumpe vorhanden ☐
- Unterzähler Heizstrom bei Wärmepumpe ☐
- Einspeisezähler bei Photovoltaik oder Kraft-Wärme-Kopplung ☐
- Reservezählerplatz bei späterer Aufteilung des Hauses für zweite Wohnung ☐
- Reservezählerplatz bei späterer Aufteilung des Hauses für Allgemeinstrom ☐

Elektrohausanschluss – Stromkreise nach RAL-RG 678

- Mindestausstattung ☐
- Standardausstattung ☐
- Komfortausstattung ☐

Hausanschlussschrank Fehlerstromschutzschalter (FI-Schalter) nach RAL-RG 678

- Mindestausstattung ☐
- Standardausstattung ☐
- Komfortausstattung ☐

Hausanschlussschrank – Lichtbogenschutzschalter

- Nicht erforderlich ☐
- Vorhanden, Anzahl: ______ Stück

Leitungsverlegung

- Stegleitung auf der Wand ☐
- Mantelleitung unter Putz (UP) ohne Leerrohr ☐
- Mantelleitung unter Putz (UP) im Leerrohr ☐
- Aderninstallation (Einzeldrähte) im Leerrohr ☐
- Aufputzinstallation ☐

Medienanschlüsse in Wohnräumen nach RAL-RG 678

- Mindestausstattung ☐
- Standardausstattung ☐
- Komfortausstattung ☐

Luftdichte Unterputzdosen in Außenwänden

- In Holztafelwänden ☐
- In Ziegelmauerwerk ☐

Rauchwarnmelder

- Eigenleistung ☐
- Lieferumfang gemäß Vorgabe der jeweiligen Bauordnung des Bundeslandes ☐
- Inklusive Montage ☐
- Anzahl ______ Stück
- Batterielaufzeit ______ Jahre
- Fabrikat ______________________________

Photovoltaik (PV)

PV-Anlage

Im Leistungsumfang vorgesehen Nein ☐ Ja ☐

Zur Deckung regenerativer Anteile mit Eigenverbrauch ☐

Als Sonderwunsch ☐

PV-Anlage, Anlagentyp

Dachanlage Steildach ☐

Dachanlage aufgeständert auf Flachdach ☐

Wandanlage ☐

Freistehende Anlage, starr auf Grundstück ☐

Freistehende Anlage, mitschwenkend auf Grundstück ☐

PV-Anlage – Rentabilität

Standortanalyse durchgeführt Nein ☐ Ja ☐

Im Standard enthalten ☐

PV-Anlage – Ausrichtung

Dazu müssen Grundstück und Lage auf dem Grundstück bekannt sein

Osten ☐

Südosten ☐

Süden ☐

Südwesten ☐

Westen ☐

mitwandernd (auf Mover montiert) ☐

PV-Anlage – Verschattungen vor der Sonne

Grundstück und umgebende Bebauung müssen bekannt sein

Keine Angabe möglich? Vor Ort prüfen (lassen)! ☐

Keine Verschattung ☐

Bäume im Tagesgang ☐

Nachbargebäude im Tagesgang ☐

Berge im Tagesgang ☐

Dachständerleitung ☐

Aufgrund der Anordnung im Tagesverlauf beschattet ☐

PV-Anlage – Auslegung auf kW-Peak

kW-Peak laut Auslegung ______ kW

Feuerwehrschalter

Gemäß Vorgabe der örtlichen Feuerwehr Nein ☐ Ja ☐

Stromspeicher

Autarkiegrad in Prozent ______ %

Stromspeicher – Kapazität

Batteriekapazität ______ Ah

Zugang Dachfläche zur Wartung und Reinigung

Dachsteiganlage mit Tritt- und Standstufen ☐

Anschlagpunkte ☐

Zugang mit Anlegeleiter von der Dachtraufe her ☐

Zugang über Dachflächenfenster ☐

Lüftung

Lüftungsanlage – Erfordernis

- Standardausstattung des Hausestellers ☐
- Nach Lüftungskonzept DIN 1046 erforderlich ☐
- Zur Deckung der regenerativen Energieanteile erforderlich ☐
- Als Bestandteil der Abluftwärmepumpe ☐

Anlagentyp

- Reine Abluftanlage, dezentral angordnet mit Überströmventilen für Außenluftnachströmung ohne Wärmerückgewinnung ☐
- Zentrale Abluftanlage, mit Überströmventilen für Außenluftnachströmung ohne Wärmerückgewinnung ☐
- Zentrale Zu- und Abluftanlage ohne Wärmerückgewinnung mit Zu- und Ablufträumen ☐
- Zentrale Zu- und Abluftanlage ohne Wärmerückgewinnung mit raumweiser Zu- und Abluft ☐
- Zentrale Zu- und Abluftanlage mit Wärmerückgewinnung mit Zu- und Ablufträumen ☐
- Zentrale Zu- und Abluftanlage mit Wärmerückgewinnung mit raumweiser Zu- und Abluft ☐
- Zentrale Zu- und Abluftanlage mit Abluftwärmepumpe mit Zu- und Ablufträumen ☐
- Zentrale Zu- und Abluftanlage mit Abluftwärmepumpe mit raumweiser Zu- und Abluft ☐
- Dezentrale Lüftungsanlagen mit oder ohne Wärmerückgewinnung ☐

Wärmerückgewinnung bei zentralen Anlagen

- Kreuzwärmetauscher Wärmeübertragung an die Zuluft ☐
- Abluftwärmepumpe, Zuführung zum Heizungsbetrieb/Warmwasserbereitung ☐

Zentralanlage – Drucksituation

- Unterdruckgesteuert – der Förderventilator sitzt im Abluftbereich (Unterdruckprinzip) ☐
- Überdruckgesteuert – der Förderventilator sitzt im Zuluftbereich (Überdruckprinzip) ☐
- System mit zwei Ventilatoren zu- und abluftseitig zur Druckmodulation ☐

Zentralanlage – Filterklasse

- Filterklasse ______ ☐
- Pollenfilter nachrüstbar Nein ☐ Ja ☐

Luftnachströmung bei Abluftanlagen

- Außenluftdurchlässe ☐
- Fensterdurchlässe ☐
- Fensterfalzlüfter ☐

Dezentrale Anlagen – Einbausituation

- Wandeinbau ☐
- Fensterrahmeneinbau ☐
- Rollladenkasteneinbau ☐
- Fensterbrüstung ☐

Dezentrale Anlagen – Anzahl der Lüfterräume und der Lüfter

- Anzahl der belüfteten Räume ______
- Anzahl der Lüfter ______

Dezentrale Anlagen – Wärmerückgewinnung

- Ohne Wärmerückgewinnung ☐
- Mit Wärmerückgewinnung ☐

Dezentrale Anlagen – Steuerung

Einzelanlagen ☐

Raumsteuerung bei mehreren Anlagen im Raum ☐

Zentrale Anlage – Leitungsführung Zu- und Abluft

In Schächten ☐

Im Fußbodenaufbau ☐

In Wänden/Wandschlitzen ☐

Im Dachaufbau ☐

Zentrale Anlage – Wartungsmöglichkeiten

Über die Ein- und Auslassventile ☐

Strangweise Wartungs- und Reinigungsöffnung ☐

Zentrale Anlage – Frostschutzautomatik

Keine Frostschutzschaltung ☐

Frostschutzschaltung, Abschaltung der Anlage bei einer Außen–temperatur von ______ Grad Celsius

Zentrale Anlage – Vortemperierung Außenzuluft

Keine Vortemperierung möglich ☐

Elektroheizregister im Zuluftkanal ☐

Über Kollektorleitung im Erdreich ☐

Zentrale Anlage – Anordnung Zuluft-/Abluftdurchlass

Über Eck, Zuluft auf der windzugewandten Seite, Abluft auf der windabgewandten Seite ☐

Übereinander, Zuluft über Abluft ☐

Nebeneinander mit Sicherheitsabstand, Zuluft auf der windzugewandten Seite ☐

Zentrale Anlage – Luftleitbleche an Abluftauslass

Nicht vorgesehen ☐

Vorhanden, um Auskühlung der Fassadenoberfläche zu vermeiden ☐

Schutz vor Verschmutzung der Anlagekomponenten während der Bauzeit

Abdeckungen, Abdeckkappen Nein ☐ Ja ☐

Anlagenreinigung vor Inbetriebnahme

Erfolgt nicht ☐

Erfolgt, da raumlufthygienische Anlage ☐

Abstimmung Lüftungsanlage und Heizungsanlage

Unabhängige Einzelkomponente ☐

Abstimmung auf Heizungsbetrieb ☐

Lüftungsanlage – Sommerbetrieb

Abschaltung möglich Nein ☐ Ja ☐

Zeitschaltuhrgesteuerter Betrieb in den frühen Morgenstunden ☐

Smart Home

Smart-Home-Anlagentyp

- Nicht vorhanden ☐
- Bussystem, Gebäudesystemtechnik (GST) DIN 18015-4 ☐
- WLAN-gestützte Vernetzung ☐

Komponenten der Gebäudesystemtechnik

- Sicherheit: Rauchwarnmelder, Zugangskontrolle, Alarmierung, Panikschalter ☐
- Energieeffizienz: Steuerung Heizung, Lüftung, Klima ☐
- Kommunikation ☐
- Barrierefreiheit: Türöffnung, Automatisierung der Gebäudefunktionen ☐
- Zentrale Steuerung ☐

Smart-Home-Klassifizierung nach RAL-RG 679

- 1plus ☐
- 2plus ☐
- 3plus ☐

Funktionen der Gebäudesystemtechnik

- Elektrische Rollladensteuerung ☐
- Türkommunikationssystem ☐
- Schlüsselloser Zugang (Fingerprint, Irisscan) ☐
- Fensterkontakte ☐
- Dimmer ☐
- Bewegungs-/Präsenzmelder – Beleuchtung nur bei Bedarf ☐
- Anwesenheitskontrolle/Videoüberwachung/ Alarmierung ☐
- Lichtszenen ☐
- Rauchwarnmelder ☐
- Panikschalter ☐
- Unterputzradio ☐
- Orientierungslicht ☐
- Außenbeleuchtung ☐
- Anwesenheitssimulation ☐
- Fernsteuerung ☐
- Alarmanlage ☐
- USB-Steckdose ☐
- Einzelraumregelung ☐
- Visualisierung ☐
- Steckdosen mit Berührungsschutz (FI-Schalter) ☐
- Sonstiges: ________________ ☐

Netzwerktypologie

- Rein internes Netzwerk, nicht von außen beeinflussbar ☐
- Netzwerk mit Zugriffsmöglichkeit von außen, zum Beispiel über das Smartphone **Achtung: angreifbar!** ☐

Inbetriebnahme Haustechnik

Die nachfolgende Checkliste befasst sich mit den Prozeduren bei der Inbetriebnahme der haustechnischen Anlagen. Die maximale Energieeffizienz wird nur erreicht, wenn die Anlagenkomponenten optimal aufeinander abgestimmt werden. Das geht deutlich über ein reines Inbetriebnehmen einer Einzelkomponente hinaus.

Heizungsanlage: Wärmeverteilung und -übergabe

- [ ] Drückprüfung Verteilleitungen
- [ ] Druckprüfung Heizflächenleitungen
- [ ] Nachweis der Befüllung mit aufbereitetem (entmineralisiertem Wasser) bei einigen Systemen erforderlich
- [ ] Hydraulischer Abgleich aller Heizkreise
- [ ] Kontrolle der Wärmeabgabe aller Heizkreise durch Infrarotthermografie
- [ ] Funktionsheizen (Prüfung: geht/geht nicht)
- [ ] Durchlauf Aufheizprogramm
- [ ] Einzelraumsteuerung korrekt aufgelegt
- [ ] Schaltkontrolle
- [ ] Einweisung Bauherr

Heizungsanlage: Wärmeerzeuger allgemein

- [ ] Anpassung an die Lage des Bauvorhabens
- [ ] Inbetriebnahme und Funktionskontrolle
- [ ] Grundlegende Einregelung der Funktionen
- [ ] Anpassung der Heizkurve an das Außenklima
- [ ] Optimierung im laufenden Betrieb
- [ ] Kontrolle der Luftvolumenströme bei Abluftwärmepumpe
- [ ] Einweisung Bauherr

Heizungsanlage: Befeuerte Wärmeerzeuger

- [ ] Freigabe Rauchgasleitung durch Bezirksschornsteinfeger
- [ ] Abnahme Wärmeerzeuger durch Bezirksschornsteinfeger
- [ ] Freigabe zur Inbetriebnahme erteilt
- [ ] Einweisung Bauherr – Regulärbetrieb
- [ ] Einweisung Bauherr – Störungsbeseitigung
- [ ] Bei Stückholzkessel: Einweisung Bauherr – Feuer herausreißen bei Stromausfall

Heizungsanlage: Brennstoffzuführung/-bevorratung

- [ ] Inbetriebnahme der Förderanlage
- [ ] Funktionskontrolle
- [ ] Einweisung Bauherr – grundlegende Funktionen
- [ ] Einweisung Bauherr – Störungsbeseitigung
- [ ] Einweisung Bauherr – Befüllung

Lüftungsanlage

- [ ] Reinigung der Anlagenkomponenten vor Inbetriebnahme
- [ ] Inbetriebnahme
- [ ] Einregulierung der Volumenströme an Ein- und Auslassventilen mit Protokoll
- [ ] Dauerfunktionstest
- [ ] Einweisung Bauherr – Regulärbetrieb
- [ ] Einweisung Bauherr – Filterwechsel/-reinigung
- [ ] Einweisung Bauherr – Störungsbeseitigung

Sanitäranlage

- Druckprüfung der wasserführenden Leitungen mit Protokoll ☐
- Spülung ☐
- Funktionsprüfung der Anlagen ☐
- Inbetriebnahme Hebeanlage/Rückstausicherung ☐
- Inbetriebnahme der Enthärtungsanlage, wenn vorhanden ☐
- Einweisung Bauherr – Rückspülung Wasserfilter ☐
- Einweisung Bauherr – Absperrung von Leitungssträngen ☐
- Einweisung Bauherr – Wartung und Wartungsintervalle ☐

Solarthermische Anlage

- Einweisung Bauherr – Bedienung und Wartung ☐
- Einweisung Bauherr – Fehlerbehebung ☐

Entwässerungskanalleitungen

- Prüfung Kanalanschluss auf Ausführung ☐
- Dichtigkeitsprüfung mit Protokoll ☐
- Wenn gesondert beauftragt, dann durch den ausführenden Unternehmer! ☐

Elektroanlage

- Überprüfung Erdschluss mit Protokoll ☐
- Prüfung der gesamten elektrischen Anlage mit Protokoll ☐
- Funktionsprüfung Rauchwarnmelder, wenn nicht Eigenleistung ☐
- Funktionsprüfung Beleuchtung – erfordert Montage provisorischer Leuchtmittel ☐
- Smart Home – Prüfung auf Funktion ☐
- Einweisung Bauherr – Verhalten bei Stromausfall ☐
- Einweisung Bauherr – Smart-Home-Bedienung ☐
- Einweisung Bauherr – Gefahr stromführender Teile ☐

Photovoltaikanlage

- Einweisung Bauherr – Zählung, Einspeisung, Eigenverbrauch ☐
- Einweisung Bauherr – Hauskraftwerk, wenn vorhanden ☐
- Einweisung Bauherr – Feuerwehrschalter ☐
- Einweisung Bauherr – Fehlerbehebung ☐
- Einweisung Bauherr – Wartung und Reinigung der Module ☐

Luftdichtheitsprüfung

Die nachfolgende Checkliste befasst sich mit den Inhalten der Baubeschreibung zur Luftdichtheitsprüfung. Da konvektionsbedingte Feuchteeinträge in feuchteempfindliche Bereiche, etwa wärmegedämmte Holzkonstruktionen, zu schwerwiegenden Schäden führen können, wird eine zweistufige Überprüfung grundsätzlich immer angeraten. Luftundurchlässig zu bauen ist eine gesetzliche Forderung!

Luftdichtheitsprüfung/ BlowerDoor-Test

Keine Angabe? Nachfragen! ☐

Nicht erforderlich, da U-Wert Bonus nicht in Anspruch genommen wurde ☐

Erforderlich zum Nachweis der n50-Werte nach EnEV ☐

Mit begleitender Überprüfung der Luftundurchlässigkeit vor Anbringen der Beplankungen ☐

Eigenleistung Bauherr ☐

Dokumentation gegenüber dem Bauherrn

Keine Angabe? Nachfragen! ☐

Protokoll der begleitenden Prüfung ☐

Nur Luftdichtheitszertifikat ☐

Prüfbericht und Luftdichtheitszertifikat ☐

Luftdichtsheitanforderung

Grundsätzlich ist Luftundurchlässigkeit gefordert.

Keine Angabe? Nachfragen! ☐

Grenzwerte nach EnEV (3,0 1/h für Häuser ohne Lüftungsanlage / 1,5 1/h für Häuser mit Lüftungsanlage) ☐

Grenzwert Passivhaus (0,6 1/h) ☐

KfW-Begleitung

Die nachfolgende Checkliste befasst sich mit den Aussagen der Baubeschreibung zur KfW-Begleitung. Die Begleitung der Baumaßnahme durch den Sachverständigen ist bei Bauvorhaben, die im Hinblick auf die Energieeffizienz durch die KfW gefördert werden, zwingend erforderlich. Dabei wird die Durchführung der in der Wärmeschutzberechnung angesetzten Vorgaben konstruktiver und haustechnischer Art überprüft. Hierzu benötigt der durchführende Sachverständige die vollständige Wärmeschutzberechnung.

KfW-Begleitung

Keine Angabe? Nachfragen! ☐

Nicht erforderlich, da das Bauvorhaben nicht KfW-gefördert ist ☐

Im Leistungsumfang enthalten ☐

Anzahl der vorgesehenen Begehungen ______

Ist durch den Antragsteller zu beauftragen ☐

Wärmeschutzberechnung wird als Grundlage zur Durchführung vorgelegt ☐

Achtung: Auch wenn nur das Erreichen eines KfW-Förderstandards vertraglich vereinbart wird, ohne dass Förderdarlehen in Anspruch genommen werden, muss die Zielerreichung überprüfbar sein. Dazu wird die vollständige Wärmeschutzberechnung benötigt.

Außenanlagen

Die Aussagen zu den Außenanlagen müssen nicht zwingend unter dem Titel Außenanlagen stehen, möglicherweise findet sich das Thema auch unter „Bauseitige Leistungen" oder „Pflichten des Bauherrn". Bei Bauträgerverträgen hingegen ist das Anlegen der Außenanlagen im Regelfall Teil des Vertragsumfangs.

Außenanlagen

- Nicht enthalten, Eigenleistung Bauherr ☐
- Teilleistungen enthalten ☐

Leistungsbestandteile

- Unterbau Zuwegungen/Zufahrten ☐
- Randbegrenzung Zuwegungen/Zufahrten ☐
- Beläge Zuwegungen/Zufahrten ☐
- Unterbau Terrassen ☐
- Randbegrenzung Terrassen ☐
- Beläge Terrassen ☐
- Traufstreifen ☐
- Begrenzung Traufstreifen ☐
- Schutzlage zur Fassade ☐
- Zaunanlage ☐
- Toranlage passend zur Zaunanlage ☐
- Geländeabfangungen/Stützmauern ☐
- Beleuchtung der Zuwegung ☐
- Gartenbeleuchtung ☐
- Müllhäuschen ☐
- Fahrradstellplatz ☐

Belag Zuwegung/Hauszugang

- Asphaltbelag ☐
- Wassergebundene Decke ☐
- Betonverbundpflaster, Stärke _______m ☐
- Natursteinpflaster ☐
- Holzschwellen ☐
- Steinschwellen ☐
- Sonstiges: ______________________________ ☐

Randeinfassung Zuwegung/ Hauszugang

- Betonrücken ☐
- Kantensteine, Breite _______cm/ Höhe _______cm mit Fundament ☐
- Natursteinbord ☐
- Randsteine ☐

Zufahrt Belag

- Asphaltbelag ☐
- Wassergebundene Decke ☐
- Betonverbundpflaster, Stärke _______cm ☐
- Natursteinpflaster ☐
- Rasengittersteine ☐

Randeinfassung Zufahrt

- Betonrücken ☐
- Kantensteine, Breite _______cm/ Höhe _______cm mit Fundament ☐
- Natursteinbord ☐
- Randsteine ☐

Terrassenbelag

- Betonverbundpflaster, Stärke _______cm ☐
- Betonsteinplatten Stärke _______cm ☐
- Betonwerksteinplatten ☐
- Natursteinplatten ☐
- Holzdielenbelag auf Lagerhölzern, Holzart ______________________________ ☐
- Kunststoffdielen auf Unterkonstruktion ☐

Randeinfassung Terrasse

- Ohne Randeinfassung ☐
- Beetabgrenzungsbleche ☐
- Betonrücken ☐
- Kantensteine, Breite ______ cm/ Höhe ______ cm mit Fundament ☐
- Natursteinbord ☐
- Randsteine ☐

Traufstreifen

- Breite ______ cm ☐
- Rollkies ☐
- Schotter ☐
- Betonplatten ☐

Traufstreifen Randbegrenzung

- Ohne Randeinfassung ☐
- Beetabgrenzungsbleche ☐
- Betonrücken ☐
- Kantensteine, Breite ______ cm/ Höhe ______ cm mit Fundament ☐
- Natursteinbord ☐
- Randsteine ☐

Zaunanlage

- Ohne Zaun ☐
- Jägerzaun ☐
- Holzstaketen ☐
- Sonstiger Holzzaun ☐
- Maschendrahtzaun ☐
- Metallgitterzaun ☐
- Zaunhöhe ______ cm ☐

Toranlage, wenn Zaun vorhanden

- Ohne ☐
- Passend zur Zaunanlage ☐
- Ausführung

____

Geländeabfangungen

- Nicht erforderlich, da nahezu ebenes Grundstück ☐
- Winkelstützmauern (L-Steine) ☐
- Gabionen (eingesperrte Steine) ☐
- Natursteinpalisaden ☐
- Betonpalisaden ☐
- Holzpalisaden ☐
- Schwergewichtsmauer aus Natursteinblöcken ☐
- Schwergewichtsmauer aus Betonblöcken ☐
- Sonstiges: ______________________ ☐

Zusatzfeatures … zur handschriftlichen Ergänzung

____

____

____

____

____

____

____

____

Nebengebäude

Abmessungen

Grundfläche ______ m²

Länge ______ m

Breite ______ m

Erdarbeiten

Im Leistungsumfang enthalten Nein ☐ Ja ☐

Eigenleistung ☐

Kanalarbeiten

Leitungen bis 1 m unter dem Nebengebäude hervor Nein ☐ Ja ☐

Eigenleistung ☐

Anschlussarbeiten

Elektroanschluss vom Haus her ☐

Wasseranschluss vom Haus her ☐

Medienanschluss vom Haus her ☐

Heizungsanschluss vom Haus her ☐

Angaben zur Gründung

Streifenfundamente ☐

Plattengründung (tragende Bodenplatte) ☐

Punktfundamente ☐

Bauweise Nebengebäude

Fertiggarage ☐

Konventioneller Massivbau ☐

Massivbaufertigteile ☐

Holzbaukonstruktion ☐

Holztafelbauweise ☐

Stahlskelettbau ☐

Sonstiges: ______________ ☐

Dachform Nebengebäude

Flachdach ☐

Pultdach ☐

Satteldach ☐

Walmdach ☐

Krüppelwalm ☐

Tonnendach

Dacheindeckung Nebengebäude

Keine Dacheindeckung, da wasserdichte Betondecke ☐

Flachdachabdichtung ☐

Dachziegel ☐

Betondachsteine ☐

Blechdach ohne Entdröhnung ☐

Blechdach mit Entdröhnung ☐

Sonstiges: ______________ ☐

Tore

Schwingtor ☐

Sektionaltor ☐

Rolltor ☐

Rollgittertor ☐

Schiebetor ☐

Zweiflügliges Tor ☐

Falttor ☐

Torantrieb

Manuell ☐

Motorantrieb ☐

Bedienung

- Händisch ☐
- Schlüsselschalter ☐
- Fernbedienungstaster ☐
- Fernbedienung Auto ☐

Tormaterial

- Stahl verzinkt, lackiert ☐
- Stahl verzinkt, pulverbeschichtet ☐
- Aluminium ☐
- Kunststoff ☐
- Holz ☐

Türanlage

- Nicht vorhanden ☐
- Schlupftür Garagentor ☐
- Blechtür ☐
- Nebeneingangstür ähnlich Haustür ☐

Fenster

- Nicht vorhanden ☐
- Metallfenster, einfachverglast ☐
- Wohnraumfenster ☐

Innenputz

- Nicht vorhanden ☐
- Kalkzementputz ☐
- Zementputz ☐
- Kalkputz ☐
- Sonstiges: ______________________ ☐

Estrich/Fußbodenaufbau

- Nicht vorhanden, endfertiger Boden ☐
- Zementverbundestrich ☐
- Zementestrich auf Trennlage ☐
- Gussasphalt ☐

Bodenbelag

- Nicht vorhanden ☐
- Mit werkseitiger Beschichtung geliefert ☐
- Anstrich ☐
- Beschichtung mit Hartstoffeinstreuung ☐
- Fliesen ☐

Elektroinstallation

- Im Lieferumfang enthalten Nein ☐ Ja ☐
- Eigenleistung ☐

Starkstromanschluss 380 V

- Vorhanden Nein ☐ Ja ☐
- Falls nicht vorhanden:
In Eigenleistung nachrüstbar? Nein ☐ Ja ☐

Fassade

- Werkseitig beschichtet geliefert ☐
- Außenputz ☐
- Holzverkleidung ☐
- Metallfassade ☐
- Sonstiges ______________________ ☐

Zufahrbarkeit/Anlieferung

- Geprüft Nein ☐ Ja ☐
- Absetzen mit Transportwagen möglich ☐
- Ab-/Versetzen mit Autokran erforderlich ☐